全国教育科学“十二五”规划教育部重点课题
“中国教育技术装备发展史研究”专题研究成果

中　国　气　象　学　会
浙江省气象学会校园气象协会　编

我国中小学
校园气象科普教育发展史

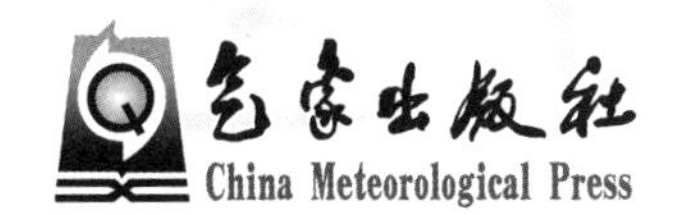

内容简介

本书为“中国教育技术装备发展史研究”专题研究成果。以时间发展为线索，简要叙述气象科普历史，重点研究新中国成立至21世纪10年代初，我国校园气象科普教育发展。从我国校园气象科普教育的萌生、运转、行进和发展的历史过程中，归纳总结出规律，筛选提炼出亮点，升华为理论，提出我国校园气象科普教育今后发展的方向与空间，为各地中小学开展校园气象科普教育提供参考与借鉴；为各级教育部门和气象部门对校园气象科普教育的进一步引起高度重视，在制定规划和实施时提供理论依据和参考实例。

图书在版编目(CIP)数据

我国中小学校园气象科普教育发展史 / 中国气象学会，浙江省气象学会校园气象协会编. --北京：气象出版社，2020.4

ISBN 978-7-5029-7186-1

Ⅰ.①我… Ⅱ.①中… ②浙… Ⅲ.①气象学-科学普及-教育史-研究-中国 Ⅳ.①P4

中国版本图书馆CIP数据核字(2020)第045270号

我国中小学校园气象科普教育发展史

Wo Guo Zhong-xiaoxue Xiaoyuan Qixiang Kepu Jiaoyu Fazhan Shi

出版发行：气象出版社

地　　址：北京市海淀区中关村南大街46号　**邮政编码**：100081

电　　话：010-68407112(总编室)　010-68408042(发行部)

网　　址：http://www.qxcbs.com　**E-mail**：qxcbs@cma.gov.cn

责任编辑：颜娇珑　**终　　审**：吴晓鹏

责任校对：王丽梅　**责任技编**：赵相宁

封面设计：楠竹文化

印　　刷：三河市百盛印装有限公司

开　　本：787 mm×1092 mm　1/16　**印　　张**：14.75

字　　数：346千字

版　　次：2020年4月第1版　**印　　次**：2020年4月第1次印刷

定　　价：45.00元

《我国中小学校园气象科普教育发展史》

编委会

序

校园气象科普教育是中小学常规教育的重要内容，是“科技教育”的优秀载体、“环保教育”的重要基地和“素质教育”的科学平台。

我国校园气象科普教育有着悠久的历史渊源，自从以班级教学为形式的学校诞生以后，气象科普内容就被编入“地理课程”的教育之中。特别是著名气象科学家竺可桢先生回国以后，参与了中小学各学历段《地理课程标准》和地理教科书的编写，系统地整理了以前课本中的气象科普内容，并加入了自己的研究成果，丰富了课本内容；同时还把气象站引进校园，成为地理课外活动的项目，搭建起了校园气象科普教育的优秀载体和平台。

国家和政府有关部门历来十分重视校园气象科普教育。新中国成立前，就已经将气象科普教育放在重要位置，为部分学校所编的《地理常识》《自然常识》《国语》等课本中都有气象知识科普内容。

新中国成立后，虽然教育发展历经曲折，但校园气象科普教育却一直在坚持不懈地开展，教育部、中国气象局、全国妇联、全国总工会、共青团中央等单位都参与了对全国中小学校园气象科普教育的领导。特别是21世纪前后的一系列教育改革实施以来，校园气象科普教育作为“科技教育”“环保教育”和“素质教育”的载体与平台，更是开展实施得轰轰烈烈。

校园气象科普作为常规教育的内容，可以起到延伸、补充课本知识，拓宽学生科学视野的作用；作为“科技教育”的载体，可以起到传播科学精神、增强科学意识、学习科学方法的作用；作为“环保教育”的基地，可以提高师生的环境保护意识，懂得环境保护的重要意义；作为“素质教育”的平台，可以起到掌握科学技术、训练科学思维的作用。

纵观我国校园气象科普教育的历程，探究其发展情景，深思其实施开展的现状，使我们清楚地意识到：虽然我国校园气象科普教育已经有一百多年的历史，已有许多创新亮点，但仍有很大的盲区与死角，其脚步还跟不上时代和科学发展的步伐。因此，必须进一步地加强与推动，特别还应该在理论上进行深入研究。

“中国教育技术装备发展史研究”主课题组将“我国校园气象科普教育发展史研究”作为专题性研究项目，是一个具有前瞻性创新思维的举措。该项目研究在国际国内尚无先例，是一项既具历史意义又具现实意义的科学探究。

任咏夏、俞善贤等浙江省气象学会校园气象协会的十来位老师，承担了这个项目的研究并形成成果，付出了艰辛与心血，值得充分肯定和大力赞赏。从成果的整体表现来看，研究思路清晰，研究的方法科学得当，研究的态度比较严谨，同时也有一定的深度、广度与创新意识。这是一项比较好的教育科研成果，它将在我国校园气象科普教育中发挥重要的推动和促进作用。

在研究成果即将付梓出版面世之际，谨以此为序，表示祝贺、鼓励和致敬！

国家督学、教育部关心下一代工作委员会常务副主任、
中国教育设备行业协会理事长

王富

（王　富）

2015年03月10日

前　言

本书系全国教育科学“十二五”规划教育部重点课题“中国教育技术装备发展史研究”课题下的专题性研究课题之一的研究成果，课题由浙江省气象学会校园气象协会承担，从2012年9月至2013年7月历时10个月完成。

一

2010年10月，由中国教育装备行业协会（以下简称“中行协”）主持和策划的专题研究性重大项目——“中国教育技术装备发展史研究”，上报申请国家教育部研究课题；2011年7月22日，全国教育科学规划领导小组正式批复该项目列入全国教育科学“十二五”规划重点课题（课题批准号：DCA110188）。

“中国教育技术装备发展史研究”立项是我国教育装备战线的一件大事，以史为鉴，可以知兴替。它的编撰可以全面总结回顾我国教育技术装备发展历程、地位、规律、作用，填补教育装备理论建设上的一个空白，所以具有重大历史意义和现实意义。该课题研究是一项重大系统工程，是不断完善我国教育装备理论体系建设的重要举措。

中行协在课题获准立项后，即由专家、教授和中行协领导组成主课题组，于2011年11月1日在京举行开题报告会，会后向全国征集分课题和子课题。

浙江省气象学会校园气象协会在获悉这一信息后，即召集理事会成员商讨申报分课题和子课题事宜，得到全体与会专家和老师的一致赞成和支持，并于2012年8月25日向主课题组提出“我国校园气象科普教育发展史研究”分课题的申请。2012年9月13日获准批复，并在杭州召开分课题开题报告会，会后派员赴京参加主课题召开的分课题、子课题研究中期汇报会。

浙江省气象学会校园气象协会是浙江省民政厅批准备案的民间组织，由11个市级气象学会和42个开展校园气象科普教育的学校单位组成，职责是专门从事领导、管理、指导全省中小学开展气象科普教育。“我国校园气象科普教育发展史研究”分课题的研究，将有助于深化内涵、拓宽视野、更新思维，有力地促进我国校园气象科普教育向纵深发展。

浙江省校园气象科普教育历史比较悠久，而且发展较快，参加课题研究的专家和教师都有比较丰富的校园气象科普教育经验。他们除了亲自参与领导、组织与具体实施外，还有为数不少的相关论文在国家级、省级刊物上发表，同时还有不少学生的文章在相关的杂志上发表，并有不少论著与文章获省级以上奖项。这些都是大家已经开展的相关实践，是完成本课题研究的基础。

二

本课题研究以时间发展为线索，简要涉及气象科普历史，重点研究新中国成立至21世纪10年代60多年来，我国校园气象科普教育发展。研究的原则是以国家教育部的教学大纲、课程标准和《中华人民共和国教育法》为经，以各历史阶段的中小学教科书和全国各地气象科普活动典型事例为纬，以《中国教育通史》《中国近代教育史》《中国气象史》《中国近代地理教育史》《中华人民共和国气象法规汇编》及全国各省(自治区、直辖市)《气象志》和《教育志》等为参考文献，描绘出一幅我国校园气象科普教育发展的蓝图，反映出我国教育事业的发展、教育技术装备的发展。特别反映校园气象科普教育在中小学中补充、延伸学生的课本知识，拓宽科学视野，传播科学精神、增强科学意识，培养科学技术技能，掌握和熟练防灾减灾本领，达到全面素质提高和人才培养等方面的重要作用。

本课题研究试图从我国校园气象科普教育的萌生、运转、行进和发展的历史过程中，归纳总结出规律，筛选提炼出亮点，升华为理论，提出我国校园气象科普教育今后发展的方向与空间，为各地中小学开展校园气象科普教育提供参考与借鉴；为各级教育部门和气象部门高度重视校园气象科普教育，在制定规划和实施时提供理论依据和参考实例。

本分课题下立8个子课题，分别由相关部门专家和中小学教师承担完成，从8个方面对我国校园气象科普教育进行全方位的深入研究。8个子课题的题目是：

1.我国校园气象站建设与发展史研究；

2.我国校园气象科技活动发展史研究；

3.我国校园气象科技探究实验发展史研究；

4.我国校园气象科普校本课程开发发展史研究；

5.我国校园气象科普网络建设发展史研究；

6.我国校园气象科普管理指导发展史研究；

7.我国校园气象科普推进宣传发展史研究；

8.我国校园气象科普队伍组织建设发展史研究。

本课题属“拓荒”课题，国际与国内尚无类似研究，为教育部门和气象部门联手推进校园气象科普教育的发展，提供理论依据和实际参考。

三

本书分为8章41节，以专家研究成果、典籍记载和实地考察为依据，系统地介绍了我国校园气象科普教育的发展历史。

第一章　绪论，研究介绍了气象科普的起源、内涵、自然传播、文化辐射，以及古代对青少年的气象科普教育。

第二章　中国近现代校园气象科普教育(1840—1949年)，分别介绍了鸦片战争后至民国初年的校园气象科普教育；介绍了竺可桢先生对校园气象科普教育的贡献，校园气象站的诞生与运用；着重介绍了中国共产党领导的延安时代与东北、华北解放区的校园气象科普教育。

第三章　新中国初建时期的校园气象科普教育(1949—1957年)，介绍了新中国成立初期的校园气象科普教育状况，苏联教育对我国的影响，教育专家的引导促进，党和政府对校园气象科普教育的领导。

第四章　校园气象科普教育的振兴(1957—1966年)，介绍我国“教育革命”高潮中的校园气象科普教育，以华东地区为例，分别选用城市与农村的典型例子来说明这一时期我国校园气象科普教育的振兴状况。

第五章　校园气象科普教育的过渡(1966—1976年)，介绍了“文化大革命”时期我国的校园气象科普教育。

第六章　校园气象科普教育的复兴(1976—1991年)，多角度介绍了“文化大革命”后我国校园气象科普教育复兴状况。

第七章　校园气象科普教育的发展(1991—2009年)，介绍了新世纪前后我国校园气象科普教育的新形势。

第八章　校园气象科普教育的现时态势(2009—2012年)，介绍了近年来我国校园气象科普教育发展的喜人形势。

四

气象科学是最古老的科学，它从人类诞生时就开始萌生，与人类的生活、生产息息相关。气象观测是人类最早的科学活动，它对人类的进步、发展、促进产生了巨大作用。气象科普是人类最早的科普，它在人类的生存发展、自身保护的过程中发挥了不可替代的作用。

从科学社会学的角度看，校园气象科普教育是一种广泛的社会现象，这种现象是在自然科学与人类社会的相互作用中生成的。科技与社会作为气象科学普及的“土壤”，哺育着气象科普的生长；同时气象科技进步和社会发展，也促进了气象科普的不断进步发展，赋予气象科普鲜活的生命力和浓厚的社会性、时代性。形象地说，气象科学普及是以时代为背景，以社会为舞台，以人为主角，以科技为内容，面向广大师生的一台“现代文明戏”。

从科学教育学的角度看，校园气象科普教育也是一种科学素质教育，它采用师生易于理解、接受和参与的方式，既普及了气象科学知识，又能够达到传播科学思想、弘扬科学精神、倡导科学方法的效果，在推广气象科学技术应用，掌握防灾减灾知识和技术的同时，又全面提高了学生的素质。

我们的党和国家历来都非常重视校园气象科普教育。因此，我国的校园气象科普教育一直在持续地向前发展着。它从初始的课外活动内容、团队活动项目，发展到今天“科教兴国”和“教育改革”的优秀载体与平台，为我国的人才培养和中小学生的素质提高做出了巨大贡献。特别是新世纪以来，党和政府相关部门都加大了对校园气象科普教育的力度，在全国各界和中小学师生的大力支持和努力下取得了辉煌成就。

本课题的研究系国际国内迄今为止没有先例的“拓荒性”工作，填补了校园气象科普教育发展史上理论建设的空白，具有一定的历史意义和现实意义。研究的成果将会成为推动和促进我国校园气象科普教育持续发展的依据与参考。浙江省气象学会校园气象协会的课题负责人与全体参与者所付出的艰辛与努力、心血与汗水，将会被今后从事校园气象科普教育的广大师生所认可。

国家督学、教育部关心下一代工作委员会常务副主任、中国教育设备行业协会理事长王富先生为本书作序。谨让编著者代表浙江省气象学会校园气象协会与全体成员向他表示衷心的感谢！

本课题研究曾得到中国教育设备行业协会夏国明秘书长的大力支持，曾得到《中国教育技术装备》杂志王兴乔主编、北京师范大学艾伦教授、王长毅副理事长等的悉心指导和支持，特此表示衷心感谢！

中国气象学会秘书处、浙江省气象局、浙江省气象学会的领导与专家，全程关注、指导、支持和帮助本课题研究，一并表示衷心感谢！

由于受课题负责人和参与者的学识所限，本书所获的材料还不够全面，因此疏漏、欠妥之处在所难免，谨请前辈、专家、同行和广大读者批评指正！

编　者

2013 年 5 月

目 录

第一章　绪　论

我们生活的地球是浩瀚宇宙中的一颗行星。大约在46亿年前，地球和太阳及八大行星一起在宇宙的银河系中诞生。地球是宇宙中现在发现的唯一一颗生存着各种生命的行星。

如果在气象卫星上从宇宙空间俯瞰地球，我们就会看到地球周围包裹着一层缥缈轻薄美丽而又千变万化的浅蓝色气体。这层气体在气象学上叫作大气圈，是地球上五大圈层（岩石圈、冰雪圈、水圈、生物圈和大气圈）之一。

大气的范围极广。水平方向上，它裹罩着整个地球，地球表面任何一处都有它的存在；垂直方向上，上界比地球最高山峰的峰顶还要高。

大气虽然看不见摸不着，但它却是实实在在客观存在着的物质。据科学推算，大气的质量非常惊人，超过5300万亿吨，可以和一个直径1000米的铜球或5座喜马拉雅山的质量相当。

大气是由干洁空气、水汽和悬浮颗粒物组成的，其中干洁空气是主体。干洁空气的成分非常复杂，本身包含着氮、氧、氩、氖、氦、甲烷、氪、氢、氙等几十种气体。在这些气体中，氮气约占大气总体积的78%，氧气约占大气总体积21%。氮、氧是人类和所有动植物生存繁衍所必需的物质。

大气是地球上所有生命赖以生存发展的重要物质，它既是地球上平稳和谐局面的维护者，也是自然界风云变幻的“导演”和自然灾害的“肇事者”。

第一节　气象科普的起源与原始传播

大约在46亿年前，地球诞生了，刚刚诞生时的地球与今天大不相同。根据科学家推断，地球形成之初是一个由炽热液体物质（主要为岩浆）组成的炽热火球。随着时间的推移，地表的温度不断下降，固态的地核逐渐形成。密度大的物质向地心移动，密度小的物质（岩石等）浮在地球表面，这就形成了一个陆地表面主要由岩石组成的地球。

伴随着地球的形成过程，包裹着地球的大气也神秘地诞生了。刚刚诞生的地球外围就包裹着一层气体，即原始大气。原始大气是由污染星云中的气态物质（如氢、氦）等附着形成的。经过漫长的时间过程，地球表面发生了冷凝现象，温度急剧下降，而地球内部的温度仍然极高，促使火山频繁活动，火山爆发时便形成了次生大气。太阳辐射逐步向地球表面纵深发展，强烈的紫外线光合作用使次生大气中生成了氧，经过几十亿年的分解与演变，终于发展成现在大气，现在大气中的氧是生命之源，因而也就孕育了生命。

大气的生成与存在孕育了地球生命，孕育了人类。人类和地球上所有的生命都在大气中生活，就像鱼儿在水中生活一样，须臾不能分离，大气里的风云变幻时刻影响人类的初始生活，影响着人类的生存与发展。

一、大气变化影响古人类的生存

温克刚主编的《中国气象史》记载，在地质时代第三纪前期的几千年时间内，地球表面一直保持着热带气候的状态，地球上所有生命所需的气象环境既良好又稳定。但从2500万年前的中新世开始，整个地球失去了以往的宁静，异常活跃的造山运动此起彼伏波及全球。轰轰烈烈的地震和火山爆发接连不断，极大程度地改变了地球的原状。原本比较平坦的大地和海洋，开始有高山隆起和深沟下陷。喜马拉雅山脉、阿尔卑斯山脉、安第斯山脉、落基山脉等都是那一时期逐渐升起来的，在非洲还出现了东非大裂谷。不过，非洲大陆和欧亚大陆之间依然有漫长的接触地带，直到500万～600万年前的上新世后期，红海开始泛滥成海，才把两个大陆隔开。这些都是气候变化所产生的结果，这些结果严重地影响了古人类的生活与生存。

自从第三纪渐新世出现猿类，到中新世往后，地球上保存下来的猿类有4支：一支下到地面向人的方向发展，开始踏上与自然风雨搏斗的艰苦历程；另三支继续在树上生活，它们成了猩猩、大猩猩、黑猩猩，仍为猿类。

古猿下地的根本原因就是气候变化。由于气候的变迁，森林的面积逐渐缩小，林木逐渐稀疏，森林与森林之间的空隙也逐渐扩大，特别是林中的食物也越来越枯竭，森林中的古猿被迫到地面上求生存。他们通过地面从这片森林转移到那片森林寻食，同时地面各种类型的食物也吸引他们到地面上来。从此，他们开始学习直立行走，开始进行渔猎劳动，防御和对抗来犯的各种敌对力量；他们开始经受风云变化的煎熬，经过漫长岁月的劳动，使古猿完成了"人猿相揖别"进化。

自从人类离开森林以后，自然气候给了他们更多的考验和锻炼。他们原本长期享用的森林中鲜美的甜果、多汁的块茎和鲜嫩的植物叶子已经大量减少，在他们面临饥饿的时候，迫使他们扩大食源，如昆虫、鸟蛋等，甚至动物性食物如鸟、鱼、兽等。食源的扩大，增强了他们的体质和体力，同时也导致他们为逐食而向气候条件优越的地区迁徙，人类从此迈出了扩张迁移的步伐。

大约在170万年前，人类历史上最早的迁徙者——东非直立人，借助着良好的气候条件来到了亚洲，并在这里建立新的家园。之后，为了寻找到更好的适合打猎的地方，史前人类源源不断地奔向他们可以到达的世界各地。大约在70万年前，欧洲大陆上也出现了人类的身影。在占据了非洲和欧亚大陆后，人类漫游的脚步依然没有停止，大约在1.5万年以前，人类又来到了美洲大陆，这时候的人类已经进化成现代人的样子，我们称之为"智人"。生活在亚洲的"智人"走过寒冷的西伯利亚极地，又穿过白令海峡，最后登上美洲大陆。气候的原因，造成了人类历史上无数次不同规模的迁移。

气候变化也能造成部分古人类人种的灭绝。尼安德特人曾是欧洲大陆上盛极一时的古人类，有着20多万年的辉煌历史。然而在2万～6万年前，一场剧烈而又反复无常的气候变化，把他们逼上绝路：气候变化导致环境也发生显著变化，森林变为草原，草原又很快变回森林，尼安德特人赖以生存的大型动物越来越难捕捉。在食物极端枯竭的情况下，而又没有及时迁移，就导致了尼安德特人这群古人类的灭绝。

二、"观念气象"的形成和气象科学的萌芽

人类从树巢走到地面，跨出了"人猿相揖别"的决定性一步。两只眼睛不只是专门向下看，而且能观看四面八方，看到更远更广阔的范围，头脑中获得更加丰富的外界映像，从而打开了人类的意识之门。看到天高云淡，微风轻拂，阳光灿烂，他们就会欢欣鼓舞，笑容满面；看到赤日炎炎，骄阳似火，他们会觅阴寻凉；看到阴云密布，狂风怒吼，他们会避风躲雨。大气的千变万化，使他们渐渐学会了观云识天，探索并掌握了一些与自然灾害做斗争的方法。在漫长的岁月中，我们的祖先从本能被动地受自然气象条件的驱使，到了有初步的自我意识，对自然气象条件做出有利生存的主动反应，其实这就是人类对自然界气象条件感受、认识和适应的过程。

原始人类对大气变化规律的探索和对各种天气现象的关注与解释，是原始人类对大自然的一种最朴素的观念与认识。这就是远古人类头脑意识中的"观念气象"。"观念气象"要先于人类历史上的任何科学，特别是先于"观念农业"。

气象环境的恶化改变了人类，生活条件的艰辛发展了人类。中国史前的先民在应对恶劣多变的自然气象环境和改善艰苦的生活条件的斗争中走过了漫长道路，积累了朴素、简单的气象知识，终于迎来了人类文明的曙光。

(一)穴居——人类第一种抗御自然气象灾害的方式

《易经·系辞·下传》中说："上古穴居而野处。"大自然以其造化之奇功，雕凿出无数奇异深幽的洞穴，为人类在长期生存期间提供了最原始的"家"。在应对自然气候能力水平极为低下的状况下，天然洞穴显然首先成为最宜居住的"家"。从早期人类的北京周口店、山顶洞穴居遗址开始，原始人居住的天然岩洞在辽宁、贵州、广东、湖北、江西、江苏、浙江等地都有发现。可见穴居是当时原始人抗御自然气象灾害和防御敌对力量的主要方式，它满足了原始人对生存的最低要求。

穴居方式是一定历史时期内特定地理环境下的产物，它降低了原始人类对自然气候环境的依赖，使人类具备了初步改造自然和应对自然气象灾害的能力，对我们祖先的生存发展起到了重要作用，为人类社会的发展奠定了物质基础，为原始社会的进一步演变打下了良好基础。

(二)驭火——人类主动征服自然气象灾害的第一种力量

驭火就是猎火、养火和制火。火是自然界早就存在的现象，火山爆发时有火；雷鸣电闪时生火。可是原始人最初看到火时不会利用，反而非常害怕。后来偶尔捡到被火烧死的野兽，拿来一尝味道十分香美；经过多次试验，人们渐渐学会用火来烧东西吃。看到凶禽猛兽遇火而逃，人们就懂得用火来防御凶猛敌人的侵犯。燃烧的自然火释放出大量的热能，使人们感到气温的迅速上升，于是人们也学会了用火来取暖驱寒去湿。

然而，自然火种往往会熄灭，人们通过反复实践，终于学会采取多种方法和途径把火种养活下来，使火常年不灭。

由于火种的搬迁与携带非常不方便，于是人们在某些自然现象的启发下，创造出用坚硬而尖锐的木头，在另一块硬木头上使劲地钻，钻出火星来制火；也有的用燧（suì）石敲敲打打，敲出火星来制火。人工取火是一个了不起的发明。从那时候起，人们就随时可以吃到烧熟的东西，而且食物的品种也增加了。

驭火是人类文明进步的第一个标志，是人类主动征服自然气象灾害的第一种力量，是人类与自然斗争的第一个伟大胜利。自从人类驾驭和驯服了“火老虎”以后，这个胜利的火炬照亮了远古时代的人类文明，人们手握战胜自然风雨、克服寒冷气候的武器，逐渐扩大生活的领地，获取更加丰富的食物。

(三)制衣——人类主动征服自然气象灾害的创新壮举

原始人在获取食物的时候，必须离开住处奔向四野。在野外觅食最难对付的就是寒冷的天气和突发的气候变化，特别是在高纬度寒冷地区，野外觅食不可能随身携带活火种。然而，尽管天气气候条件给原始人野外觅食造成很大困难，但古代的原始人尚不懂得储藏食物，只知日复一日永无休止地劳动着。为了能在恶劣的天气环境条件下继续到野外觅食，于是原始人就发明了衣服。

在纺织技术还没有发明之前，兽皮和植物是原始人制衣的主要材料。《韩非子·五蠹》上说：“古者丈夫不耕，草木之实足食也；妇人不织，禽兽之皮足衣也。”古代人们的食物主要取自于植物、野兽等，防寒护身也只能是利用树叶、兽皮等大自然赐予的东西。由此可以看出，上古时期的人类受经济条件的限制，服装也只是围系于下腹部的植物和毛皮等。

衣服发明以后，人类不再赤身裸体，但开始发明的衣服实际上还不是真正的衣服，因为他们不会缝纫，也没有针线；他们只会用荆条或藤条对植物和毛皮等进行简单的连接或捆束，极难顾及全身。然而，即使这样，他们在恶劣的天气环境条件下还是有了空前良好的武装。

人类发明衣服完全是由于气象的原因，完全是为了在野外觅食时，身体不再受日晒、风吹、雨淋和冰霜之害。发明衣服是人类主动征服自然气象灾害的创新壮举，也是人类历史文明和文化进步的一个浓烈的侧影。

穴居是人类对自然气象感知认识后所采取的被动斗争方式；驭火、制衣是人类在对自然气象感知认识的基础上，经过简单思维后所采取的主动斗争方式。也就是说，中国早期智人在远古时代就已经具备了朴素的天气气候知识，这种朴素的天气气候知识为中国气象科学的萌芽提供了厚实肥沃的土壤。

根据考古学家的推断与分析，我们的祖先早在史前地质时代就已经有了一些初步的气象灾害防御和气象资源利用的知识技能。在语音和文字符号发明之前这段漫长的历史长河中，我们的祖先就经历了掌握和运用大气科学知识的艰难岁月，如从居住自然洞穴躲避风雨发展到建造防雨避风的居所；从用兽皮遮身蔽体防寒御冷到发明衣服抵风挡寒；从用火到制火及按气候农耕种植、养殖等。这个过程实质上也就是大气科学的萌生过程。

三、气象科普的起源与原始传播

古人类的生活和活动基本上是群体性的。当第一群古人从森林中走出来到平地以后，其他的古人也陆续来到平地。他们一起觅食、嬉戏，过着一种无忧无虑的生活。但“原始群”状态的古人类没有时间观念，他们在一顿饱食之后就到处乱跑、闲逛，有时会走得很远很远。一旦发现植物繁茂食物丰富的地方，就会跑回去告诉自己的原始群体，让他们一起到这个地方来享用。当一个地方的食物枯竭时，他们又要集体迁徙，寻找更加理想的获取食物的场所。

多次寻觅使古人类意识到，只有气候适宜的地方才有丰富的食源，并将这种意识与经验告诉同类，这就是气象科普的起源。以后的“穴居”“驭火”“制火”“制衣”乃至“建房”“观念农业”诞生等的盛行都是“观念气象”萌生和气象科普起源后的功效。

科普必须依托某种媒介来传播。人类最古老的原始科普媒介不是别的东西，而是人的身体。当时，人们使用手、脸等身体部位来进行动作、表情等非语言传播。也就是说，在人类语言产生之前，原始人群中互相之间的信息传播和沟通是通过手势语、体态语、面部表情或具有约定俗成含义的声音实现的。

原始人经过漫长历史时间的孜孜求索和丰富的想象，学会了用手势、表情及呼叫来表达自己的一些简单意思。比比画画成了原始人交流信息的重要方式。比如招手表示“过来”，挥手表示“再见”或走开，指着自己表示“我”，指着对方表示“你”，等等。可以说，正是这些比比画画，实现了人与人之间最早的信息交流和气象科普的原始传播。即使是到了现在，人们仍常常借助动作语言来表达某种信息：点点头，表示“是”；摆摆手或摇摇头，表示“不是”；耸耸肩膀，摊开双手，表示“无可奈何”；握手、欠身，含有问候、感谢的意思。至于惊奇时睁大眼睛，着急时跺跺脚，忧愁时眉头紧锁，高兴时眉飞色舞，等等，则更是司空见惯了。

但是单单凭借“形体语言”来作为气象科普的传播媒介是远远不够的。比如在漆黑的夜晚，或是被物体遮挡的情况下，“形体语言”就用不上了。而且对于一些比较抽象的概念，“形体语言”也难以表达出来。又经过长期的不断摸索，原始人发现：用声音来传递信息，可以传到较远的地方，而且还能够让更多的人听见，于是又出现了一种具有约定俗成含义的声音作为气象科普传播媒介，最后人类的“口头语言”出现了。

气象科学是人类最早的科学。它从“观念气象”形成以后就开始酝酿萌芽；气象观测是人类最早的科学活动，它从人类备受恶劣气候煎熬和大自然恩赐的时候开始运用；气象科普是人类最早的科普，它从人类语言产生之前就已经普遍存在。因此，现代人都认为：气象科学是与人类关系最密切的科学，气象观测是一项与各行各业、各个领域都密切相关的重要科学活动；气象科普是全人类最应该予以特别关注的科普。

第二节　气象科普的文化辐射

人类在漫长的发展历史进程中，深受气象灾害之苦，可以说是切肤之痛，因此人们对天气气候变化予以高度的关注，积累了相当丰富的经验与知识。同时他们还非常自觉地将这些经验与知识进行普及传播。在文字产生以后，人们便开始对气象进行记录。气象科学家丑纪范先生在他所著的《天气预报》一书中说：有人对殷墟出土的317片甲骨进行统计，发现其中与气象有关的就有107片，当中卜雨的有93片，卜晴的有4片，卜暴风雨的有5片，卜雹、卜雪的各1片，这些就是我国古代最早气象记录与传播的有力佐证。另外，我国早期的神话传说也有涉及气象的片段，如蚩尤战黄帝时请来风伯、雨伯助战的故事，就是一种气象科学运用的普及传播。

随着社会科学文化的发展，气象科学的普及传播越来越广泛，涉及的领域越来越多。以《四库全书》为例，可以窥视我国古代气象科普传播的概况。

中华文化典籍浩如烟海博大宏伟。为查阅借读保存之便，古代官方把藏书划分为经、史、子、集四大类，分别储藏在四个书库之中，称之为“四部库书”或“四库之书”。清乾隆年间，皇帝御敕大学士纪晓岚为总纂官，编纂的《四库全书》就是在古人分类的基础上编纂而成的中国历史上规模最大的图书集成。

经、史、子、集四分法是我国古代图书分类的主要方法。这种分类法基本上囊括了我国古代所有图书，涵盖了古代中国文、史、哲、理、工、医等几乎所有的学术领域。然而，在卷帙浩繁的“四库之书”中却没有专门的气象科学著作，但在经、史、子、集各部中却有大量关于气象科学和气象知识的宏论。这些宏论有效地记载与反映了我国古代气象科学发展的足迹和气象科普传播的过程。

一、“经部”典籍中的气象

“经部”也叫甲部，其包括了以孔子为代表的儒家经典和注释研究儒家经典的名著及文字、音韵、训诂等方面的著作。其中有“易”“书”“诗”“礼”“春秋”“孝经”“五经总义”“四书”“乐”“小学”10大类。在这10大类典籍中，每类都有气象知识的记载，其中比较著名的有汉朝戴德著的《大戴礼记》中的《夏小正》；战国时子思著的《礼记》中的《月令》等。除此以外还有如下记述。

（一）《诗经》中有关天气演变的诗篇

《诗经》是我国古代最早的诗歌总集。大约成书于公元前6世纪中叶。全书共集诗305篇，具有一定气象意义的诗歌有40多篇。其中反映物候历的，如《豳风·七月》等；反映天文节气的如《召南·小星》等；还有很多直接涉及气象与天气的诗篇，现摘录几首于下。

《召南·殷其雷》：殷其雷，在南山之阳……殷其雷，在南山之侧……殷其雷，在南山之下。诗的意思是：轰隆隆震天响的雷声，从南山的向阳坡慢慢向南山的另一边移动，由远而近，最后移到南山脚下。从诗中我们可以清楚地了解到当时古代人已经掌握雷雨的形成，运动的过程以及地形对雷雨影响的气象知识。

《邶风·终风》：终风且暴……终风且霾……终风且曀。不日有曀……曀曀其阴，虺虺其雷……诗的意思是：狂风挟裹着暴雨搅得天昏地黑，乌云遮天蔽日，没了太阳，天空漆黑一团。紧接着雷声轰鸣，由远而近。诗歌描写了当时刮起大风，天空出现“阴霾”，乌云遮蔽太阳，雷声自远而近，准确地描述了天气变坏的全过程。《诗经》中像这样能够科学地描述天气演变过程的诗歌还有超过30首之多。

（二）《左传》中天气灾异现象的记载

《左传》是春秋时期专门记载周王朝、鲁国以及其他各国大事的编年体史书。以下是该书把天气反常现象列为重要史事进行记载的部分内容及解译。

隐公九年：九年春，王三月癸酉。大雨霖以震。书始也。庚辰，大雨雪。亦如也。书时失也。凡雨，自三日以往为霖。平地尺为大雪。这则记载的意思是：九年春天，周历三月十日，有“大雨霖”，并有雷震。《左传》只记载了开始的日期。十七日有“大雨雪”，《左传》也只记载了开始的日期。所以记载是由于天时不正常的缘故。凡是下雨连续 3 天以上就叫“霖”；平地雪深一尺就叫“大雪”。

僖公三年：三年春，不雨。夏六月，雨。自十月不雨至五月，不曰旱，不为灾也。这则记载的意思是：僖公三年春季没有下雨，到六月才下雨。从去年十月到第二年五月一直没有下雨。《左传》没有记载“旱”，是因为没有造成任何灾害。

僖公二十九年：秋，大雨雹，为灾也。这则记载的意思是：秋季有大雨和冰雹，形成灾害，《左传》才加以记载。

成公十六年：十有六年春，王正月，雨，木冰。这则记载的意思是：鲁成公十六年春天，周历正月，下雨，树木枝条上凝聚了雨冰（就是“雾凇”或“雨凇”）。

从这 4 则记载看，当时我们的先人已经非常重视天气变异，能熟练地掌握气象记录的方法与原则，并且对气象科学和气象知识已经非常谙熟。

（三）《尚书》中的气象监测与灾害防御

《尚书》即上古之书，是记言的古史，相传为春秋时孔子编定。该书有许多篇目谈及气象实践。

如《虞书·尧典第一》：尧帝命令羲氏、和氏通过观察日月星辰制定历法，颁布天下，告诉人们岁时节令，指导农耕；命令羲仲住在东方，观察太阳东升的情况；命令羲叔住在南方，观察太阳在南天上运行的规律；命令和仲住在西方，观察太阳西落的情形；命令和叔住在北方，观察太阳在北方天空运动的情况。这则记载说明我们的先人在春秋时期前就有监测天气、气候的规划部署。

又如《周书·金藤第八》：这年秋天，庄稼已经成熟，但还没有收割。突然天气大变，雷电交加并伴有暴风。庄稼都被吹倒了，大树被拔出。国内的民众都很恐慌。于是成王和大臣走出郊外，召令国内民众，把倒地的树木和庄稼都扶起来，用泥土或木棍加固，这年仍然获得大丰收。这段话记载了当时人们对自然灾害的抗争和防御。

二、“史部”典籍中的气象

“史部”也叫乙部，包括各种体裁的历史著作。其中有正史类、编年史类、纪事本末类、别史类、杂史类、诏令奏议类、传记类、史抄类等共 15 类 26 属。重要的著作有《史记》《汉书》《后汉书》《三国志》《资治通鉴》《战国策》等。在众多的历史典籍中，有许多对气象科学的记载和描述。

（一）《史记》中的观云测天经验

《史记》是我国第一部纪传体史书。全书包括本纪、表、书、世家和列传共 130 篇。其中

“书”8 篇是分别叙述天文、历法、水利、经济、文化、艺术等方面的史篇。因此，在“书”中也有气象方面的叙述。

如《史记》卷二十七《天官书第五》的第五部分：凡望云气，仰而望之，三四百里；平望，在桑榆上，千余二千里；登高而望之，下属地者三千里。这段话的意思是：大凡观察云气，仰头上望，可见三四百里[①]；从远处树梢平望，可见一二千里；登高远望，往下一直连接到地平线，有三千里。说明了从不同角度对云的观测经验。

又如：稍云精白者，……阵云如立垣。杼云类杼，柚云抟两端兑。杓云如绳者，钩云句曲。……若烟非烟，若云非云，郁郁纷纷，萧萧索轮囷是卿云。这段话描述了 7 种云状：稍云（卷云）颜色洁白，阵云（堡状高积云）直立似城墙，杼云形状像杼，柚云形状似螺旋两端尖锐，形状像绳子一般的是杓云，钩云（钩卷云）像钩一样弯曲，形状似烟非烟、似云非云稀疏地散着的是卿云（碎积云）。

再如：风从南方来，大旱；西南，小旱；西方有兵；西北，戎菽为小雨，趣兵；北方，为中岁；东北，为上岁；东方，大水；东南，民有疾疫，岁恶。这段话的意思是：风从南方吹来，主大旱；风从西南方向吹来，主小旱；风从西方吹来，有兵灾；风从西北方向吹来，大豆成熟，加上小雨，促成兵事；风从北方吹来，则年收成平平；风从东北方向吹来，则是大丰收年；风从东方吹来，主大水；风从东南方向吹来，有疾疫流行，为歉收年。这是古人测天的一种方法，虽然并不十分科学，但却沿用了几千年。

《史记》卷二十七《天官书第五》中还有多处谈及气象科学的章节，这里仅选摘几例。另外，《史记》卷二十五《律书第三》和卷二十六《历书第四》等篇中也还有多处论及气象科学的。

（二）《汉书》十志中的气象知识

《汉书》是我国第一部断代史书，所记仅限于西汉一代。全书共 100 篇，计为帝纪 12 篇、表 8 篇、志 10 篇、列传 70 篇。其中的 10 篇“志”是从《史记》的 8 篇“书”发展而来的。两者有异有同，进行比较，可以清楚地看出其继承和发展的情况。因此，其中也有不少有关气象的记载与论述。

如：《汉书·律历志》（上、下篇）记载了汉代进一步发展与完善了二十四节气的多种测定方法，并编出了用多种方法测定二十四节气的数据，进行互相校正。其中最重要的发展就是把没有节气的月份定为闰月，使得月份、节气和一年中的实际气候配合得更加合理与科学。

又如：《汉书·五行志》（上、下篇）记载了许多汉代异常的天气现象和气象灾害。其中有日食、月食、雪、霜、雹、水灾、旱灾等；还有大雨、强风暴、寒流及天气变化等。记载得相当详尽、全面，且品种繁多。这些灾异现象的记载为后代研究气象留下了悠久、细致、翔实的宝贵资料。

除上述外，在“史部”的正史或杂史中还有许多谈及气象的著作。

三、“子部”典籍中的气象

“子部”也叫丙部，包括诸子百家的著作。其中有儒家类、兵家类、法家类、农家类、医家类、天文算术类、释家类、道家类、艺术类、谱录类、杂家类、类书类、小说家类共 13 类 24 属，

---

① 秦汉时期，1 步＝6 尺，1 里＝300 步；如今，1 里＝500 米，下同。

各类属中都有气象科学普及传播的内容。

在“四部库书”中，有关气象科学与气象知识的著作要数“子部”典籍中最为丰富。其中专门论述气象科学的有农家类中的《氾胜之书》《齐民要术》等；杂家类中的《淮南子》《吕氏春秋》《梦溪笔谈》等；论及气象应用的有兵家类中的《六韬》《孙子兵法》《司马法》《将苑》等；医家类中的《黄帝内经》《伤寒论》《金匮要略》《灵枢经》等；涉及气象知识的有天文算术类中的《九章算术》及部分儒家、法家经典和古代启蒙读本等。这里就除上述著作外的“子部”典籍中再探究一二。

(一)《道德经》

希言自然。飘风不冬朝，暴雨不冬日。孰为此？天地而弗能久，有兄于人乎！这段话的意思是：(圣人)不想多说自然界的情形。暴风不会长久地刮个不停，骤雨不会没日没夜地下着。是谁造成这一切呢？是天地。天地的狂暴力量尚且不能持久，何况人呢？老子的这番话道出了简单的气象规律，表达了朴素的气象意识。

(二)《墨子·天志》

吾所以知天之爱民之厚者有矣，曰：以磨为日月星辰，以昭道之；制为四时春秋冬夏，以纪纲之；雷降雪霜雨露，以长遂五谷麻丝，使民得而财利之。这段话的意思是：我知道上天爱护人民如此深厚是有根据的。这是因为：上天区分日月星辰，而给人民带来光明和指示；规定春秋冬夏四季，作为万物的纲纪；降下雪霜雨露，使五谷、丝、麻等作物成长，使老百姓从中得到利益。这段话虽然是一个比喻，但却表达了墨子对简单气象知识的熟知。

(三)《庄子·天运》

天其运乎？……日月争于所乎？……云者为雨乎？雨者为云乎？……风起北方，一西一东，有上彷徨，……敢问何故？巫咸招曰：来！吾语女。天有六极五常。这段话的意思是：天在自然运行吧？日月交替出没是在争夺居所吧？是先有雨水，后蒸腾形成云的呢，还是先有了云，才有雨水的呢？风从北方刮起来，一会儿西一会儿东，在天空中来回游动。我斗胆请教是什么缘故？巫咸招说：来，我告诉你，这是大自然本身就存在着的六合与五行。短短几句话，把日月交替风云变幻说得清清楚楚。

中国古代兵书，虽说不上卷帙浩繁，却也为数不少。根据1990年国防大学出版社出版的、由刘申宁先生编著的《中国兵书总目录》一书介绍，至1911年辛亥革命前，中国古代兵书已达4221种之多。但在这些古代兵书中，目前所能见到的也有500多种。如果把内容重复、相近或无兵论价值的兵书进行筛选，堪称精粹之作的兵书也有二三百种；其中被历代兵学家捧为经典的兵书也有二三十种之多。这些兵书的内容博大精深，论述宏阔，涉及的知识层面广及多学科多领域。《汉书·艺文志》曾根据这些兵书主要内容的属性，将其分为兵权谋、兵形势、兵阴阳、兵技巧4大类。这4类兵书中的兵阴阳就是专门论述天候、地理、阴阳、占卜的兵书，其中包含了大量古代朴素的军事天文知识和军事气象知识。现从比较经典的古代兵书中对气象知识论述的内容来说明气象知识在军事上的重要作用。

(四)《孙子兵法》

《孙子兵法》是我国现存最早的兵书，是一部内容完备结构严谨的古代军事名著。全书共有 13 篇，许多篇章都涉及气象知识。如：

《始计篇》：本篇是全书第一篇，该篇共有 4 部分内容。其中第 2 部分是用兵首先要考察的 5 个基本主客观条件，孙子把气象条件摆在第 2 位。他说：“故经之以五事，校之以计，而索其情：一曰道、二曰天、三曰地、四曰将、五曰法。……天者，阴阳，寒暑，时制也”。天就是指用兵时所处的时节和气候，或晴雨或冷暖或春夏秋冬。

《谋攻篇》：本篇是全书第三篇，内容也分 4 部分。其中第 4 部分是预测胜利的 5 个方法。孙子说：“知天之地，胜乃不穷。”这句话的意思是了解和掌握气象信息是夺取胜利的重要因素。

此外，《孙子兵法》中涉及气象知识的篇章还有《虚实篇》《火攻篇》等。

(五)《吴子》

《吴子》是一部与《孙子兵法》齐名的古代兵书，为战国时吴起所撰。全书共 6 篇，篇篇涉及气象知识。如：

《吴子·料敌》

凡料敌，有不卜而与之战者八：

一曰：疾风大寒，早兴寤迁，刊木济水，不惮艰难。

二曰：盛夏炎热，晏兴无间，行驱饥渴，务于取远。

三曰：师既淹文，粮食无有，百姓怨怒，妖祥数起，上不能止。

四曰：军资既竭，薪刍既寡，天多阴雨，欲掠无所。

五曰：徒众不多，水地不利，人马疾疫，四邻不至。

……

《吴子·论将》

居军下湿，水无所通，霖雨数至，可灌而沉。居军荒泽，草楚幽秽，风飙数至，可焚而灭……

《吴了·治兵》

将战之际，审候风所从来，风顺至乎而从之，风逆坚阵以待之……

《吴子·应变》

凡用车者，阴湿则停，阳扫燥则起。

(六)《司马法》

《司马法》是一部侧重于军事法规和军事典章的兵书，全书共 5 篇，主要论述对战争和军事行为的规范。该书在论述时，不少地方涉及气象知识。如“冬夏不兴师，所以兼爱民也”（见《司马法·仁本》）。这里说的“冬夏不兴师”是因为严寒与酷暑对于人的健康不利，也就是说不利战争。又如“顺天，阜则，怿众，利地，佑兵，是谓五虑”（见《司马法·定爵》）。这里提出的“顺天”是按照具体的气象变化行事，发挥天时因素的作用，是兵家首先要考虑的。这也给兵学家提出了要研究军事气象的任务。

另外，《司马法》的其他篇章，如《天子之义》《严位》《用众》等篇中也不同程度地涉及气象知识。

(七)《将苑》

《将苑》又称《心书》《新书》。该书为三国时代著名军事家诸葛亮所著。全书共一卷46章,主要论述为将之道。诸葛亮认为,通晓天文、气象、地理是每个军事将领必须具备的知识和素质。他说:“仁爱洽天下,信义服邻国,上晓天文,中察人事,下识地理,四海之内,视如家室,此天下之将。”这句话的意思是说,作为军事将领必须懂得天文、气象、地理等知识和技能。作为我国古代卓越的军事家,诸葛亮自己对天文、气象、地理就十分精通。他的这些知识和才能在中原的赤壁之战等战争实践中发挥得淋漓尽致;同时,在他开发大西南的“五月渡泸”“七擒孟获”等战例中也有充分的应用。除此以外,诸葛亮在《心书·智用》《心书·天势》等篇章中还有许多有关气象知识方面的论述。

(八)《武备志》

《武备志》是中国古代兵学宝库中的一部规模最大、篇幅最多、内容最全面的兵学巨著,被兵学家誉为古典兵学的百科全书。

《武备志》共240卷,200多万字,按古典兵学的逻辑联系分为“兵诀评”“战略考”“阵练制”“军资乘”“占度载”5大门类。“占度载”论述的是“兵阴阳”和军事地理方面的内容,共96卷,由“占”和“度”两部分组成。“占”就是占卜,包括占天、占日、占月、占星、占云气、占风、占雨、占雷电、占蒙雾、占霜露、占雪、占五行、占太乙、占奇门遁甲、占六壬等项目。虽然其中有不少迷信荒诞之谈,但也反映了当时人们对天文、气象的一些朴素认识。“占”主要论述各种预见、预测方法。书中收集了大量的预报天气、预测气候的方法和经验。如《测天赋》《玉章亲机》等卷。在整个冷兵器时代,预测和掌握天文、气象和地理知识和技术,以利战争指导,是每位将帅必须具备的素质。

除上述外,论及气象科学普及知识的古代兵书还有《太白阴经》《李卫公兵法》《成事类占》《九贤秘典》《草庐经略》《阵纪》等。

四、“集部”典籍中的气象

“集部”也叫丁部,包括各种体裁的文学作品。其中有楚辞类、别集类、总集类、诗文评类、词曲类5类著作。

在“集部”典籍中没有专门论及气象科学的著作,只有在文学创作中运用气象知识进行景物、气候描写或比喻等。其例之多无法枚举。

气象科学是人类最古老的科学,古代中国是世界上气象科学最发达最先进的国家。中国古代史上虽然没有专门的气象科学著述,但从“四部全书”典籍的记载中,可以清楚地看到我们的祖先是怎样重视气象科学、研究气象科学、运用气象科学的,能够清晰地知晓我国古代气象科学普及传播的过程与概况。

第三节　古代对青少年的气象科普教育

学校是人类社会发展到一定历史阶段的产物。它的产生并不是一朝一夕的事情,而是要经过漫长的孕育、萌芽、成长的过程。根据郭家齐先生编著的《中国古代学校》一书记载，我国古代的学校孕育萌芽于原始社会末期，形成于奴隶社会初期，成熟于奴隶社会中后期。

据传，我国夏代以前的学校称“庠”，分为“上庠”和“下庠”两种；夏朝设“庠”“序”“校”；商朝设“庠”“序”“学”“瞽宗”；西周设“国学”和“乡学”，“国学”分“大学”“小学”；“乡学”分“庠”“序”“校”“塾”；秦称“学室”；汉称“太学”，后又改称“国子学”“国子寺”“国子监”。汉代是我国古代教育史上比较昌盛的时期，学校分为官学与私学两种，其中私学的书馆，亦称蒙学，系私塾性质，相当于小学程度。明、清时期的学校称为“书院”“书堂”“私塾”等。到了光绪三十年(1904 年)，清政府颁布了《奏定学堂章程》，明确了学校的教育制度，规定了学校的课程，从此我国开始有了以班级教学为形式的学校。

学校是教育青少年的场所，历代的教育内容各不相同。在文字产生以前的原始社会主要传授生存和生产的知识与技能，其中包括识别天气、气候及应急避灾的方法；到了奴隶社会又添加了礼仪、军事技能与知识。文字产生以后的教育内容就逐渐丰富了，政治、经济、文化、思想、科技、艺术等都是教育传授的内容。授课的教材有社会通用的“四书”“五经”“诸子百家”等，还专门为青少年教育编撰了蒙学教材。

蒙学就是中国传统文化的启蒙教育。它对中华民族的社会、经济、文化、思想、科技的进步发展起到了十分重要的作用。蒙学教材是启蒙教育的重要工具，内容通俗易懂，言简意赅；形式多样，生动活泼；读起来朗朗上口，便于诵记。所以许多蒙学教材问世以来颇受欢迎与重视，且家喻户晓流传不衰。

蒙学教材由来很久。周宣王时有一位名史籀的人，编撰了我国历史上第一本儿童启蒙读本《史籀篇》，该书中就编有气象知识的教育内容。周宣王是西周第十一代君主，公元前828 年—前 781 年在位，距今已有近 3000 年的历史了。

到了 2000 多年前的秦代，丞相李斯亲自编撰了《仓颉篇》作为初学者的启蒙识字用书。秦以后的汉、唐、宋、元、明、清朝中期以前均有许多蒙学教材问世，且流传十分广泛。中华文化源远流长、博大精深，古代教育家编撰的蒙学教材内容十分丰富，囊括了中华历代有关文史哲经、典章制度、天文地理、名物典故、风俗人情、礼仪道德、勤勉故事、优秀诗歌等多方面的丰富知识。其中气象科普教育内容占有相当重要的比例。这里摘录部分蒙学教材中有关气象科学知识的句、段，用以说明气象科普教育是古今传承的教育教学内容。

一、《三字经》

《三字经》为宋代名儒王应麟著，是我国古代知名度最高，流传广泛，家喻户晓的蒙学教材。全书分教育、历史、天文、地理、伦理、道德 6 大部分。《三字经》中有关气象知识的内容，如“曰春夏，曰秋冬，此四时，运不穷，……赤道下，温暖极，我中华，在东北，寒燠均，霜露改”。这几句话的意思是：春夏秋冬，一年四季，循环运转，永远没有尽头。在赤道地区，温度最高，气候特别炎热，从赤道向南北两个方向，气温逐渐变低。我国地处地球的东北边，跨寒、温、热三带，大部分在温带，既无严寒，又无酷暑，冷暖均匀。冬天结霜，夏天结露，霜期和露期会跟着季节而改换。

二、《千字文》

《千字文》是南朝梁武帝时散骑侍郎、给事中周兴嗣编著，是我国编著最早的一部蒙学教材，是一夜之间用一千个不同的字构成的一篇千古流传的百科知识美文。《千字文》共分开天辟地、为人准则、传统典故、田园生活 4 大部分。《千字文》中有关气象知识的内容，如“寒来暑往，秋收冬藏，闰余成岁，律吕调阳，云腾致雨，露结为霜，……”这几句话的意思是：寒冬来到了，暑夏过去了。秋天收割庄稼，冬天储藏粮食。把每年多余的时间加在一起，成为闰年。用律吕来检查核实年份，使月份和季节相协调，随时掌握气候变化。云气上升遇冷就形成雨，夜里露水遇冷就凝结成霜。但是，这里“露结为霜”的说法是不符合科学的，露是气温在 0 ℃以上由水汽凝结成的水珠；霜是气温正在 0 ℃以下由水汽直接凝华而成的冰晶。

三、《千家诗》

《三字经》《百家姓》《千字文》和《千家诗》合称“三百千千”，是迄今为止保存完整、产生最早、使用最久、影响最广的启蒙经典书籍。《千家诗》流传的版本很多，最早的当属南宋诗人刘克庄所选；全书共选诗 220 多首，成 12 卷，分为时令、节候、气象等 14 个类目。其中有关气象的诗有多首，现摘录几首如下。

(一)张栻《立春偶成》

律回岁晚冰霜少，春到人间草木知。

便觉眼前生意满，东风吹水绿参差。

这首诗的意思是：大自然的规律已到了年尾，冰霜正在消融，春天即将来到人间，草木先苏醒。一瞬间就感大地生机勃勃，春风荡漾起层层碧绿的波纹。

(二)司马光《客中初夏》

四月清和雨乍晴，南山当户转分明。

更无柳絮因风起，惟有葵花向日倾。

这首诗的意思是：四月里天气清爽和煦，雨过天晴，正对着门的南山景色格外分明。野外没有柳絮飘飘的美景，只有葵花朝红日恭恭敬敬鞠躬。

(三)苏轼《中秋月》

暮云收尽溢清寒，银汉无声转玉盘。

此生此夜不长好，明月明年何处看。

这首诗的意思是：晚云散尽，天空中流溢着明月的冷光，银河中悄声无息，圆月朗朗。人生的中秋夜啊并不是经常美好的，不知我明年看明月在何方？

(四)苏轼《冬景》

荷尽已无擎雨盖，菊残犹有傲霜枝。

一年好景君须记，最是橙黄橘绿时。

这首诗的意思是：初冬的荷花凋零了，再没有荷叶遮挡风雨，菊花虽残却仍挺立着枝梢。请你记住一年中最美好的景色，正是这种橙黄橘绿的时候。

四、《菜根谭》

《菜根谭》为明代洪应明著，是一本篇目有限、通俗易懂的启蒙教材，400 年来一直备受推崇和关注。它从市井街坊流向宫廷内帏，从闭关自守的中国传到明治维新的日本，成为日本商界必备的经典，是一本影响较为深远的蒙学课本。这本书中也有多处涉及气象知识，如“天地寂然不动，而气机无息稍停；日月昼夜奔驰，而贞明万古不易。”这句话的意思是：天地看起来好像寂然不动，实际上构成自然万物的气无时无刻不在运动；日月虽然日夜不停地运行，可是它们的光辉却亘古不变。又如“霁日青天，倏变为迅雷震电；疾风怒雨，倏转为朗月晴空。气机何尝一毫凝滞，太虚何尝一毫障塞。”这句话的意思是：晴空万里会突然间电闪雷鸣；狂风暴雨突然间又会明月晴空。大自然何曾会有一分一秒的停顿，天体的运行何曾会有一丝一毫的混乱。

五、《幼学琼林》

《幼学琼林》系明朝程登吉编撰，是整个清朝乃至民国时期风行全国各地，编得最好的百科全书、蒙学教材。《幼学琼林》共分 4 卷 33 节。有关气象知识的内容在卷一的第一节“天文”和第三节“岁时”中。

在“天文”一节中，程登吉先生介绍了“日、月、虹、雨、风、雷、电、雪、雾、霜、露”等众多的天气现象；并对许多天气现象的形成过程、外貌特征进行了详细解说。如虹的生成是太阳光线与水汽交相映照而出现在天空的彩晕，雪花有 6 瓣等；同时运用典故介绍人类如何利用天气现象进行生活、生产斗争；介绍了我国历史上两次典型而著名的气象战争——黄帝蚩尤的涿鹿之战和孔明大败曹操的赤壁之战；另外还介绍了“蜀犬吠日”和“吴牛喘月”等区域气象。

在“岁时”一节中，程登吉先生介绍了一年四季的天气变化和人类适时的生活、生产活动。这两节归纳起来可以说是比较完整、系统的气象知识介绍。

六、《四季雨晴星歌》

《四季雨晴星歌》也是一本传播气象知识的通俗蒙学教材，是天气观测和天气预报的歌诀，是我国人民长期以来对气象科学的研究和总结。现录于下。

春季雨晴星歌

日逢室宿多风雨，每遇奎星天大晴，
胃娄二宿阴雨冻，昂虚阳高天转明，
参嘴井遇大风作，鬼宿星沉日月昏，
莫道柳星云雾至，四山皎洁反远阴，
张宿翼逢狂风作，轸角夜雨日逞明，
亢宿巨逢飞砂石，氐房心尾雨风声，
箕斗相逢天欲雨，牛女微微雨沾身，
一到虚危大风起，直至三更见月星。

夏季雨晴星歌

虚危室壁天半晴，奎娄胃日雨淋淋，
昂笔相逢带黄色，嘴参井位雨风真，
鬼星柳宿天降雨，星张翼轸更开阴，
伯亢二星太阳出，氐房心宿雨风声，
星尾星迎多大雨，箕斗牛女天大明。

秋季雨晴星歌

虚危室壁天大明，奎娄胃昂雨淋淋，
笔嘴装进天阴雨，无雨主有雾霞生，
鬼柳湿湿天黄色，客途道路宝堪行，
星张翼轸光无雨，角亢之星雷雨与，
氐房心尾微微雨，箕斗牛女倚山行，
若逢七月连八月，雷神隐府避无声，
秋收雷协隐何处，公子秋后莫祈晴。

冬季雨晴星歌

虚危室壁狂风作，有云无雨阴平平，
奎宿若逢狂风起，娄胃昂笔转天明，
嘴进参临有雷雨，雹势云为午晴阴，
鬼柳星宿天气朗，云雾昏迷有雨形，
翼轸相逢天阴冻，角亢会期雨不倾，
氐房心尾多霜雨，箕斗牛女虚有声，
此宿若逢春夏到，风雨交飞天未明，
诸葛细推真秘诀，登坛祈寿播芳名。

除上述外，介绍或渗透气象知识的蒙学课本还有《声律启蒙》《围炉夜话》《龙文鞭影》《幽梦影》《小窗幽记》《训蒙骈句》《唐诗三百首》等。

我国古代至清朝中期以前没有专门的气象科普教育课本，但在众多的蒙学教材中，编撰者们却能从篇目到内容为气象科普教育安排一席之地，并通过正确地描述大气运动规律，各种各样的天气现象和天气现象演变过程、天气信息预知原理以及气象科学知识的实际应用等，使受教育者在求知的过程中了解和掌握气象科学知识。由此可以看出我国古代教育家们强烈的气象科普教育意识。

第二章 中国近现代校园气象科普教育（1840—1949年）

1840年6月，鸦片战争硝烟骤起，帝国主义列强的枪炮打开了中国长期闭关自守的大门，使经历了数千年历史的古老的中国社会发生了根本变化——逐渐沦为半殖民地半封建的社会，直至1949年新中国的成立，才结束了这种社会局面。

中国传统教育在鸦片战争后，也逐渐沦为半殖民地半封建化，从早期的“西学东渐”起，经历了改革派的文化教育，早期教会学校教育，洋务运动时期的洋务学堂教育，维新运动和清末新政时期的教育，民国成立初期的教育，到中国共产党领导的新民主主义革命时期的教育等中国近现代的多个历史阶段。几经变革波折，迈着蹒跚的步履穿越了100多年的历史时空。

然而，不管中国的教育如何嬗变，但中国各个时期的教育专家都非常重视校园气象科普教育，都能够在各种形式教育的各种课程标准和课本中为气象科普教育内容安排一席之地。

第一节 清朝末年的校园气象科普教育

从鸦片战争起到民国成立之前，仍系满清王朝的统治，但也是清廷逐渐走向衰落灭亡的时期，这个时期大约经历了70年的漫长时间。清朝末年是中国教育改革演变最为激烈的时期，各种政治经济势力都为自己的利益在实施各自不同的教育。根据我国地理教育家、湖南师范大学杨尧教授的研究，这个时期以1904年清廷颁行《奏定学堂章程》的时间为界，分为前、后两个阶段。这两个不同的阶段存在着不同的政治经济势力，实施着各不相同的教育。

虽然各个阶段的教育形式和教育内容各不相同，但气象科普教育的内容却是一致的。只是存在着知识量多寡和内容深浅的区别而已。

一、清末前期的校园气象科普教育

我国著名的教育家和教育史专家陈景磐教授（1904—1989年），在他所著的《中国近代教育史》一书的导言中说：“中国近代主要有三种不同的文化教育，反映了中国近代三种不同的政治经济基础。帝国主义的奴化教育，目的在于培养为帝国主义服务的知识干部和愚弄广大的中国人民，使中国变成他们的半殖民地和殖民地；封建地主阶级的旧文化教育，目的在于巩固中国封建的统治；资产阶级的新文化教育，目的在于发展资本主义。”

清末前期的中国大地确实存在着三股不同的政治经济势力，因此学校也大致可以分为三大类：一是清代封建旧式学校，二是早期的教会学校，三是国人自办的新式学校。但不管是哪类学校，他们的常规教育中都有气象科普教育。

(一)旧式学校中的气象科普教育

旧式学校是中国历代封建教育制度长期演化而成的教育形式，是封建地主阶级为巩固自己的封建统治而办的学校，分为官学和私学两种。

1.官学

官学是指中国封建朝廷直接举办和管辖的学校。中央设在京师的国子监、太学，以及专科学校，如数学、阴阳学、医学、书学、律学、画学、武学和宗学、觉罗官学、八旗官学等，称为中央官学；地方官府设在所在行政区划内的府学、州学、县学等，称为地方官学。

官学的教育内容以儒家经籍为主，因此也称儒学。官学所使用的教材以“四书”“五经”为主，旁及类书，如《性理》《资治通鉴纲目》《大学衍义》《文章正宗》《古文辞》《三通》等。

“四书”“五经”是中国儒家的经典著作。“四书”指的是《论语》《孟子》《大学》和《中庸》；“五经”指的是《诗经》《尚书》《礼记》《周易》《春秋》，简称为“诗、书、礼、易、春秋”，是儒学的基本书目，儒生学子的必读之书。

在这些经典著作中蕴含着大量的气象科学知识，《诗经》和《春秋》两书中的例子已经在本书的绪论中列出，其他著作中也同样蕴含着不同量的气象科学知识内容。如《论语》《中庸》《周易》等可组成完整系统的科学宇宙观，是处处充满着对生命、对自然的领悟的儒家经典，其中有很多涉及气象科学知识的叙述。

《论语·阳货》中有：“四时行焉，百物生焉。”这句话的意思是：一年四季循序运行，万物顺利得以生长。《中庸》中有：“上律天时，下袭水土，……譬如四时之错行，如日月之代明。万物并育而不相害，道并行而不相悖。”这句话的意思是：上遵从天时运行的规律，下符合水土地理环境，……就像四季错综运行，日月交替照耀，万物一起生长而并不妨害，遵循各自的规律而并不相悖。

《周易》是一部中国古哲学书籍，是建立在阴阳二元论基础上对事物运行规律加以论证和描述的书籍，其对于天地万物进行性状归类，天干地支五行论，甚至精确到可以对事物的未来发展做出较为准确的预测。《易经·说卦》中说：“天地定位，山泽通气，雷风相薄，水火不相射，八卦相错。数往者顺，知来者逆，是故《易》逆数也。雷以动之，风以散之，雨以润之，日以烜之，艮以止之，兑以说之，乾以君之，坤以藏之。”《周易》是从天、地、水、火、雷、山、风、泽八种物象的演变来阐述宇宙万物之道，其中主要运用气象科学的系统理论。另外，《周易》中的“术”，指的是多种科学中的各种技术，包括天文、地理、历法、气象、武术、中医等技术。

除《论语》《中庸》《周易》外，“四书”“五经”的其他经典著作中，都有不同含量的气象科学知识普及内容。

2.私学

私学是中国古代私人主办的学校，产生于春秋时期，以孔子私学规模最大，影响最广。到了清朝末期已经历时2000余年，在中国教育史上占有重要的地位。

私学有多种形式，其中有专门教育儿童的低级私馆叫“私塾”，是基础教育的场所。“私塾”的教学方式主要是蒙养教学，概括起来是读、写、作3种方法。读是阅读，包括教书、背书、理书、讲书几个环节；写是习字教学；作是写作的训练。

中国古代私学十分重视教材建设，蒙养教材按内容可分为5类：一是综合各种常识的识字课本，如《三字经》《百家姓》《千字文》等；二是诗文教学的课本，如《千家诗》《唐诗三百首》《古文观止》《唐宋八大家文钞》等；三是历史知识教材，如《蒙求》；四是博特常识教材，如《名物蒙求》；五是伦理道德教育教材。

在蒙学教材中，气象知识是常识性教材的必然内容；诗文课本中的气象科学描述也不在少；如《古文观止》就有不少篇幅论及气象科学知识，《唐宋八大家文钞》也是如此。

《名物蒙求》是古代私学中常识教学最值得称道的常识教材。该书介绍自然和社会的各种名物知识，含天文、地理、鸟兽、花木、日用器物、耕种操作，以及当时社会上的亲属、家庭等关系之种种称谓；广而不繁，共2720字。四言押韵，通顺易懂。其中“天文”“地理”部分就介绍了很多气象科学知识。

(二)教会学校中的气象科普教育

据统计，1842—1877年，基督教会在中国共办了教会学校350多所；天主教办有男校345所，女校213所。

教会学校开设的课程主要是宗教，还有外语、西学、儒家经典等，但也开设部分相关的语文、自然、历史、地理等课程。据杨尧教授介绍，当时地理方面的课本有：《地理志略》《地理全志》《天下五洲各大国志略》《列国地说》《训蒙地理志》《列国地志》《地文学教本》《最新地文图志》《小学地理》《地志学入门》《地理初级问答》《人类地理学》等，在这些地理课本中，都有不同程度介绍气象科学知识的内容。

(三)新式学校中的气象科普教育

到了19世纪中末叶，中国的思想界涌动着一股资产阶级启蒙思潮，也就是改良主义的思潮。改良思潮的发展过程中涌现出一批觉醒了的改良人物。他们认为：中国必须“学习洋技以制夷”。于是中国大地上便先后发生了“洋务运动”和“维新运动”，从19世纪60年代开始，中国大地上便出现了国人自办的新式教育。

最早创办新教育的是清朝政府中的“洋务派”。他们创办了“外国语”“军事”和“实业技术”3类洋务学堂，目的在于培养“洋务运动”所需的翻译、外交、工程技术、水陆军事等方面的人才，教学内容为“西文”和“西学”。张之洞把“西学”分为“西政”和“西艺”，“西政”的具体纲目中设有“地理课程”。如1862年创办的北京同文馆，虽然是培养外语翻译人才的学堂，但在教学科目中却设置了地理课。“军事”和“实业技术”两类学堂对气象科学的普及教育则更为系统具体。如福建船政学堂的课程设置——后学堂驾驶专业的专业课就设“气象学”。

另外，在教育改良中创办的一些中小学也增设了地理课程，成为当时各种学校的必修课。如张焕纶先生于1878年在上海创办的正蒙书院(私立小学)，他把地理列入学校课程，并亲自教授地理。1895年，盛宣怀在天津创办中西学堂(私立普通中学)，他在该校第三年的课程中设有地舆学(地理)。

当时流行的地理课程的教材版本很多，每个版本的教材中都有一定量的气象科学普及教育内容。如朱树人先生编撰的《蒙学课本》卷二第二课"四季及二分二至说"：

一年十二月，平分四季，春夏秋冬是也。每季每三月分为孟仲季，如正月为孟春，二月为仲春，三月为季春之类。春季风和日暖，鸟语花香，景物之佳，为四季之冠。夏季日光直射地面，溽暑逼人，以农夫为最苦，然非此则麦不能熟，即稻亦不能发生。秋季多风雨，草木黄落，气象悲惨，远逊春季，惟获稻则在此时，即葡萄苹果等果，亦以此时成熟。冬季冰雪凛冽，百虫蛰藏，气象尤为悲惨，然植物之以秋季下种者，其萌芽正在此时，且寒气之烈，可以杀害物之虫，而灭空气中流行之毒气，则冬季也益也。

春分、秋分、夏至、冬至为二分二至四节，以日照地面之时刻长短而分。春分恒在仲春之某一日，此时昼夜各十二小时。过此则昼渐长，至仲夏之某一日，昼十四小时三刻有奇，为极长之日，即夏至也。过夏至则昼渐短，至仲秋之某一日，昼夜又各十二小时与春分同。过秋分则昼又渐短，至仲冬之某一日，昼仅九小时有奇，为极短之日，即冬至也。过冬至则昼渐长，至春分而昼夜均平矣。西国一岁，亦分四季，唯彼则以春分至夏至为春，夏至至秋分为夏，秋分至冬至为秋，冬至至春分为冬，此则异于中国也。

朱树人先生编辑的《蒙学课本》一向被认为是我国近代国人自编教科书的开始。周予同先生在《中国现代教育史》一书中说："初等小学的第一部教科书当推 1897 年朱树人先生编南洋公学出版的《蒙学课本》。这书模仿英美读本体例，但没有图画，此课本一度风行全国，为全国各地小学所采用。"

二、清末后期的校园气象科普教育

1901 年 8 月，清政府颁布"兴学诏书"，命令各省将书院改为学堂，并鼓励多设蒙养学堂。1902 年 8 月，当时的管学大臣张百熙将自己所拟的《学堂章程》进呈清廷候旨颁行，这个"章程"实质上是建立新教育制度的纲领性文件，教育史上称《钦定学堂章程》。章程包括《中等学堂章程》《小学堂章程》和《蒙学堂章程》等 6 个章程。所述的这 3 个章程规定了中小学都设置"地舆"课程。1904 年 1 月 13 日，张之洞等人在张百熙所拟的《学堂章程》基础上进行修改，进一步完善了 6 个章程的内容和各类学堂的课程设置，进呈清廷获准颁行。从此确立了中国近代史上的新教育制度，教育史上称《奏定学堂章程》。

《奏定学堂章程》具体地规定了中小学地理课程的教学内容：先讲地理总论，次及中国地理，使知地球外面形状、气候、人种及人民生计等之大概，……次讲地文学，使知地球与天体之关系；并地球结构及水陆气象之要略(外国谓风、云、霜、雪、雷电等物为气象)。

新教育制度确立以后，中国的教育专家根据《奏定学堂章程》编撰了很多版本的中小学地理教科书，不同程度地充实了气象科学普及教育内容。如谢洪赉先生编写的《最新地理教科书》，该书由本国地理和外国地理两部分组成：本国地理叙述"全国疆域、区画、山脉、河流、气候"等；外国地理的自然地理专门叙述"陆界、水界、气界(气候、风、雨、物产)"等。屠寄先生编写的《中国地理教科书》卷一亚洲总论中有"气候、雨量、洋、流、物产"等内容。特别是张相文(1866—1933 年)先生编撰的《地文学》一书，全书共 5 编 19 章，气象科学普及教育内容就占了整整一编共 5 章，基本奠定了气象科学普及教育内容在地理教育中的地位。现将其目录摘录于下：

第四编　气界

第一章　大气(成分、密度、高度、温度、压力、气压变化)。

第二章　气候(甲)因时所生之气候(一日之较差,一年之较差);(乙)因地所生之气候(纬度之高低、土地之高低、海距、山脉、风位、洋流、森林开拓、等温线)。

第三章　气流(定向、定期风、地方风、飓风、旋风、东洋诸国暴风、风之测候、风之效害)。

第四章　气中之水分(甲)蒸发作用;(乙)循环作用(雾、云、雨、露、霜、雪、雹、霰、天气测候、地方天气)。

第五章　气中之映象(天色、霞光、晕及光环、虹霓、极光、幻景、磷火、电火、电雷)。

张相文先生是革新中国地理学的先驱、教育家,被誉为"中国近代地理第一人"。他编撰的《地文学》是中国最早出版的第一本自然地理学著作。

以上几位先生所撰的地理教材,虽然由于时代的局限,对一些气象名词概念的理解和叙述与现代有所偏颇,但对清朝末年中小学的气象科学普及教育无疑是"播良种、铺沃土、洒甘露、施精肥、掬春光",做下了无量的功德。

第二节　民国时期的校园气象科普教育

1911 年 10 月 10 日,辛亥革命推翻了封建的满清王朝,建立了共和的中华民国,随后组建了南京临时政府。1912 年 1 月 9 日,南京临时政府颁发了《普通教育暂行办法》(以下简称《暂行办法》)和《普通教育暂行课程标准及课程表》。《暂行办法》规定:从前各项学堂改称为学校;禁用清学部颁行的教科书;《普通教育暂行课程标准及课程表》规定了课程设置和教科书的具体内容。1912 年 9 月,颁布了《壬子学制》,制定了一个新的学校系统。1912 年 8 月、9 月,又先后颁布了《小学校令》《中学校令》《大学规程》《师范教育令》等,对各级各类学校的目的任务、课程设置、学校设备等都做了具体规定。南京临时政府的一系列教育政令有效地促进了我国近代教育的发展,其中校园气象科普教育也有了新的进展。

可是好景不长,自 1912 年起,北洋系军阀控制并掌握了中国政权,袁世凯窃取了中华民国临时大总统一职,又逼中华民国南京临时政府迁往北京。这标志着民国史上北洋政府统治的开始,史称"北洋政府"。"北洋政府"的统治不但扼制了中国近代教育的发展,也扼制了校园气象科普教育的新进展。

一、北洋政府时期的校园气象科普教育

北洋政府统治的前期,由于南京临时政府的一系列教育政令仍然行之有效,所以新的教育改革仍在缓慢地进行,校园气象科普教育也在缓慢地进行之中。

1912 年 11 月,北平政府教育部制定了《小学校教则及课程表》,其中提出高小地理要旨:"……地理首先授本国之地势、气候、区划、都会、物产……之梗概"。1914 年 5 月,北洋政府教育部成立教科书编纂处,拟定教科书编纂纲要,公布《教科书编纂纲要审查会规程》,1915 年,教育部教科书编纂处开始编纂新课本。当时有很多教育专家参与编写教科书,其中地理

教科书也有多个版本。

高小地理教科书有:庄俞先生编撰的《高等小学校共和国教科书新地理》、史礼绶和徐增先生合编的《新制高等小学地理教科书》、姚明晖先生编撰的《高等小学新地理教科书》等。中学地理教科书有20多个版本,如谢观先生编撰的《共和国教科书·本国地理》、傅运森先生编写的《共和国教科书·自然地理》和《共和国教科书·人文地理》、李廷翰先生编撰的《新制中国地理教本》、杨文洵先生编撰的《新制地理概论教本》等。

这些地理教科书按区域分为本国地理和外国地理,按教育角度分为自然地理和人文地理。本国地理教科书由总论和分论组成,总论包括境域、山脉、河流、地势、海、气候、物产等,分论分省区叙述,分别叙述一省中的疆界、地势、都会、交通、气候、物产等内容。外国地理分别叙述各洲和国家的地理情况,各洲总论设地文地理和人文地理,地文地理包括境域、海岸、地势、水系、气候、天产等。自然地理包括地球之成因、陆界、水界、气界、物产等;人文地理论述人地关系。如谢洪赉先生所编的教科书中"自然政治之关系"一节课文:

自然地理,重在气候。五带气候,各有不齐,故国势民力,胥生差别。居于温带之国,政教多文明,人文多开化,莫非气候适中,生活便利,有以致之。寒带之下,生物鲜少,取之不足,用之不宜,人民生活既艰,遂无余力经营他业。热带则反是,人民因之类多溺于惰逸,习为苟安,不谋远大,迄于今日,无强国,亦无伟民,则气候之关系可知也。至若一国之地,滨海而居,海岸线愈长,海军港愈多,其国必强,其民必智。山脉绵亘,富于矿产,原野空阔,饶有生物。河流绵贯,便于交通。有此三端,其国必盛,其民必富,是虽有适宜之气候,又必兼有其地势者也。

谢洪赉先生在课文中论述了气候与国家经济,与人民生活、生产及品格性情生成的密切关系。

北洋政府统治前期的校园气象科普教育较之清朝末年虽然有所进展,但速度非常缓慢。直到竺可桢先生回国后,才有所改观。

1922年10月,北洋政府教育部颁布了《学校系统改革案》,11月1日以大总统名义发布了《学校系统改革令》,全国学校实行"新学制",也称"壬戌学制"。1923年6月,各年级段、各科的《新学制课程标准纲要》刊布,改革了学制,设置了各年级课程,规定了各门课程的内容。还给地理课程中安排了气象科学普及教育的特定位置。如《小学地理课程纲要》为小学各年级气象科学普及教育规定的程序如下。

第一学年:用家庭设计,以研究气候与衣、食、住的关系。

第二学年:由衣、食、住研究生产、输送、气候等关于地理的问题。

第三学年:继续由衣、食、住研究生产、输送、气候等关于地理的问题。

第四学年:连带研究日、月、星、风、雨、雪及四季、昼夜等各简单问题。

第五学年:本国地文地理一例,如地势、气候、天然的区域等。

第六学年:地球运转状况和天气差异等及其与人类文化关系。

《小学自然课程纲要》也规定了有关气象的内容:(1)气候温度的记载,风、雷、电等现象,气候与衣、食、住和植物等的关系;(2)水的冰冻、蒸发、凝结以及霜、露、雹等现象。

《初级中学地理课程纲要》中的教学要项第6项:气候的差别——五带的测定(温热关于

日光直射、斜射、平射的不同，气候的变化及风向、雨量等）；例外的气候带（洋流、海岸、山岭的影响，同纬度地寒温、燥湿不同之效）；沙漠带（沙漠的成因，沙漠地的特殊现象），也为气象科普教育设置了特定的内容空间。

另外，在教科书中还吸收了外国先进的知识内容，增加了“气候与文化”的教学内容，体现了环境决定论的思想。如王钟麒先生编的《新学制地理教科书》第13章“地球与文化”中的“气候与文化”。现将其内容摘录如下：

(1)影响人们的智慧。气候不大变动的地方，住民受到刺激不深，对天然界的应付很易，所以积渐而来的经验并不多，而智识自不免庸愚。

(2)转移民族的特性。英国受天气阴郁和潮湿的影响，土肥易耕，生计宽裕……因久受湿重的空气压力，便养成一种沉郁严重的性格。

(3)影响身体的发育。影响人们身体发育的迟早和生殖率的多寡。

(4)支配人们的行为。犯罪的种类也因气候的不同而各异。……愈近热带的殴杀案件最多，愈近寒地的则盗窃罪最普通。

同时，在教学方法上也吸收外国的先进经验，如注入式、启发式、范例学习法、理解法等。

北洋军阀统治共经历了16年时间，虽然学校教育受到不同程度的冲击，但校园气象科普教育还是有着一定的发展。这不仅依赖当时大批教育活动家的不懈努力，而且还借助于广大地理教育工作者的全力支持。

二、国民政府时期的校园气象科普教育

由于1922年新学制的实施，一批著名教育家和广大师生以及教育工作者的不懈探索与努力，我国教育仍在缓慢地发展，中小学的地理教育也在缓慢地发展。

在国民政府时期，校园气象科普教育虽然发展比较缓慢，但在竺可桢先生和大批教育专家的努力下，除了在中小学地理课程中充实气象科普教育内容外，还开始逐步向多学科渗透。

(一)中小学地理课程中的气象科普教育

中小学地理课程标准是分别由张其昀、竺可桢、胡焕庸、许寿裳、周光倬等先生草拟和审查的。如《初级中学地理课程标准》的作业要项规定：气象仪器实习，应令学生轮流为之；实习的内容规定有：温度、雨量、风向等；气象仪器规定有：(甲)水银气压表，(乙)寒暑表，(丙)湿度表，(丁)雨量器，(戊)风信器。《高级中学地理课程标准》中第五编《气界地理学》，设气层、气候支配的要素、气温、气压和风、雨量、气候型6章。从课程标准的规定来看，气象科普教育已经开始走出课堂，这就是我国校园气象科普教育的一大进步和发展。

(二)《小学社会课程标准》的气象科普教育内容和教科书课文编排

《小学社会课程标准》规定，第三、第四学年有：我国地势、气候、物产、交通、区域等大概的研究；第五、第六学年有：我国地势、山脉、河流、气候、物产等的研究。根据《小学社会课程标准》的规定，很多教科书也编撰了具体课文。如顾辑明、顾增华先生编撰的《复兴高小社会教科书》的第11课：我们住的地球；第12课：地球上的五带；傅彬兴先生编撰的《开明小学社

会教科书》的第 6 课：我国的气候。

(三)《小学常识课程标准》中的气象科普教育

《小学常识课程标准》规定有乡土教育内容，其中家庭、学校、生活类的要项是：自然环境的省察，要目是：昼夜长短、四季时间等及其与日常生活关系的认识；乡土生活类中乡土环境的研究要项有：气候（冷暖、燥湿等）的省察，本地气候变化（晴、雨、风、雪、霜、露、雾、雹）现象的观察研究，并开始记录温度气候等。

(四)部编《小学国语常识课程标准》中的气象科普教育

国语常识要求以常识为经，以国语为络；常识以图表为主，国语以儿童文学为主。同时要求在教材编排时注意时令环境，以利教学。也就是说，上半年使用的课本内容要与春夏相关，下半年使用的课本内容要与秋冬相关。如《小学国语常识》第一册：

常识（连续故事图）	国语
二十三　冬天的气候	扫落叶
二十四　风	风来了
二十五　植物过冬	快快保护好
二十六　动物过冬	小白兔过冬
二十七　雪	飞入水中都不见

从上述情况看，国民政府统治时期的校园气象科普教育有三大重要特点：一是课堂教学与课外活动相结合；二是把气象科普教育融入日常生活之中；三是渗透辐射到其他学科之中。这就是我国校园气象科普教育的进步与发展，这个进步与发展是竺可桢先生和大批教育家共同努力的结果，其中也有广大第一线教育工作者一起努力的功劳。

三、敌占区的校园气象科普教育

1931 年“9·18”事变后，日本帝国主义占领了我国东北三省，1932 年 3 月建立了“伪满洲国”。为了实施罪恶的奴化教育，他们宣布废止我国所有的教科书，各学校暂时使用《四书》《孝经》作课本，并规定以“重仁义，讲礼让，发扬王道主义”为教育宗旨，从灌输封建主义思想入手，宣扬“日满一体”“共存共荣”，以达到他们消灭中国人民民族意识的罪恶目的。到了 1934 年，中小学的教育科目中才设有地理课。

敌占区所编的中小学地理课本，其中虽然也涉及季节、气候、风、雨等气象科学内容，但其知识量极其有限。同时他们的目的并不是进行气象科普教育，而是必须涉及的一门科学。所以，敌占区的校园气象科普教育基本上被完全扼杀，构成了我国校园气象科普教育的一个空白历史时期。

第三节　竺可桢先生回国和校园气象站的诞生

竺可桢（1890—1974 年），又名绍荣，字藕舫，汉族，浙江省绍兴县东关镇人。当代著名的地理学家、气象学家和教育家，中国近代地理学的奠基人。他1921年创建了中国大学第一个地学系；1929—1936年任中央研究院气象研究所所长；1936—1949年担任了13年的国立浙江大学校长，被尊为中国高校四大校长之一。1974年2月7日，因肺病在北京逝世，享年83岁。

竺可桢先生于1908年入上海复旦公学求学，1910年考取公费留学，赴美入伊利诺伊大学农学院学习。1913年夏毕业后转入哈佛大学研究院地理系专攻气象，1918年以题为“远东台风的新分类”的论文获得博士学位后回国。

一、关心中小学地理教学

竺可桢先生怀着“科学救国”的理想回到了祖国，先后执教于武昌高等师范学校和南京高等师范学校。1920年他受聘担任南京高等师范学校地学教授，次年，学校改称国立东南大学，在竺可桢的主持下，建立了地学系，下设地理、气象、地质、矿物4个专业，并任系主任。在这里为教学需要而编写的《地理学通论》和《气象学》2种讲义，成为中国现代地理学和气象学教育的奠基性教材。

竺可桢先生虽然任教高校，但对中小学的地理教育非常关注，特别是校园气象科普教育，他提的很多建议和方法至今还有指导意义。1922年7月，中华教育改进社在济南召开第一届年会，在这次会议上，竺可桢先生提出了“改良地理教学法”的建议。这个建议的理由和方法有两条，其中一条是：科学教育注重民生，提倡小、中、高各级教材，均宜注重经济地理，并具体提议在这些教材中增加或加重“气候”内容的教育。

1922年2月，竺可桢先生在《史地学报》上发表了《地理教学法之商榷》一文，在当时地理教育界产生了很大影响。该文共由4部分组成，其中第3部分是全文重点，也分为4点。其中第4点的原文是：凡各种科学非实验不为功。地理既为研究地形、气候对于人生之影响一种科学，则断不能专恃教科书与地图，必须观察地形，实测气候，使儿童亲尝目睹，则较之专恃教科书与地图者，必能收事半功倍之效。故野外旅行与气象测候所之设立，实为中小学地理所不可少者也。

竺可桢先生的这段论述，非常明确地提出了地理教学与学习的两条措施，一是必须动手实践，二是中小学必须设立气象观测所，也就是现在的校园气象站。竺可桢先生提出的两条措施，对于今天中小学的地理教学与学习仍然是行之有效的方法。

我国著名地理学家、地理教育学家陈尔寿先生（1916—2012年），在纪念竺可桢逝世10周年大会上的发言中说：“重读了竺可桢早年所写有关中小学地理教育的文章。他的主张，对促进当时地理教学的改革，使其符合近代地理学和教育学的要求，起了重要的指导作用。其中有些教导，对我们今天改进中小学地理教育工作还是有益的。”

竺可桢很关心中小学地理教育。早在1922年，他发表了《地理教学法之商榷》一文。文中论及中小学地理教育的重要性、地理学的定义和地理教学的选材范围、中小学地理教学法的原理和教学方法等。竺可桢所提出的地理教学原理，今天读来，仍觉得很亲切。

二、参与中小学地理课程标准编写

竺可桢先生参与了多种课程标准的编写，特别是小学、初中、高中各学历段地理课程标准的编写，对中、小学的地理教材、教学方法、作业、课外活动等都做了具体的规划和设计。

竺可桢先生参与编写的《地理课程纲要》中增加了许多动手动脑的气象科普教育项目。如《小学地理课程纲要》中的教材程序：

第一学年

(1)用家庭设计，以研究气候与衣、食、住的关系。

(2)(略)

(3)实地或用沙盘设计，以了解位置及地势等。

第二学年

(1)(略)

(2)由衣、食、住研究生产、输送、气候等关于地理的问题。

(3)用沙盘装排或图片、地图等观察本地大势。

第三学年

(1)继续由衣、食、住研究生产、输送、气候等关于地理各问题。

(2)(略)

(3)用沙盘装排或图片、地图等观察本县和本省大势。

第四学年

(1)(略)

(2)连带研究日、月、星、风、雨、雪反四季、昼夜等各简单问题。

(3)用沙盘、画片、地图、地球仪等观察本国大势及世界各地的普通关系。

第五学年

(1)本国地文地理——例如本国地势、气候、天然的区域等。

第六学年

(1)(略)

(2)(略)

(3)(略)

(4)地球运转状况和天气差异等，及其与人类文化关系的大概。

竺可桢先生参与修订的《小学常识科课程标准》增加了乡土地理的内容。该标准在设计的作业类别中设计了“乡土自然环境的研究”的题目，如“气候(冷暖)的省察，本地气候变化(晴、雨、风、云、雪、霜、露、雾、雹)现象的观察研究，并开始记载温度气候等”。在“教学要点”的第11点规定了常识教学应有相当的设备，如“……观测气候用的指风针、雨量计、温度表、气压表和参考应用的图书等”。

在作业的设置上也很有新意。如小学自然“各学年作业要项”中关于地学部分的设置：

第一、第二学年

(1)冷暖的省察；(2)秋冬春夏四时景物变化象征的观察研究；(3)春夏秋冬四时的认识；(4)云、雨、风等的研究；(5)日常晴雨的记载研究；(6)温度的记载研究。

第三、第四学年

(1)四时物候变化象征的调查、观察、研究、架子等；(2)植物和阳光关系的研究；(3)潮汐的发生，雨、露、气压的变化等的研究；(4)岩石风化的原因，山川的变迁等的研究；(5)昼夜运行与日食、月食等的研究。

第五、第六学年(关于地质学作业)

《地理课程标准》还要求要配备地理教具，如沙盘、模型、标本、幻灯片、图片、地图、地球仪、气象仪器等；要求学生要进行“观察、调查、旅行、讨论、发表、设计”等。

三、参与中小学地理教科书编写

竺可桢先生在参与多种课程标准编写的同时，还参与不同年级段地理教科书的编写。地理教育专家杨尧教授在《新学制地理教科书》一节中说：“新学制实行后，商务印书馆即遵照《新学制课程纲要》编辑新学制教科书，竺可桢是主事人之一。”这就是说，竺可桢先生是当时教科书审定、编辑与出版的主要主持人。

当时，商务印书馆和中华书局出版的小学地理教科书有：朱文叔先生编的《新学制地理课本》、郑昶先生编的《新学制地理课本教授书》、陈铎先生编的《新学制地理教科书》。中学地理教科书有：王钟麒先生编的《新学制地理教科书》和张其昀先生编的《新学制人生地理教科书》等。在这些教科书中还编进了竺可桢先生的气象科学研究成果。如王成组先生编写的《高中本国地理》课本，在讲述中国气候时，“根据新的气候资料，分全国温度的差别，温度变化的原因，雨量之分布状况，支配雨量之势力及其影响，雨季及雨量之变动，抓住气候的两个基本要素的空间分布和时间变化，解释其原因，并简要叙述竺可桢先生8个气候区的基本情况，插有气温、雨量分布图，以及沈阳、天津、青岛、上海、长沙、重庆、福州、昆明、香港等地月平均温度曲线、月雨量柱状结合图”。竺可桢先生的这些地学成就编入地理课本，大大地增强了教材的科学性。

竺可桢先生除了主持编写教科书外，还亲自参与具体编写工作。其中，如1925年与张其昀等合编的《新学制人生地理教科书》(初中课本)；1929年与王云五合编的《新时代本国地理教科书》(小学课本)；1932年与张其昀合编的《本国地理·新学制高级中学教科书》(高中课本)等。由于时代久远，极难再见到原版教科书。现将1925年与张其昀、朱经农合编的商务印书馆出版的《新学制人生地理教科书》(初中课本)简单介绍如下。

全书由上、中、下3册组成，分为12章；人文地理部分7章：第一章“地位与人生的关系”；第二章“地形与人生的关系”；第三章“水利与人生的关系”；第四章“土壤、矿产与人生的关系”；第五章“气候与人生的关系”；第六章“生物与人生的关系”；第七章“人类相互间的关系”。区域地理部分有5章：第八章“热带生活”；第九章“温带生活”；第十章“极带生活及各大陆综括”；第十一章“中国区域地理大纲”；第十二章“中国与世界的关系”，其中有关气象科普教育的内容有4章。现以第九章为例，摘录相关课文内容：

第九章　温带生活

绪引

热带之北为北温带，热带之南为南温带；分别位于南北纬23.5°～66.5°，即两回归线与两极圈中间之地；其面积占全球面积之半。

南温带之疆域……

北温带之疆域……

温带气候之概况

温带气候之特征，即“变异”是：温带也，雨量也，风向与风力也，莫不进退升降，变化无定。南温带之变率，则不及北温带之巨。

热带气候，一言以蔽之曰单调；温度气候，一言以蔽之曰变迁。二者差别之根本原因，果何在乎？曰，此由于太阳之正斜与昼夜之长短；而温带风暴之进行，尤足以使天气变化无常。

（一）温带地方太阳无一日达于天顶。

（二）温带盛行之风（即西风），其方向与速度俱不若热带信风之固定。

（三）暴风之影响。

由上述数种原因，于是温带中之温度，每日不同，每年不同，其温度之变异，既剧烈而倏忽，称曰温带，殆有名而不副实之讥。温带中夏季最高温度往往破热带记录而上之，冬季最低温度，则降与极带为邻。

四季与人生……

温带之分区……

第一节 南温带

第二节 副热带（即地中海气候）

第三节 海洋性气候

第四节 大陆性气候

第五节 温带之山岳区域

《新学制人生地理教科书》的编撰者在导言中说明：“地理学之宗旨，在于研究地理与人生之关系；使吾人对于世界各地之风土人情，皆能解释其因果，说明其系统，且能根据已知推考未知。”确实，教育的人性化，科普的人性化，尤其是气象科普的人性化，都在课本中体现出来了。

杨尧教授在《中国近现代中小学地理教育史》的第三章中对竺可桢先生这样评价：这里要指出他在（20世纪）20—30年代对中小学地理教育的重要贡献。前面已经介绍他的两篇论文，对当时地理课程的设置、地理教育目的的确立、教材内容的选择和进行方法的改进起过重大的指导作用，“有些教导，对我们今天改进中小学地理教育工作还是有益的”。

四、把气象站引进中小学校园

竺可桢先生不但是我国近现代中小学地理教育发展的推进者，也是我国校园气象科普教育的倡导者，而且还是我国校园气象站的最初创设者。

1922年2月，竺可桢先生在论文《地理教学法之商榷》中已经明确提出，中小学校园中必须建立气候观测所，其目的就是让学生通过反复动手实践，加深对课本内容的理解，巩固延伸课程规定的基本知识，从而达到培养提高学生多种综合能力和全面素质的效果。

自1902年清廷颁布《钦定学校章程》，正式设置“地理”课程，实施以班级教学形式以来，虽然众多的教育专家编写出多种类型的中小学地理教科书，也规定了许多地理教学法，但却没有人提出地理课堂、课外作业和实践学习的方法。而竺可桢先生提出在中小学校园中建立气候观测所的创设，应该可以确定是我国近现代教育史上第一人。

创设与实际操作尚存在着距离，因而竺可桢先生在参与编写的《地理课程标准》中又做出配备“气象仪器”的规定。虽然没有气象仪器的细目，但参考吴增祥老师所著的《中国近代气象台站》一书介绍，北洋政府时期农商部气象观测所的观测项目是：气压、气温（最高、最低气温）、相对湿度、降水量、风向风速、日照、云状云量等，可以获知当时装备的气象仪器应有：风向标、温度表、雨量器、气压计、湿度计、日照计等。《地理课程标准》中要求配备的气象仪器应该也在这个范围以内。

对于观测的项目，竺可桢先生主持编辑和参与编写的各种地理教科书上都有要求。如地理课外作业：“气候（冷暖）的省察，本地气候变化（晴、雨、风、云、雪、霜、露、雾、雹）现象。”这就是说，气象观测的项目有：云、风向风速、气温、湿度、降水、日照、天气现象等。

竺可桢先生不但是校园气象站的创设者和倡导者，而且还是躬行者。1922 年，竺可桢负责国立东南大学地学系筹建时，就规划了校园气象站的建设。《江苏省志 · 气象事业志》第一章第一节气象台站的第六部分载：国立东南大学地理气象观测所，民国十二年（1923 年）成立，属地学系管辖，所测记录一面供地学系本身研究之用，一面报送中央研究院气象研究所等单位。这就是说，竺可桢先生亲自在国立东南大学校园中建起了气象站。

在竺可桢先生的倡导和具体规划下，当时就有一些中小学也建起了气象站。

青岛是中国气象学会的诞生地。1922 年，竺可桢先生等数位气象科学家受命接管青岛观象台，并逐年在青岛地区的李村、张村、浮山所等处设立数十个气象观测点。在设立观测点的过程中，专家们着意将一些气象观测点引入中小学学校中。

据《青岛市志 · 气象志》第三篇第一章第三节“气象哨（组）”：1924 年 2 月 10 日，组织浮山所小学等 7 所小学进行简单气象观测。

南京不但是中国近代科学家的聚集地，而且还是中国近代气象科学的发祥地，气象站进入中小学校园也是顺理成章的。据《江苏省志 · 气象事业志》第一章第一节“气象台站”的第六部分“单位、部门气象台站 教育部门测候所”载：昆山县立公共实验室测候所。民国十四年（1925 年）一月一日，昆山县立初级中学（现为昆山市第一中学）因理科学习需要，开始作简单气象观测。民国十六年（1927 年）一月，县教育局在学校内筑公共理科实验室，接收该校所有气象仪器，成立“昆山县立公共实验室测候所”。

从上述两部志书的记载来看，可以初步确定我国小学校园气象站出现于 1924 年 2 月 10 日，中学校园气象站出现于 1925 年 1 月 1 日。其后虽然少有相关记载，但气象站从此在中小学的校园中扎下了根。竺可桢等一批科学家和教育家亲自为我国校园气象站的诞生营造了良好的环境与条件。

竺可桢先生创设和倡导的校园气象站，是以改进我国地理教学为初衷，以培养青少年学生的技术技能为目的。校园气象站的建设能够延续到今天，可见竺可桢先生的最初创设具有深远的历史意义和学校教育的现实意义。

第四节　革命根据地的校园气象科普教育

1927年8月1日南昌起义，中国共产党领导人民打响了武装反抗国民党反动的第一枪。秋收起义后，确定了“农村包围城市，武装夺取政权”的革命道路，开辟了以井冈山为代表的无数农村革命根据地。中国共产党一向重视教育，在拥有自己的革命根据地以后，即开始中国共产党领导下的革命根据地教育，包括土地革命战争时期苏维埃地区的教育、抗日战争时期抗日民主根据地的教育和解放战争时期解放区的教育。

一、苏维埃地区的校园气象科普教育

苏维埃地区（以下简称“苏区”）教育是中国有史以来第一次大规模工农大众的革命教育，是在“工农武装割据”特定历史条件下产生的。苏区教育分为干部教育、工农业余教育、儿童教育和师范教育。根据党和苏维埃政府的教育方针，各类学校均实施基础文化和科学常识教育，其中都包含了气象科学普及教育，尤其以儿童教育为最。

根据毛礼锐先生所著《中国教育通史》一书介绍，苏区的儿童教育是完全免费的普及性义务教育，发展非常迅速。在不长的时间内，做到乡乡有小学1～3所，有些地区村村有小学。苏区设有列宁小学、平民小学和红色小学等，学制五年，其中初小三年、高小二年，吸收7～15岁儿童入学。根据《小学课程教则大纲》规定，初小设国语、算术、游艺（包括唱歌、图画、游戏、体育等）3科；高小设国语、算术、社会常识、自然常识（包括生理、卫生、自然、地理、自然物、自然现象等）、游艺等科。

根据江西师范大学陈洁所著《苏区小学教材研究》（硕士学位论文）介绍，苏区所使用的教科书是苏维埃政府教育部编撰，内容主要是识字教学和科学知识，其中科学知识包括气象科普教育内容，初小融在国语课本中，高小融在国语和自然常识中。如《初级国语教科书》中有《云雾霞虹》《雾》《云》等课文；《常识课本》有“中国气候”一节；列宁小学的《科学常识》的课本中，设有“气候、风雨雪云、霜露雾飓、雷电、空气”等内容的课文。

小学教科书的课文是紧密结合实际的，观点鲜明，文字生动活泼。有的还采用韵文的形式，念起来顺口，听起来悦耳，既便于儿童记忆，又易引起儿童的学习兴趣。如《平民课本》中有《雷电》一课，课文内容：“说什么雷公公，说什么电娘娘；阴电阳电一遇上，发出声音又发光，人畜树木都传电，误触雷电必死伤。若遇打雷时，莫跑莫慌张，莫躲大树下，莫跑高地方，莫靠电线杆，莫要靠高墙。”这篇课文不但押韵如诗，朗朗上口，且通俗易懂。在当时的历史阶段，不但能够运用通俗的语言来传播普及气象科学知识，破除迷信，而且还把防灾避险的教育融入其中。这是一种超前科学思想的体现，是中国共产党爱民之心的具体体现。

另外，还有采用其他表述方式，让读者易于理解的形式，如黄道先生所编的《工农读本》就有《响雷和落雨》（第116课）一课。课文通过对话形式来叙述响雷和落雨的科学原理。现抄录于下：

……有个农民问："以前都说，人做了亏心事，雷公会打死他。"火根说："笑话，……雷是地下电升上去，触着天空中电气，发出的一种声音。响雷是，一闪一闪的光，是电与电摩擦所发出的电光。人触了电气就会死，并不是雷公打人。"又有农民问："天上没有河，怎么会下雨呢？"火根说："地面上的水受热即化为水蒸气，向上升腾遇着空气中的冷气，就会凝结成水滴，落下来便是雨……"

对话是人们日常生活使用频率最高、最常运用、最易运用的形式。课文运用这种形式最能让人理解和掌握。同时，打雷和下雨是两种最为常见的天气现象，但其中的科学道理却非常深奥，而课文采用通俗语言和对话形式，使深奥的科学原理浅显明白化，使人一读便知，一目了然。

另外，苏区的儿童任务非常繁重，他们除读书外，还要站岗、放哨、巡逻和参加生产劳动等，而且当时的革命战争流动性比较大，因此，他们不可能有很多的时间去做作业、背书。教科书的编撰者采用上述的方式编撰课文，非常适应当时的革命与斗争的需要。同时，课文所选取的内容也很符合他们的革命和生活实际需要，气象科普教育在他们的革命实践中也派上了用场。

苏区的教育是有史以来无产阶级教育的大规模实践，它培养了千百万优秀的革命干部，教育人民摆脱了封建迷信思想。苏区的校园气象科普教育传播了气象科学知识，武装了青少年，为苏区的革命斗争与工农业生产做出了巨大贡献。

二、抗日民主根据地的校园气象科普教育

1937年8月，中共中央政治局通过了毛泽东同志所写的《为动员一切力量争取抗战胜利而斗争》的提纲。提纲的第八项提出了抗日战争时期的教育政策："改变教育的旧制度、旧课程，实行以抗日救国为目标的新制度、新课程。"抗日根据地的各级各类教育在抗战期间都是一贯执行这个政策的。

1938年3月，边区政府教育厅颁布了《陕甘宁边区小学法》，制定了学制；8月又颁布了《陕甘宁边区小学规程》，规定了课程设置：国语、算术、政治、自然、历史、地理、美术、音乐、体育、劳作等，并规定边区小学一律采用边区政府教育厅编辑或审定的教材。

当时的延安革命声势相当浩大，各类人才云集延安。因此，对各类各级学校的教材编辑与审定比苏区又跃上了一个高度。据当代著名教育家、我国普通教材编写的开路人、新中国基础教育的奠基人辛安亭先生在《陕甘宁边区部分教材介绍》一文中说："今后我们在陕甘宁边区编写教材，必须本着为人民服务的精神，结合边区实际，克服过去的那些错误。"在《陕甘宁边区编写教材的经验》一文中说，边区编写的教材，注重"深入浅出、启发心智、精简集中和综合连贯，做到既科学化又儿童化"。在编写气象科普教育内容的课文时特别注重了上述思想与经验。

例一，边区少雨的原因。

问：边区下雨少，容易发生旱灾，这是什么原因？

答：我们已经讲过，雨主要是海洋里的水蒸气变成的。离海洋近的地方，雨就多，离海洋远的地方，雨就少。我国江苏、山东等省靠近海洋，下雨很多，边区在西北，离海洋很远，所以

雨很少。

问:边区每年八九月下雨较多,冬春两季,雨雪最少。这又是什么原因?

答:这是由于风向的关系。边区冬春两季,多刮西风、北风或西北风,西北是内陆,离海洋很远,水蒸气少,风里不带水蒸气,故不容易下雨雪,七八月多刮东南风,这种风是从东南海洋上吹来的,水蒸气多,所以容易下雨。

例二,边区出版的初小国语第四册"气候和庄稼"一课,全文如下。

何小宝生长在陕西。听先生说:中国的气候,各地冷暖不一样,雨水多少也不一样,他觉得很奇怪。第二天上课时,就站起来问先生:"比陕西冷、雨水又少的地方,能不能种庄稼?怕不怕冻死或旱死?太暖和雨水太多的地方,怕不怕晒死和淹坏呢?"

先生问大家:"谁能回答这两个问题?"同学们抢着说:"不能!不能!""我也正打算问哩。"先生说:"那么大家注意听:庄稼有好多种类,有的耐旱耐冻,像青稞、燕麦和荞麦,宜种在略冷雨少的地方。有的欢喜在泥水里长,又不怕晒,像水稻,宜种在天暖雨多的地方。因此,我国各地的气候虽然不同,可是都能种庄稼。只不过所种的庄稼不大一样罢了。"

这一课用先生解答学生提问的形式,不仅介绍了简单的生产经验,而且说明了气候和庄稼的关系,使学生学到的知识更加深刻、有用。学习要进步快,就要善于发现事物的矛盾。

另外,辛安亭先生也介绍了自己编写教材的体会:

我编了《刮风和下雨》(一)(二)两课,说明风不是风神刮的,"刮风是由空气流动造成的。空气当冷热不一的时候,就要流动起来。热的空气轻而上升,旁边的冷空气挤过来,这就是风"。为了进一步说明这个科学道理,我以学生的直接经验和已知的东西为例,接着又写了这样一段话:"夏天中午,我们站在不住人的窑洞门口,觉得很凉快。这就是因为院里的空气晒热上升了,窑里的冷空气往出流动的缘故。"在回答为什么会下雨的问题时,是这样写的:"雨不是龙王下的,是海洋里的水变成的。太阳把海洋里的水晒热变成汽,上升空中就变成云。云再遇冷,结成水点落下来,就是雨。"为了进一步说明这个科学道理,我仍以学生的直接经验和已知的东西为例,接着又写了这样一段话:"我们烧水时,锅盖边冒出汽来,遇上冷就变成水点,和这是一样的道理。"

以上课文,不仅按照由近及远,即由直接到间接,由已知到未知的认识程序讲清了科学道理,而且破除了学生的迷信思想,为他们获得正确的知识扫除了障碍。这一点对成年人是很重要的。"不破不立",不清除他们原有的错误认识,新的科学知识是不容易接受的。对由已知到未知这一原则,一般人只注意"正确的已知"是学习新知的基础,而不注意"错误的已知"是学习新知的障碍。教师和教材编者,必须重视这一点。

从气象科普教育内容在教材中的容量和教材编撰方法与形式看,当时党中央和边区政府已经非常重视校园气象科普教育。

三、解放区的校园气象科普教育

1945 年抗战胜利后,国共进行重庆谈判,签订了《双十协定》。1946 年,蒋介石撕毁《双十协定》,发动内战。在中国共产党的英明领导和人民群众的大力支持下,解放战争最终获得胜利。1949 年 10 月 1 日，中华人民共和国成立，标志着新民主主义革命的基本胜利。

解放战争时期中国共产党领导下的教育，肩负着“为解放战争服务”和“为迎接全国解放而进行的教育改革”两大重任。

据湖南大学文芳的硕士学位论文《解放战争时期晋察冀边区小学教科书分析》阐述，教科书内容凸显政治性，为解放战争和土改斗争服务；体现出“与群众生产劳动相结合，与群众实际生活相结合，与解放区社会发展相结合”。同时，“推动了解放区教育的发展，促进了解放区社会的发展，为新中国成立初期的教育打下基础”。

基于这种情况，解放区的教科书编写，一是继承扬长抗日根据地教科书的优点，二是在原有基础上进行进一步改革深化。其中在突出政治教育的同时，极力推进现代科学技术的普及教育。因此，解放区校园气象科普教育比之抗日根据地的教育又有了进一步的发展。

在解放区人民政府教育部编撰与审定的教科书中，气象科普教育又有所扩容。在编撰技术和表现方法上又有很大改进。例如解放区编印的初小国语第四册《各地的气候》一课，全文如下：

刮了一夜西北风，天气忽然冷起来。

健娃说：“好冷呀！大概全中国，就是陕西最冷吧？”

顺儿说：“立冬时候，这样的天气还算冷吗？我想全中国，也许要数陕西最暖。”

两个人争论起来，只好去请教先生。

先生笑了一笑解答说：“健娃是从河南上来的，河南比陕西暖些，所以他说陕西冷。顺儿是从内蒙古下来的，内蒙古比陕西冷些，所以他说陕西暖。你们的话都有一点道理，可是又都不对——陕西不是中国最冷的地方也不是最暖的地方”。停一停先生又说：“我国的地面很大，各地气候也不一样。内蒙古沙漠地方，夏天早晚还得穿皮衣。新疆天山高处，暑伏天还堆着雪。可是广东就不同，那里比河南暖得多，冬天连冰雪都看不见，有许多树木还是青枝绿叶的。……一般说来，西北各省气候冷，东南各省气候暖。”

辛安亭先生认为：“这一课没有从地理和气候的一般概念出发，而是从学生的亲身感受即原有知识入手，用故事的形式，通过对话讲了我国气候的一般规律，这犹如登高望远，开阔了眼界，增加了新知，从而激发了学习兴趣。”

解放区的教育事业肩负重任，解放区的教育机构和教育专家不负党中央和人民的期望，为解放区和新中国成立初期的教育做出了伟大贡献。

中国共产党一贯重视对青少年的教育，将校园气象科普教育作为党的教育事业的重要内容，在最初的苏维埃地区、抗日根据地和解放区的中小学中施行。并且在教育的过程中，不断地总结经验，不断地改进完善。

我国近现代校园气象科普教育，自鸦片战争以来走过了 100 多年的历程，在一大批热爱祖国、热爱教育事业的教育专家和广大第一线教育工作者的努力下，历经了萌芽、发展到基本完善的艰难过程，为新中国建立后的我国校园气象科普教育奠定了坚实的基础。

特别是中国共产党，在苏维埃政府诞生初期异常艰苦卓绝的斗争环境中，就开始重视我国的校园气象科普教育，数十年风雨征程一直坚持不懈，从关爱人民、培养青少年、传播科学的初衷出发，促进了我国校园气象科普教育的稳步发展，铸就了我国校园气象科普教育的民族特色，掀起了我国校园气象科普教育一次又一次高潮。

第三章　新中国初建时期的校园气象科普教育（1949—1957年）

1949年9月21—30日，中国人民政治协商会议第一届全体会议在北京举行，会议一致通过了《中国人民政治协商会议共同纲领》（以下简称《共同纲领》）。《共同纲领》是中国人民近百年来革命斗争经验的总结；是全中国人民意志和利益的集中表现。它是当时全国人民的大宪章，起到了临时宪法的作用，是当代中国历史上的重要文献。《共同纲领》的第五章“文化教育政策”，明确地规定了新中国教育的性质与任务，并制定了教育方法和改造旧教育的步骤和重点。

1949年10月1日，中华人民共和国正式成立。毛泽东主席发布政府公告：中央人民政府一致决议，接受《共同纲领》为本政府的施政方针。1949年11月1日，中央人民政府教育部成立。12月下旬在北京召开第一次全国教育工作会议，确定了全国教育工作总方针，讨论了“以老解放区教育经验为基础，吸收旧教育有用经验，借助苏联经验，建设新民主主义教育”的教育改革方针。1950年制定了中小学教科书统一编写、统一供应的方针，12月1日，人民教育出版社成立，负责编写出版中小学教科书的工作。1951年10月1日，政务院颁布了《关于改革学制的决定》，确定了我国中小学的学制。1952年3月，教育部颁布试行《小学暂行规程（草案）》和《中学暂行规程（草案）》，制定了我国中小学的学科设置和各学科的教育宗旨。

“国家兴衰，系于教育”。新中国成立后，立即对旧教育进行一系列的改造，出台了一系列方针与政策，同时参考和借鉴苏联的教育经验，迅速建立起为人民大众服务的社会主义教育新秩序。广大教育工作者在中国共产党的领导下，经过艰苦努力的探索与多种尝试，积累了丰富经验，取得了巨大成就，做出了卓越贡献。

新教育秩序的建立，为我国校园气象科普教育创设了优厚的发展环境条件，为我国校园气象站的建设提供了广袤的沃土。因此，当新中国的新教育在社会主义革命的大道上阔步前进的时候，我国的校园气象科普教育和校园气象站建设也开始快速发展。

第一节　新中国成立初期的校园气象科普教育

新中国建立伊始，百废待兴，有着数十年历史的中国共产党领导的校园气象科普教育，在教育内容、实施方法、教育形式等方面也有了新的变革，在国家教育部和一大批教育专家的努力下，形成了新的格局和发展新形势。

一、全国统一的中小学地理课程的逐步形成与发展

新中国成立之初，党和政府急需建立一种新的教育秩序，其中一项非常重要的任务就是要编写一套以马克思列宁主义为指导思想、反映中国共产党意旨的教科书。1949 年 10 月 19 日，中共中央宣传部部长陆定一在全国新华书店出版工作会议的闭幕词中说："教科书要由国家办，因为必须如此，教科书的内容才能符合国家政策，而且技术上可能印刷得好些，价钱也便宜些，发行也免得浪费""教科书对于国计民生，影响特别巨大，所以非国营不可"。为了实现这一目标，中央人民政府教育部和出版总署组建了人民教育出版社，并将原"华北联合出版社"和"上海联合出版社"一起并入人民教育出版社，组织力量设立若干编辑室，负责新编中小学各类课程的教科书。从此，中小学各学科教科书的编审与出版归于统一。

新中国刚成立时，全国大部分地区所使用的小学地理教材，多采用 1948 年 3 月出版的《高小地理》课本。1950 年 7 月，教育部印发了《小学高年级地理课程暂行标准初稿》，1950 年 10 月，中央人民政府出版总署编审局对这套教材进行了第 2 次修订，由人民教育出版社出版。1951 年 4 月进行了第 3 次修订；1952 年 5 月又进行了第 4 次修订，形成了一套 4 册《高级小学地理》课本全国统一发行，供小学五、六年级使用，从此诞生了共和国第一套统一的小学地理教科书。

这套《高级小学地理》教材的内容分为"本国地理"和"世界地理"两部分，气象科普教育内容分别包含在"本国地理"的"总论""分论"和"世界地理"中。"总论"阐述中国总体地理情况，气候内容占 1/8；"分论"阐述各省的自然情况，气候是其中重要的组成部分；"世界地理"阐述各国概况，其中也包括各国气候。从整套教材的分量上衡量，气象科普教育内容大约占 1/10。

新中国成立之初，初中的地理课程比较庞杂，既没有统一的大纲，也没有统一的教材。1951—1952 年，人民教育出版社出版了 3 套《初级中学地理》教材：一套是褚亚平老师编写的《初级中学自然地理》（上、下册）；一套是曾次亮、田世英老师合编的《初级中学本国地理》（一、二、三、四册）；一套是陈原老师编写的《初级中学外国地理》（上、下册）。其中褚亚平老师编写的《初级中学自然地理》比较注重气象科普教育，这套教材的下册共 5 章，褚老师用了整整一章的篇幅来阐述气象科普教育，而且已经形成比较完整的气象科学体系。现抄录于下：

第一章　大气

　　空气/大气

　第一节　天气

　　什么叫作天气/天气变化/天气预报

　第二节　气温和气压

　　温度计/怎样测定气温/太阳给大气带来光热/空气的受热/水陆受热的不同/大气压力/气压计/气压随高度而变化/气压随时有变化

　第三节　风

　　风向的测定/风力的测定/风是怎样形成的/海风和陆风/季风/信风/风和

洋流

第四节　降水

大气中的水蒸气/雾/云/雨/雹/雪/降水量的测定/降水在地面上的分布/地形对降水的影响

第五节　气候

什么叫作气候/气候和纬度的关系/气候带/大陆性气候和海洋性气候/洋流对气候的影响/山脉的高度和方向对气候的影响/地面植物和气候的关系

另外，曾次亮、田世英老师合编的《初级中学本国地理》(一、二、三、四册)，除了在阐述各省的地理概况时分别叙述了各地的气候外，还在第四册的第九章专门列出“气候”一节，叙述了“支配我国气候的因素”“雨量”“气温”等内容。陈原老师编写的《初级中学外国地理》(上、下册)，在叙述世界各地概况的章节中也同时叙述各地的气候。

高中地理的课程体系与初中地理的课程体系基本相同，也是按照“自然地理”“本国地理”和“外国地理”3 大版块设计，只是在内容上进一步深入与提升。1950—1952 年，人民教育出版社出版的高中地理课本也有 3 套，一套是田世英老师编撰的《高级中学自然地理》，一套是田世英、邓启东老师合编的《高级中学本国地理》(上、下册)，一套是颜乃卿、周光岐老师合编的《高级中学外国地理》。

田世英老师编撰的《高级中学自然地理》共 5 章，其中的第四章专门叙述气象科普教育内容，现抄录于下：

第四章　大气

第一节　大气的重要和组成

与大气斗争/大气的成分/大气的密度和压力

第二节　气温的变化和分布

气温的变化/气温的分布/支配气温的因子/气温带

第三节　降雨

雨水的来源/雨量的分布/雨量和农作

第四节　气压和风

气压/风的成因和偏向/风的种类/风的利用

田世英、邓启东老师合编的《高级中学本国地理》(上、下册)也共 5 章，其中的第四章也专门叙述气象科普教育，所述内容较之田老师单独编写的自然地理更为详尽深入。现抄录于下：

第四章　气候

第十四节　气候的复杂及原因

气候的复杂/气候复杂的原因

第十五节　气压与风

气压的分布/季风/气旋/飓风

第十六节　雨量

水汽来源/雨的成因分类/地域分布/季候分配/逐年变率/雨量强度

第十七节　气温

年平均温/一月平均温/七月平均温/气温年较差/四季分配/无霜期与生季

第十八节　气候区域

东北区/华北区/华中区/华南区/华西区/藏南区/西藏区/北部区

颜乃卿、周光岐老师合编的《高级中学外国地理》也较《初级中学外国地理》深入。

地理课程标准和地理教科书是校园气象科普教育的母体，全国统一的中小学地理课程的形成，不但发展了气象科普教育的内容与形式，还首次将普及面扩展到全国范围；而且深化了内涵，强化了根本实际效应。

二、苏联中小学地理课程体系对我国的影响

1953年1月1日起，我国开始执行国家恢复经济建设的第一个五年计划，全党和全国人民都积极投入到新中国大规模、有计划的经济建设高潮中。随着经济建设高潮的掀起，文化教育建设的高潮也同时到来。当时，苏联的社会主义建设经验和经济制度对我国具有重大的榜样作用，同样普通教育的理论和方法也深刻地影响着我国中小学教育的发展，也促进了我国校园气象科普教育的发展。

1953年，教育部组织人力起草编写中小学各科教学大纲，完成后交由人民教育出版社。1956年5月、6月，教育部又编定了新的《小学地理教学大纲（草案）》和《中学地理教学大纲（草案）》。这套大纲比较深入地参考了苏联的大纲模式，内容相当丰富，形式相当活跃，标准规定非常详细，而且特别注重学生的动手、动脑能力的培养。所以特别推出小学地理教学中要增加乡土地理教育和开展地理课外活动。这是苏联地理教育的经验，我们的大纲和教科书都予以吸收与深化。如《小学地理教学大纲（草案）》的教学内容规定：

小学五年级第二学期：组织学生用温度表观测气温，用风向标或小旗观测风向，并记录阴、晴、雨、雪等各种天气状况（每日记录，每月整理一次）。并注意记录当地自然界物候变化的时期（河水解冻与结冰，草木发芽、开花、结实和落叶、候鸟来往等）。气象观测可以把学生分成小组轮流担任，要求每组学生能连续观测一星期（学生的长期气象观测训练，可以另外组织课外气象小组）。物候观察也可以分成小组进行，由老师帮助学生选择观察对象，并制定长期观察计划。在制定气象观测和物候观察计划时，地理科教师应同自然科教师取得密切联系，一方面注意巩固和扩大学生在自然科里已经取得的知识和技能，另一方面要注意避免两科实习作业的重复。必要时，这两科教师可以共同制定气象观测和物候观察的计划。

六年级第一学期：继续组织学生进行当地的气象观测和物候观察。到学期结束的时候，把全年的记录加以整理。

又如：《中学地理教学大纲（草案）》“说明”部分中有“地理教学中应注意的事项”，专门对初中各年级的“天气观察”提出具体要求：

学习跟天气和气候有关的问题时，应该要求学生系统地观察天气并整理观察所得的材料。观察天气的工作，在初中一年级就要组织起来。平时每天要有值日生进行观察，在学习“天气和气候”课题时，全体学生都要进行观察，并且要做出记录和描述。观察的内容不应该

超出教学大纲所规定的范围。在初中一年级结束时，要根据一年的观察和搜集的材料，描述每一季的天气变化。

在初级中学二、三年级里还要继续观察天气。这两年可以让学生按着值日的顺序轮流到学校地理园的气象台上观察气象(使用比较复杂的仪器)，并把得到的材料做初步整理。如果学校中还没有建立地理园和气象台，就应该创造条件逐步使其实现。到每一季末了，再把这一季的气候写成一份完整的记录，为了找出本地气候的规律，要把这些记录跟以前已有的有关材料做比较。

人民教育出版社根据大纲的精神，组织专家认真学习研究苏联的大纲和教科书，采用“新编”和“修订”两种方法进行新一轮教科书的编写。1953—1956 年，人民教育出版社地理室的专家用了近 3 年的努力和心血，终于完成了高小、初中和高中的地理教科书的编写。这套教材吸收了苏联的先进经验，突出了政治教育和党的教育方针的落实，增扩了科学知识内容，丰富了教材模式，活跃了课文表达方式，紧密联系学生的生活实际，注重学生的学习实践和各种能力的培养，特别是对校园气象科普教做出详尽具体的要求。

教材的出版使用，使我国的地理教育形成了跨越式的进步与发展，特别使我国的校园气象科普教育发展跃上了一个新台阶，并掀起了一个新高潮。所以教材出版面世后，立即深受广大师生的欢迎，得到专家、学者及社会各界的肯定与称赞，参加编写教材的陈尔寿老师被选为代表，参加了 1956 年召开的全国先进工作者代表会议。

三、各地校园气象科普教育的普遍开展

由于大纲的具体规定和教科书的详细要求，引起各地教育部门和基层学校的重视。1950 年以后，全国各地普遍积极开展校园科普教育活动，逐渐形成一种热潮，为我国中小学的地理教育发展推波助澜，形势非常喜人。

20 世纪 50 年代初开展的校园气象科普教育活动大致有 3 个源头、3 种模式。

第一个源头是教育部的中小学地理教学大纲和人民教育出版社出版发行的教科书。根据大纲和教科书的要求，建立校园气象站，开展气象科技活动。如：

(1)《江西省志·气象志》第七章第三节“气象哨”载：学校办气象哨早在 50 年代就开始，原南昌九中在地理老师邓重涤带领下，1954 年建立了全省第一个气象小组。

(2)新疆人民出版社出版的《乌鲁木齐年鉴(1998)》，该书在介绍乌鲁木齐市第一中学发展历史时，明确讲到：“早在 1954 年，一中就建立了全疆第一个青少年科技活动小组——红领巾气象站。”新疆维吾尔自治区气象局樊焕宇先生撰写的《见证气象哨的发展》一文中也有记述：乌鲁木齐地区初建气象哨点，是在 1954 年市第一中学最先为地理课教学而建立的青少年气象站。

这种校园气象科普教育活动既可以达到巩固、补充、延伸课本中的气象科学知识，也可以达到拓宽学生的科学视野，激发学生学习地理的兴趣的效果，使学生地理学科的技术技能得到培养与提高，对推动和发展我国的地理教育发挥了积极作用。

第二个源头是依照党的教育方针。教育部党组 1950 年在《人民教育》上发表了《当前教育建设的方针》一文，提出“教育为工农服务，为生产建设服务，这就是当前实行新民主主义

教育的中心方针”。按照党的教育方针，结合学校当地的实际，开展校园气象科普教育探究活动。如：

(1)高玉堂老师曾在《地理知识》杂志上发表了《我们是怎样通过建立气象站贯彻基本生产技术教育的》一文，介绍了该校结合当地情况，建立校园气象站为工农业生产建设服务的事例。

(2)陕西省西安市灞桥区红旗街道神鹿坊小学，1956 年成立红领巾气象站，为学校周围农村的农业生产当好“小参谋”，发预报，支援农业立大功，受到国家和省、市有关部门表彰。

这种校园气象科普教育活动，在当时我国气象台站建设尚处初级阶段的情况下，对工农业生产和社会主义建设起到了一定的作用。

第三个源头是学习苏联的教学模式，开展系列化的科学学习活动，其中也包括了校园气象观测。如：

(1)《广西通志·教育志》第三篇《小学教育》中的第四章第三节“课外教学活动”载：从 50 年代起，小学组织米丘林、气象、航模、广播收音等课外学习小组活动，积累了课外活动的丰富经验。如南宁市天桃小学，全校建立有航模、无线电、气象、书画等小组；各班也按学生特点和爱好建立兴趣小组。

(2)《广西通志·教育志》第四篇《中学教育》中的第五章第四节“课外活动”载：1951 年 8 月，省文化教育厅决定：南宁高中、南宁一中，桂林中学、博白中学试用苏联教材，建立有课外“米丘林研究小组”“气象观测小组”。

开展乡土地理教育和校园气象观测是苏联中小学地理教育的特色。在 20 世纪 50 年代初期我国尚未建立自己教育秩序的情况下，模仿学习苏联的方法与方式，对发展我国的地理教育和人才培养是大有裨益的。

3 种源头的校园气象科普教育活动所形成的模式也有 3 种：一种是单独建站活动；一种是地理园中的组成部分；一种是课外活动形式。

单独建站的模式大都是以地理课程教学为源头，是特意为地理教学活动而设立的。如上海市实验小学的气象台。该台建立于 1951 年秋季，配合小学高年级地理教学与学习开展气象科技活动。又如王积民老师曾在《地理知识》上发表《我校的少年气象观测站》一文，全面介绍该校气象科技活动的经验和心得体会。

地理园结构成分的模式比较多，是模仿学习苏联地理教育特色经验的重点形式。如江苏省丹阳中学地理园，建于 1956 年，共由天文、气象、地貌、其他 4 个部分构成，其中气象观测是地理园中的重点部分。又如邱崇岳老师在《贵州教育》1955 年第 3 期上发表《我校的地理园》，浙江省义乌中学的王其昌老师在《地理知识》1955 年第 8 期上发表《介绍我们学校的地理园》等文章，都是介绍地理园活动的经验，其中也有气象科技活动的内容。

将校园气象科普教育作为课外活动的项目开展活动的学校也有不少。如湖南省长沙一中，该校有一个课外地理活动组织，叫“少年地理协会”，下分天气观测、乡土研究、图片资料搜集 3 个小组，分组开展活动取得一定成绩。又如湖南省衡山一中，该校有教具制造、气象观测、校际联系 3 个课外活动小组，气象观测活动小组建于 1954 年春天，开展了 10 多年的活动，取得显著的成绩。

作为课外活动项目的校园气象观测，曾经引起党和政府有关部门的关注。共青团、少先队组织曾参与其中的领导，《中国共青团工作全书》第十一章：中国少年先锋队工作，把红领巾气象站立为共青团组织的一项重要工作，要求共青团组织领导和指导少先队大队吸收与组织中队中对气象有兴趣的队员在红领巾气象站内进行定期气象观测、记录、预报等。《中国共产主义青年团工作大百科》一书也把红领巾气象站列为条目，指出红领巾气象站的活动是共青团组织引导少先队员进行科学知识学习，培养队员科学素质和科学探究精神的一项重要内容。《少先队辞典》也把红领巾气象站立为条目进行解释，《少先队工作问答》一书将"怎样建设红领巾气象站"设为第30问。《学生管理手册》第十篇：学生课外活动管理，把红领巾气象站作为为学生创设良好的课外活动条件与环境的"桥梁"进行叙述。

由于年代久远、资料匮乏，极难搜集更多的实例。但从分布的地区来看，20世纪50年代初期校园气象科普教育的开展已经形成气候，从其活动的内容与方法来看，已经渐趋成熟；从其功效来看，已经得到教育部门和社会各界的认可。

第二节　校园气象科普教育指导书籍及译著

党和国家非常重视我国校园气象科普教育，不但在地理教学大纲和系列教科书上为校园气象科普教育辟出大块园地，而且还帮助从国际上寻找借鉴。中华人民共和国成立之初，就组织大批专家引进翻译了一批指导地理课程教育教学、指导校园气象科普教育的书籍；同时还调集国内的专家学者编撰指导参考书籍。当时翻译和出版较多的是苏联教育专家的指导参考书，也有国内专家与教师编撰的指导参考书。

一、翻译出版苏联专家编撰的地理教育教学指导参考书

苏联是世界上第一个社会主义国家，从1922年成立到1949年已经有20多年的历史。他们在政治、军事、经济、文化、教育等方面已经有了常规的运转秩序和成功经验。而我国则旧已破新未立，各方面都急待建立新秩序。因此各方面暂时模仿借鉴苏联的经验，地理课程的教育教学和校园气象科普教育也是如此。所以，从1950年开始我国教育专家翻译了一批苏联地理教育教学方面的指导参考书。直接影响我国中小学地理教学的主要参考书如下。

(1)《地理教学法》，(苏联)H. P. 库拉佐夫著，雷鸣蛰、范钦安译，正风出版社，1953年出版。

这是一部小学地理教学方面的指导参考书，全书共4章，其中第三章中的第六节为"地理观察"，课文中非常详细地叙述了"天气观察"的形式、方法、过程和资料整理等。这对当时中小学的气象科普教育活动很有指导意义。

(2)《小学地理教学法》，(苏联)II. A. 鲍格达诺娃著，李德方、党凤德、黄长霈译，人民教育出版社，1954年出版。

这是一部在当时苏联受到好评的著作，全书共8章，其中也有"地理观察"一节。鲍格达诺娃在该书中特别强调学生对学校周围的观察。她指出：学校里最普遍的一种长期的观察

是观察天气的变化，有系统地进行这种观察就会使学生了解本地和其他地区的气候的特征。进行这些观察的时候，儿童应当得到许多实际上的熟练技巧。从鲍格达诺娃的教育思想来看，她是非常重视“气象观测”这一观察方式的。

(3)《自然地理教学法》，(苏联)A. A. 包洛文金著，秦牧、李瑜、孙皋满译，人民教育出版社，1955 年出版。

包洛文金是苏联地理教育的权威。他与巴尔克夫合著的《自然地理》课本重印了 20 多次；他著的《普通自然地理》是师范学院地理系使用的教材。

包洛文金的《自然地理教学法》成书比较早，经苏联文化部高等教育司批准供师范学院地理系作教材之用。全书分上、下两册，共 4 章，非常详尽地叙述了地理教学与学习的每个细节，如：地理室的布置，地理小组的组织等都有具体的描述。特别是对气象科普教育，叙述得更加详细、具体、周密，面面俱到。气象观察的方法，气象观察的要素，如气压和风、信风、大气降水、雾和云、雨、雪、冰雹和露、天气、气候、气团概念、锋面、暖锋天气、冷锋天气、气旋、苏联的气候特征等都有详细描述。另外还谈到自制地理工具、仪器和教具及气象科学实验。可以说是一部相当好的地理教学与学习的指导参考书。

上述 3 部地理教学与学习的指导参考书各有千秋，这对刚刚成立的中华人民共和国的地理教育教学，对正在探索发展中的新中国校园气象科普教育，确实起到了引领、指导和借鉴的作用，对已经蓬勃发展到今天的校园气象科普教育也有不可磨灭的先前之功。

除上述地理教育教学指导参考书外，还有多部各有特色的翻译著作，这里就不再赘述。

二、直接指导校园气象科普教育的参考书

建设学校地理园，进行校园气象观测等是苏联地理教育的特色，因此，当时苏联出版了很多这方面的专著。为了帮助我国中小学更好地开展校园气象科普教育，我国的教育专家也翻译了多部参考指导书，供全国中小学参考使用。如：

(1)《学校里的地理小组》，(苏联)拉洛克著，王家驹译，人民教育出版社，1956 年出版。

拉洛克是苏联高加索黑海沿岸一个乡村中学的地理教师。本书主要介绍作者领导学生组织地理小组，进行一系列的乡土地理研究活动，既使学生巩固了课本上所学的知识，又能获得实际生活中必要的技巧技能，同时说明了乡土地理研究活动能够增强学生热爱家乡热爱祖国的情感，并把学到的知识与技能运用到实际生活和工农业生产中去。

本书篇幅不长，全书仅 3.3 万多字，分 19 节，是作者拉洛克组织地理小组开展活动的经验介绍。这对刚刚起步缺乏经验的我国中小学地理教育教学，确实是很好的参考与借鉴。

(2)《怎样建立学校地理园》，(苏联)阿・斯・布敦著，宇文今译，人民教育出版社，1955 年出版。

阿・斯・布敦是苏联优秀的地理教师。他把自己怎样在学校里建立和运用地理园进行教学的经验介绍给大家。书中所介绍的方法都是可以做到的，所举的很多实例也很适合中小学的地理教材，对我国中小学地理教学，尤其是初中自然地理课程的教学有很好的参考作用。

本书共 8 节，分别介绍了地理园中所需的仪器种类、分类布置安装的方法，以及地理园

内可以开展的活动。我国20世纪50年代所建的学校地理园，大多是参照本书介绍的方法建设的。

(3)《地理教具的制造与应用》，(苏联)华西连科著，白也译，人民教育出版社，1954年出版。

这是一本指导学生在学习地理课程时动手动脑的参考书。全书介绍了中小学地理老师怎样自己制造和带领学生制造地理教具，怎样在上课学习时应用自己制造的教具。该书内容丰富，方法多种多样，但都是切实可行的。

注重实践也是苏联地理教育教学的特色，也是地理学习的重要手段。该书的翻译出版对我国中小学的地理教育中解决教具缺乏和启发学生进行创造性学习是很有帮助促进作用的。因此我国地理教育专家、人民教育出版社地理编辑室主任田世英老师于1954年在《人民教育》杂志第11期上专门撰文介绍，可见该书在我国当时的地理教育界是倍受重视的。

(4)《研究自己的乡土》，(苏联)B. A. 奥勃罗契夫主编，张祖荣译，中国青年出版社，1955年出版。

这是一本帮助中小学生学习做乡土调查工作的参考书。主要内容包括：测绘、地质、矿物、地形、河流湖泊、天气、土壤、动植物、考古、历史等方面。该书介绍了各个科学部门的基本知识，告诉了读者进行观测调查、研究的方法和步骤，使读者学会怎样把书本知识应用到实践中去，又怎样通过实践来丰富已经获得的知识。本书不仅教导青年从事野外工作的熟练技能，并且也培养他们独立思考的精神。

B. A. 奥勃罗契夫(1863—1956年)是著名的地质学家、苏联科学院院士。他的一生足迹遍及中亚、西伯利亚、蒙古高原和我国的祁连山、准噶尔盆地、阿尔泰山脉，成就卓著，著述甚丰，曾荣获列宁奖金。他的《研究自己的乡土》一书曾经影响了我国当时很多青少年，促使他们成长为科学家。

除上述外，20世纪50年代初还翻译了很多苏联关于地理教育的专著。这些专著对促进我国地理教育的发展曾发挥了很大的作用；对促进我国校园气象科普教育的发展也发挥了很大作用。

借鉴与参考是学习的良师益友，是通向成功的捷径，是攀登科学高峰的先进工具。新中国成立之初翻译的许多苏联有关地理教育的专著，对我国地理教育的发展，校园气象科普教育的发展确实产生了实效。

三、我国专家和老师编撰的校园气象科普教育参考书

20世纪50年代初期，我国气象科学家、地理教育专家经过不懈努力和艰辛的探索，再加上苏联专家和地理老师著作的借鉴与参考，我国的校园气象科普教育又有了长足的进步和发展。在开展活动的同时，许多亲身实践的老师还能够认真地总结经验，并将这些宝贵的经验写成文章，通过报刊奉献给全国的老师共同分享。如：

(1)邱崇岳，《我校的地理园》，载《贵州教育》1955年第3期。

(2)王其昌，《介绍我们学校的地理园》，载《地理知识》1955年第8期。

(3)王积民,《我校的少年气象观测站》,载《地理知识》1957年3月号。

(4)高玉堂,《我们是怎样通过建立气象站贯彻基本生产技术教育的》,载《地理知识》1956年9月号。

(5)黄孝旸,《开展"少年地理学家协会"的活动得到了什么?》,载《地理知识》1957年第8期。

《地理知识》和各省的教育杂志是教育系统发行比较大的期刊,而且读者群也比较广泛,专业集中,也就是说,全国普通中小学的地理老师都能够看到这些发表的文章,因此这些文章比书籍拥有更多的读者,影响力也更大,对我国校园气象科普教育有着一定的推动作用。

新中国的校园气象科普教育像一艘拔锚扬帆的航船,需要众人合力划桨,因此许多专家学者和教师也一起自觉加入,编撰出具有我国特色的指导性参考著作。如:

(1)陆漱芬,《地理教学设备及教具制造》,上海:地图出版社,1954年8月出版。

该书共由3部分构成,一是介绍地理专用教室,叙述了地理专用教室的功用意义、组成和基本用具等;二是介绍地理园,叙述了地理园的环境、布置和园内一系列活动的开展;三是介绍地理教具的制造,叙述了10种可以自己制造的常用地理教具的制造方法,其中介绍了3种气象观测仪器和多种可以共用的地理仪器。该书既可以供中小学老师使用,也可以供中小学生参考阅读。

陆漱芬教授20世纪50年代初历任中国科学院地理研究所助理研究员、南京师范学院教授。1956年赴苏联莫斯科大学进修,回国后任南京师范大学教授,专于地图学,对地理教育有较高的造诣。她曾主持设计并编制《江苏省地图集》,参加编绘《国家大地图集》,是新中国地理教育教学方面有较高成就的专家。她的著作是对我国地理教育思考探索后的结晶,对我国的地理教育和校园气象科普教育有很大的推动作用。

(2)江涛,《气象台的日日夜夜》,上海:少年儿童出版社,1957年7月出版。

这是一部普及气象科学的少年儿童读物,全书有15个章节,分别介绍了天气、气候、天气预报、气象观测、气象探测仪器、气象资料记录整理等,把气象台工作的全过程都呈现在少年儿童的面前。

我们无法了解江涛老师的具体身份,但从著作本身来看,肯定是一位气象工作者或科普作家。他的著作不但使少年儿童了解气象工作的社会意义、科学原理、工作过程和现状,对当时正在开展的校园气象科普教育完全可以起到推动的作用。

(3)上海市实验小学,《我们的气象台》,上海:儿童读物出版社,1956年4月出版。

这是一部介绍校园气象科普教育的著作,共8节,介绍了上海市实验小学怎样建立气象台,怎样进行气象观测,怎样长期细致工作,怎样获得荣誉等。这部著作的出版面世对当时各地开展的校园气象科普教育,无疑起到了解工作程序、传递科学精神、鼓舞意志信心的巨大作用。今天重读这部著作,不但可以再现当年我国校园气象科普教育的一斑,而且可以领悟荣誉是怎样用艰辛和汗水铸成的。

校园气象科普教育指导参考书籍的译著,促进和推动了我国校园气象科普教育的发展。

第三节　新中国成立初期校园气象站的建设与装备

翻阅各省通志中的“气象志”和“教育志”，查阅相关史籍、杂志和书籍，可以获知很多新中国成立初期校园气象站创建和活动的信息。这些信息所记载的大都是校园气象科普教育开展的情况，而对校园气象站装备建设情况的记载却是微乎其微。要想了解 20 世纪 50 年代初期我国校园气象站的装备情况，只能从背景及另外渠道获取。

一、新中国成立初期气象部门的基础装备

要了解某一时期气象部门的基础装备情况，只要翻阅某一时期所使用的《地面气象观测规范》就可以获知当时气象部门基础装备的具体情况。因为《地面气象观测规范》是气象台站从事地面气象观测工作的依据和准则，主要包括观测工作制度、观测场设计、观测方法、气象观测记录的整理等内容。

中国近现代史上所使用的《地面气象观测规范》已经有 11 个版本，新中国成立初期所使用的是 1950 年 11 月 20 日由人民革命军事委员会颁布的《气象测报简要》。这是中国近现代史上第 7 个气象观测规范，也是新中国第一本气象观测规范，全国所有气象台站于 1951 年 1 月 1 日起执行。

《气象测报简要》的第二部分为各项观测方法，共涉及了 11 个项目。其中涉及气象观测的仪器有：寇乌式气压表、福丁式气压表、空盒气压表、干湿球温度表、最高温度表、最低温度表、毛发湿度表、风向器、风速器、风向风速指示器、雨量器、大型蒸发器、小型蒸发器、日照计及几种自记仪器。这些仪器就是新中国成立初期我国气象台站的基本装备。

1954 年 1 月，中央气象局又颁布了《气象观测暂行规范(地面部分)》(以下简称《规范》)，于 1954 年 1 月 1 日起执行。这部《规范》的特点是：第一次明确提出观测资料必须具有代表性、比较性、准确性；为了保证气象资料质量，对观测场地、仪器安装、观测程序、观测方法和记录整理都提出了具体要求，这对统一全国气象仪器装备、观测方法和提高观测质量起了重要作用。现在研究这部《规范》，可以了解新中国成立初期全国气象台站基础装备的具体情况。

《规范》的第二篇为气象要素的观测，共分 11 章。第 1～3 章为能见度、云、天气现象的观测，系目测项目，不需仪器。第 4～10 章为风、空气的温度和湿度、大气压力、降水、蒸发、日照、地温，系器测项目，需要通过仪器设备测量，也就是气象台站所必需的基础装备。

根据《规范》要求，测量风的仪器有：维尔达风向风速器、九灯风向风速指示器及记录仪器等；测量温度和湿度的仪器有：干湿球温度表、最高温度表、最低温度表、毛发湿度表等；测量气压的仪器有：寇乌式气压表、福丁式气压表、空盒气压表等；测量雨量的仪器有：雨量器、虹吸式雨量计等；测量蒸发的仪器有：小型蒸发器和大型蒸发器等；测量日照的仪器有：康培司托克式日照计、乔唐式日照计等；测量地温的仪器有：地温表。所有这些仪器就是当时气象部门的基础装备。虽然科学的飞速发展使气象仪器日新月异，新旧不断更替，但还有许多

仪器却一直沿用到今天。如干湿球温度表、最高温度表、最低温度表、毛发湿度表、雨量器、小型蒸发器和大型蒸发器、地温表等。

还有一些仪器虽然早已淡出历史舞台，但却是反映当时气象科学发展水平的见证，不过，从新中国伊始百废待兴的经济状态来衡量，足见党和国家对气象事业的重视，也可以显示我国气象科学发展的脚步和水平。当时我国校园气象站的创建也是将《气象测报简要》和《气象观测暂行规范（地面部分）》作为参考依据的。

二、教育部门对校园气象站装备的要求

教学大纲是根据学科内容及其体系和教学计划的要求编写的教学指导文件，它以纲要的形式规定了课程的教学目的、任务；知识、技能的范围、深度与体系结构；教学进度和教学法的基本要求。教学大纲是编写教材和进行教学工作的主要依据，也是检查学生学业成绩和评估教师教学质量的重要准则。因此，校园气象站的创建和基本装备也必须以大纲为依据，做到符合或高于大纲要求，并随着大纲的发展而发展，是衡量校园气象站建设与发展水平的基本法则。

1956 年版的《小学地理教学大纲（草案）》规定，高级小学五、六年级的地理课程中有"天气和气候"的教学内容，有进行"气象观测"的活动项目，有建议组织学生用温度表测量气温，用风向标或小旗测量风向的具体要求。根据此大纲要求，学校必须配备风向标、温度表等简单的器材。

1956 年版的《小学自然教学大纲（草案）》规定，高级小学五、六年级的课程中有"空气的特性和成分，空气的流动和风的成因，风向和风力，风力的利用"等内容；而且有"气象观测和气象日志（记录每天的天气情况：晴、阴、雨、雪、云、气温、风向、风力——暴风、大风、微风、无风）"等的具体活动要求。根据课程内容和活动要求，学校必须配置温度表、风向风速器、雨量器等器材。

1956 年版的《中学地理教学大纲（草案）》规定，初中一年级课程中有"大气"的教学内容；初中二年级的世界地理课程中有"各大洲的气候"教学内容；初中三年级中国地理课程中有"中国的气候"教学内容。根据这些教学内容，此大纲又提出"研究四季变化的原因，深刻理解气候概念""学会使用各种仪器（温度表、气压表、风向标、雨量器）技能与技巧""要求学生进行系统地观察天气并整理观察所得材料""观察天气的工作，在初中一年级就要组织起来。平时每天都要有值日生进行观测，全体学生都要参加，并要做出记录和描述。初中二、三年级的学生还要继续观察天气"，而且还特别强调指出"要到学校地理园中的气象台上去观察。没有地理园气象台的学校，要创造条件逐步实现"。

根据大纲的规定，中小学的地理教科书也有具体的教学内容和活动要求。自中小学各科教科书统一由人民教育出版社编撰出版以后，经过教育专家的综合权衡和精心设计，中小学地理教科书上包含了更多有关"天气、气候、各种气象要素的成因、各种气象要素的测量"等内容，以及各种气象观测活动形式的设计，其中也涉及各种气象观测仪器。

地理教科书统一由人民教育出版社编撰出版以后，同时人民教育出版社为了结合课本也编撰了《高级小学课本地理教学参考书》共 4 册，内容分为教学进度、教学目的、教学要点、

教学建议、复习提纲等项。在教学建议一项中,列出了地理教学所用到的一系列教学用具,如地图、地球仪、气象观测仪器等。

中学的地理课本教学参考书除了人民教育出版社编撰出版以外,各地还有多种版本的教学参考书面世。比较早出版面世的有北京和天津教育部门组织编撰的《授课计划纲要》和《教学参考资料》。1955 年北京市将二书合编为《初中自然地理教学参考资料》,其中也列出教学进度、教学目的、教学重点和练习题 4 项。此外,上海市教育局也组织力量编撰教学参考书,1957 年出版了《中学地理课堂教学参考书》,也包括上述 4 部分内容。

这些教学参考书都列出相应的地理教学教具,有的在"教学建议"中列出,有的在"教学要点"中列出,但都有气象观测仪器,而且基本上都能够达到常规气象观测的基本要求。这些参考书上所列出的气象观测仪器有:干湿球温度表、最高温度表、最低温度表、毛发湿度表、风向标、气压表、雨量器、蒸发器、日照计、地温表等。

从中小学地理教学大纲、中小学地理教科书和中小学地理教学参考书中所列出的气象观测仪器来看,中小学中对气象观测活动越趋重视,对气象观测的要求越趋严格,从其发展趋势来看是逐步向气象部门的常规气象台站靠近。这显示了我国校园气象站和校园气象科普教育发展的基本轨迹。同时凭借这些教学大纲、教科书和教学参考书的推动,使我国校园气象站的建设和装备日趋完善,校园气象科普教育的日趋普及。

三、校园气象站的装备和实用评价

要创建校园气象站,硬件具备是必须的条件。新中国成立初期,尽管我国各地的经济基础薄弱,但还是有很多的校园气象站"破土而出",并进行常规运转,做出显著的成绩影响一方。从他们装备的情况看,虽然比较简陋,但已经能够基本满足气象观测的要求。这从如下几个校园气象站的装备可见一斑。

(1)上海市实验小学气象台拥有干湿球温度表、最高温度表、最低温度表、福丁式水银气压表、维尔达风向风速器、手持式风向风速器、湿度计、雨量器等气象观测仪器。

(2)湖南省衡山一中气象观测小组拥有的气象仪器有:湿度计、最高温度表、最低温度表、干湿球温度表、雨量器、蒸发皿、水银气压表、风向标等。

(3)江苏省丹阳中学地理园的气象观测仪器有:百叶箱、最高温度表、最低温度表、干湿球温度表、湿度表、浅层曲管地温表、雨量器、量雪尺、蒸发器、维尔达风向风速器、风级牌、风向旗、日照仪、测云器等。

(4)陕西省西安市神鹿坊小学红领巾气象站拥有的气象仪器:风向标、风速仪、干湿球温度表、雨量器、气压表、日照计、辐射表等。

从上述几个校园气象站的装备情况看,对基本气象要素的观测已经基本满足,但从这些仪器本身的质量结构要求去推究,与气象部门装备相比,用气象科学的水准去衡量,还是存在着很大的差异,因为校园气象站装备的仪器,基本上来源于如下 3 个渠道。

第一是自制,由于当时的条件限制,学校不可能拨出很多的经费去购买仪器,同时购买的渠道也非常有限,所以很多学校采取自己制作的方法来解决仪器装备缺乏的问题。如江苏省丹阳中学地理园里的气象观测仪器,据该校地理教研组的老师介绍:百叶箱是根据农业部编的《农业气象》一书中介绍的规格自己制作；雨量器、蒸发皿是委托当地白铁匠制作；量雪尺是用一条1米长的木板制成；还有日照计、测云器等都是师生自己动手制作。

第二是气象部门支持赠送。如湖南省衡山一中气象观测小组的水银气压表、最高温度表、最低温度表、干湿球温度表等气象观测仪器都是当地的气象部门拨给的。支持帮助中小学开展气象科普教育活动是我国气象部门光荣的历史传统。

第三是市场购买。一些经济价值比较低微的，而且易于购买的仪器，有时也从市场上购买一些。如温度表等。但这些市场上购买的仪器与气象部门所使用的仪器相比，还是存在着很大的差异。

尽管新中国成立初期的校园气象站装备比较简陋，但还是做出了影响一方的显著成绩；为推动我国中小学地理学科教育的发展，推动我国校园气象科普教育的发展还是立下不可磨灭的功勋。如上海市实验小学气象台曾受到党和国家领导人的赞赏；陕西省西安市神鹿坊小学红领巾气象站曾为当地的农业生产提供良好的服务，不但受到当地群众好评与行政部门的表扬，还受到国家和省、市有关部门的嘉奖。

校园气象科普教育不但是中小学地理课程的需要，还是普及气象科学知识，提高公众气象意识，增强防灾减灾能力，特别是提高和培养青少年全面素质的优秀渠道。

校园气象站建设是学校开展气象科普教育不可或缺的条件，因此做好校园气象站的基本建设是中小学发展地理课程教育和气象科普教育中的一项重要举措。

第四节　新中国成立初期校园气象科普教育示例

新中国成立初期，由于党和国家的重视，教育部门的极力推行，教育专家的艰辛探索，苏联中小学地理教育的参考借鉴，我国广大地理教育工作者和师生的共同努力，我国校园气象科普教育普遍地开展起来，出现了很多开展得有声有色的学校，在某一区域甚至在全国范围产生了很好的影响，对推动与发展我国中小学地理的学科教育教学和校园气象科普教育发挥了积极作用。他们许多先进科学的方法方式，与时俱进的理念与思想，严谨刻苦不懈努力追求的科学精神，以及爱国家、爱科学、爱学习的高尚品德至今仍是广大青少年学习的榜样。为了继承和发扬他们的思想与精神，借鉴和发展他们的理念与思维，我们从不同历史时期的书籍、报刊、相关资料中攫取他们的信息资料，凝筑成历史的碑记，奉献给广大有志于我国校园气象科普教育事业的同仁。

一、上海市实验小学气象台

上海市实验小学位于上海老城厢露香园路242号，创立于1911年2月，原名万竹小学。1949年6月，改名为上海市邑庙区中心小学，1956年由上海市人民政府命名为上海市实验小学，曾是国家教育部在上海的唯一一所部属重点小学，是上海地区第一所市立小学。现该校有教学班31个，近千名学生，120多名教职工。

上海市实验小学气象台成立于1951年7月，先由六年级家离学校较近的4位同学组成观测小组；至9月份，五、六年级11个班级各选派两位同学参加，共22人组成气象观测活动大组，由六年级李忆馥同学担任台长，由自然课老师担任辅导员。

气象台拥有干湿球温度表、最高温度表、最低温度表、福丁式水银气压表、维尔达风向风速器、手持式风向风速器、湿度计、雨量器等气象仪器。观测的项目有：目测云量、云状、天气现象，器测最高最低温度、干湿球温度、湿度、气压、风向、风速等。观测次数为每日2次，观测时间分别为07:30和13:00。

他们的观测工作长期持续，星期天、节日、寒暑假都连续不断；他们的工作认真细致，每月都把观测记录进行整理统计，按月装订成册妥善保存。

1955年春天，上海市举办了“少年儿童科学技术和工艺作品展览会”，上海市邑庙区中心小学气象台的同学，把按月装订好的气象观测记录和精心制作的气象观测场模型拿去参展，展出以后，受到上海市政府领导的表扬和重视，得到广大观众的赞赏。接着又送到北京，参加“全国少年儿童科学技术和工艺作品展览会”，受到中央领导的表扬。展会期间，敬爱的周恩来总理到展会参观时，还与气象台的代表李忆馥一起拍了照。中国科学院郭沫若院长所撰的《爱护新生代的嫩苗》一文还专门夸奖了他们气象观测工作的成就。

从此以后，报纸、杂志、画报等平面媒体时常有报道和刊登他们的气象观测工作的图片与文字；人民美术出版社将他们制作的气象观测场模型拍成照片刊登在1955年9月21日出版的《连环画报》上。上海科学教育电影制片厂还把他们的气象观测活动拍成了电影发行全国放映。1956年4月，他们还专门创作了《我们的气象台》一书，由儿童读物出版社出版。

二、湖南省衡山一中“气象观测组”

湖南省衡山一中原名“岳云中学”，创建于1909年(清宣统元年)2月，最初定名为“湖南南路公学堂”，校址设在长沙戥子桥，1912年更名为“湖南第二公学校”，1914年2月改名为“湖南私立岳云中学”，1938年长沙校本部迁南岳。1951年底，由湖南省人民政府接管，改名为“湖南省立岳云中学”。1953年定名为“湖南省衡山第一中学”，1961年改为“湖南省南岳第一中学”。1966年复称“衡山第一中学”。1984年3月，湖南省教育厅报经教育部同意，恢复原校名“岳云中学”。

衡山一中的气象观测活动于1954年开始，当时负责创建的是地理组杨尧老师(后调任湖南师范大学教授，为著名地理教育史专家)。该校气象观测小组拥有的气象仪器有：湿度计、最高温度表、最低温度表、干湿球温度表、雨量器、蒸发皿、水银气压表、风向标等。他们观测的项目也由少到多，起初是根据初中一年级《自然地理》课本“大气”一节的规定，观测阴、晴、气温、风向等简单的天气变化情况。随着气象仪器的不断增多，观测的项目也增加了气压、降水等的观测。随着小气象员年级的升高，观测能力的提高和理解能力的增强，观测又增加了最高最低气温、相对湿度、云状和云量、蒸发量和特殊天气现象，如雾、霜、露等，还附加观测地面、5厘米、10厘米、15厘米浅层地温。他们坚持每天3次观测，即07时、13时和21时，星期天、节假日、寒暑假都安排组员坚持观测，从不间断。

他们每次观测的结果都记在自己设计的本子上，同时也写在悬挂在学校道路旁的黑板上。他们在完成一天的观测任务后，及时做好小结，按月进行统计，年终做好总结，并分析一年天气变化的特点。他们观测、记录、总结的目的一是为积累气候资料，便于结合本地实际，开展乡土地理研究，二是为巩固、延伸、补充地理课本知识。

1955年下半年，湖南省水利厅将衡山地区的雨量观测任务交给他们，通过一年的认真观测、记录，按月统计做好报表及时上报，得到了省水利厅的嘉奖。

三、江苏省丹阳中学的"气象小组活动"

江苏省丹阳中学1941年建校于四川巴县青木关，前身为"国立社会教育学院附属中学"，1946年迁址江苏丹阳孔庙（现址）。20世纪60年代是江苏省10所省重点中学之一，1996年更名为"江苏省丹阳高级中学"。

1955年5月，人民教育出版社出版了苏联阿·斯·布敦的著作《怎样建立学校地理园》一书，引起了江苏省丹阳中学地理教研组老师的极大兴趣，也受到了很大启发。于是，他们参考布敦介绍的经验，结合学校的具体条件，师生共同努力一起动手，经过不到半年时间的筹备运作，于1955年底在校园里建起了一个地理园。地理园分为天文、气象和地貌三部分，其中气象部分是重点，活动开展最早，也最活跃。

气象观测的仪器有：百叶箱、最高温度表、最低温度表、干湿球温度表、湿度表、浅层曲管地温表、雨量器、量雪尺、蒸发器、维尔达风向风速器、风级牌、风向旗、日照仪、测云器等。

他们的气象观测小组有60多人，其中一部分是学过自然地理对气象比较感兴趣的优秀学生，一部分是家住离学校比较近的走读学生。组员分成若干小组，每组4～6人不等。每组观测4天，最后一天的最后一次观测后，要向下一组办理移交手续。这样各组依次轮流接替从不间断。

他们观测的项目是：风向、风速、气温、湿度、地温、雨量、蒸发、日照、云量、云状、云朵飘动的方向和云朵流动的速度等。观测的次数为每日3次，时间统一规定在：07时、13时、19时。他们的气象活动有4项内容，一是观察记录，二是在学校的布告栏里公布观测结果，三是要每天定时收听省广播电台的天气预报，四是要按月综合统计各气象观测要素。

他们收听天气预报非常严肃，记录员必须在电台预报天气前10分钟到达地理室，先做好记录前的准备，安静地坐在桌子旁等待。他们备有记录表，收听时，记录员先把记录记在草稿上，经过两人核对后才填写到记录本上，并及时转记到学校天气报告牌上。如果遇到特殊的天气预报，还要用大字报的形式写出来，向全校公布，并要大家做好预防工作。

他们的综合统计工作的内容也特别丰富，如：本月晴天、阴雨天统计；本月最多风向统计；本月平均气温统计，本月最高最低气温统计，本月最大风力统计，本月雨量统计，本月日照时数统计等，以及上述内容的年统计。还要求用天气符号来填统计图。

气象观测是一项经常性的细致工作，是一种富有劳动教育意义的活动，从实际活动中能够培养学生克服困难和独立工作的能力。严师出高徒，严格训练出人才。丹阳中学经过严格严谨的气象活动，为国家与社会培养和输送了大批人才。

四、陕西省西安市神鹿坊小学红领巾气象站

西安市神鹿坊小学是爱国人士、原西安市妇联副主任、西安市政协副主席李润琛女士，

于1940年在西安“八路军办事处”的支持下创办的。原名“长安县私立神鹿坊建国小学”，1950年改名为韩森区第九完小，1952年改名为陕西省第一实验小学。1955年改名为灞桥区神鹿坊小学。

1956年春天，神鹿坊小学贯彻党的教育与生产劳动相结合的方针，创办了红领巾气象站，做出了显著的成绩。

红领巾气象站初创时期，气象观测小组只有13名组员，后来发展到四五十名四年级以上的成员，共分为8个小组。

他们建有气象观测场，拥有比较简陋的气象仪器：风向标、风速仪、干湿球温度表、雨量器、气压表、日照计、辐射表等。

他们有一套严整的规章制度，如观测员守则、值班制度等，并且规定每次观测前，首先要巡视全部仪器，做好观测准备，大约用10分钟时间；然后依次观测云、天气现象、风、地温、气温、湿度、降水及其他项目，约用15分钟时间，最后观测气压。

观测定为每日3次，即07:30—08:00，13:30—14:00，19:30—20:00，每次观测30分钟。观测完成后整理当天的天气观测记录，在组长的领导下，通过集体讨论分析，在20:30做出当天的天气预报。

神鹿坊小学红领巾气象站的天气预报是很有特色的。他们的天气预报曾为当地的农业生产提供了大量参考，被当地的农民称为支援农业的“小参谋”。他们比较准确的天气预报曾为当地的居民提供了很多方便，被誉为“小神仙”。13岁的红领巾气象站站长曾被评为“陕西省气象红旗手”；神鹿坊小学的校长张友民曾被选为西安市人民代表，代表西北五省文教战线7次登上天安门城楼参加国庆10周年观礼，还受到毛主席、刘少奇、朱德、周恩来等中央领导的亲切接见。

五、湖南省长沙一中“少年地理协会气象观测组”

湖南省长沙市第一中学创建于1912年，原名湖南省立第一中学，是湖南省最早的公立中学。该校以人才辈出著称，毛泽东、朱镕基、周谷城、杨小凯、谭盾等蜚声中外的政治家、思想家、历史学家、文学家、经济学家、音乐家和17位“两院”院士均先后在此就读。该校现有63个教学班，4000余名学生，为湖南省教育厅直属的省示范性普通高级中学、国家教育部现代教育技术实验学校、湖南省普通高中课程改革样板校。

1956年初，长沙一中成立了“少年地理协会”，下分天气观测、乡土研究、图片资料搜集3个小组。

气象观测小组共16人，拥有基本的气象观测仪器，从事常规的气象观测。他们每天进行3次观测，除观测时做好记录外，还在校内进行公布。同时，每月做好统计报表，年终做好年终总结，并将逐月逐年记录积累的资料加以整理，通过认真分析，得出长沙地区气候的一般规律。他们还根据观测记录的资料，做出比较准确的天气预报，为周边的居民和农村服务。

20世纪50年代，我国各省还有许多学校都建有校园气象站，虽然他们没有留下可以彰显的历史印记，也没有描述他们活动的详细资料信息，但他们在特定的历史时期曾为我国中小学地理学科教育和校园气象科普教育做出过贡献。

《湖南省志·气象志》载:1957 年省气象局成立气象科普组,协助中小学校、农林场所建立气象哨(组)。

一滴水可以映出太阳的光辉。从上述为数不多的个例中,可以清楚地彰显:我们的党和国家对中小学校园气象科普教育的重视与倡导;教育部门和气象部门对中小学气象科普教育的关爱与支持;广大中小学师生对校园气象科普教育的钟情与努力。

第四章　校园气象科普教育的振兴（1957—1966年）

1957—1966年，是新中国成立以来历史上十分重要的10年。在社会主义改造工作基本完成以后，我国便开始转入全面的大规模的社会主义建设。为了探索建设社会主义的道路，党中央和毛泽东主席提出了许多重大的理论和政策问题。特别是中国共产党第八次全国代表大会，为社会主义建设事业指明了方向，也为社会主义教育事业的全面建设制定了正确的路线和指导方针。经过多年的实践，取得了伟大的成就。

在这10年中，我国教育战线也掀起了一场旨在适应社会主义建设需要的教育革命高潮，经过大胆的探索和曲折的发展过程，取得了辉煌成就。对于这10年的地理学科教育，很多人却有不同的评价。但不管人们如何评价教育革命，而这10年的校园气象科普教育和校园气象站建设却形成了新中国成立后的第一次高潮。

第一节　教育革命促进了校园气象科普教育发展

1958年9月19日，中共中央、国务院《关于教育工作的指示》（以下简称《指示》）是教育革命的纲领性文件，全文共7条，总体精神是：教育必须由党来领导；阐明了党的“教育必须为无产阶级政治服务，教育与生产劳动相结合”的工作方针，阐明了党的教育任务和目标。《指示》发出以后，全国迅速掀起了教育革命的大高潮，中小学也在轰轰烈烈地进行教育改革，地理课程也在不断地进行精简和调整，但却给校园气象科普教育和校园气象站的建设发展创设了得天独厚的条件。

一、地理课本的调整与改革

根据《指示》的精神，人民教育出版社一方面做好教材的修订工作；另一方面积极组织力量编写新的中小学地理教材。

中小学地理教材的修订工作，主要是遵循当时教育改革的精神、时事政治的变化、地理课程设置的规定，对以往的教材进行调整与补充。调整就是对当时现行的教材内容和结构上进行调整，使内容符合当时的政治形势，同时对教材的结构也进行调整，使教材的结构更加合理，更加合乎地理学科的系统，以方便教学。

教材的补充主要有两方面。一是增加政治地理内容，让学生了解当时社会主义和帝国主义两大阵营的政治形势。二是根据党的“教育与生产劳动相结合”的教育方针，补充了与生产劳动实践相关的知识内容。如地理编辑室1959年修订的《初中地理课本》第一册第一分册第一篇第四章“大气”中增加了“气象观测”一节。1960年修订的《初中地理课本》第一册第一篇第四章“气候和气象事业”中增加了第五节“气象观测和天气预报”,内容为:气温的观测、土壤温度的观测、风的观测、湿度的观测、云的观测、降水量的观测,观测记录的整理,全国和大地区的天气预报,小地区的天气预报。实习:搜集和整理看天经验,开展气象观测。

气象科学与生产劳动的关系最为密切,是人们身边的科学。“气象观测”首先是一种劳动,同时还是一种重要的科学学习和实践活动。在“教育与生产劳动相结合”的教育方针指引下,突出对气象科学内容的教育和学习实践,是既符合党的教育方针要求,也符合生产劳动与现实生活实际。

在中小学地理教材改革的同时,相应学科的教材也进行了改革,其中也突出了气象科学的教育内容。如1959—1960年修订的小学《语文》课本,第三、第四册就编有“初冬”“雷雨”“我是什么”(叙述水的变化形态)等内容;第五、第六册编有“夏天过去了”“北京的秋天”“冬天的苹果园”“春天”“日落与日出”“为什么要知道天气”等内容。又如小学的“常识”课本也编入了“大家都来关心天气”等内容。

人民教育出版社组织新编的中小学地理课本除了突出政治,突出气象科普教育外,图像和作业系统设计的比较完备。如《初中地理课本》第三册第二章第一节“东亚各国”课文的后面,设计了3道作业题,其中一道有关气象的作业题是:“日本地形和气候有什么特点?为什么会有这些特点?”这道作业题既让学生巩固课文中叙述的地理知识,又让学生思考琢磨地形影响气候的气象科学原理。此外还有实习作业,如初中地理第一册的第78~81页要求:根据学校条件进行气象观测。

还有一项在编制体例上的重大创新,就是在课题内容较多的课文中间插入作业题。如初中地理世界地理部分“亚洲”一章“概述”的第二节“气候”课文中,在叙述完“北部的寒冷气候”之后,“东部的温带季风气候”之前,编排了3道作业题:

(1)在气候图上仔细观察1月0℃等温线的走向,并说明0℃等温线通过哪些地区?

(2)在气候图上仔细观察20℃等温线的走向,并说明20℃等温线通过哪些地区?

(3)为什么说西伯利亚是大陆性气候显著的地区?

这种范例在中小学的地理课本中普遍可见,这是我国地理课本编撰的创造性先例。中小学地理教材的修订和新编促成了校园气象科普教育的广泛开展。

二、各省编撰乡土地理教材

1958年1月,教育部发出通知,根据党中央和毛泽东主席的指示,要求各地中小学中国地理教学必须单独讲授乡土教材,小学讲本县(市)地理,初中讲本省(自治区、直辖市)地理。

乡土地理教育是以学生居住地区为中心区域范围的地理研究,是最小范围的区域地理,是地理学的基础。乡土地理教育是使学生通过对自身居住环境的实际了解而建立地理学的一些概念,这实际上是学生认知发展的过程。从我国国民教育中地理教育目标去考究,实施乡土地理教育,可使学生比较翔实了解乡土的自然环境、社会状态及人与地之间的关系等,在潜移默化中培养出对乡土关爱的观念，进而培养对民族的大乡土的关爱思想，形成重视、珍爱与保护人类的整体生活环境意识。同时对地理知识与技能的掌握亦有重要的功能，能将地理特性与现实生活结合起来，能培养观察、思考、想象、判断、推理等能力，是地理学习与地理研究的基础。

乡土地理教育通过让对其生存空间、生活环境由实证的观察、调查，对乡土的小区域有真正的了解，使学生熟悉在他们的生活世界中运用其空间和环境，观察自己和生活中的地方及空间交融互动的经验。有了解方有情意，达到地理教育目标中的情意培养，这实际上是学生认知发展的过程，也是乡土地理教育的核心。

根据教育部的通知精神，各省分别编撰了各省的乡土地理教材，一般初中使用省编的乡土教材，小学使用的是市、县编的乡土教材。如湖南省初中使用《湖南省地理课本》，高中使用《湖南省经济地理课本》，小学使用各市、县编的课本，如《长沙市地理课本》《临湘县地理课本》等。

在这些省、市、县编撰的中小学乡土地理教材中，基本上都设有“气候与气候资源”一章，详尽介绍本地的天气与气候的特点，重点突出了气象科普教育的内容。

我国地理教学大纲明确规定：教学方式上注意了走出课堂，进行野外观察、地理调查和参观活动，密切联系了生活和生产实际，对学生进行了爱家乡、爱祖国的教育，使他们从小树立起为建设美好的家乡、为祖国富强和人民富裕而献身的志向。因此，中小学的乡土地理教育多趋向于野外考察、调查、发现等活动。

在当时的乡土地理教育中，走出课堂后的主要活动是野外观察、地理调查和参观活动。在这些活动中，有关气象的活动仍是主要活动。如乡土气候资源调查、天气与气候的观察、观测等。当时很多有关地理教育教学的杂志上经常可以看到各地乡土地理教育和开展气象科普教育活动的相关文章。如《地理教学丛刊》1959 年第二辑刊载了浙江省东阳县上卢初中赵侑生撰写的《在中学地理教学中怎样配合农业生产开展气候活动》一文。

上卢初中是开展校园气象科技活动较早的学校，校内科技活动是赵侑生老师亲自创建与辅导的。1959 年已经成绩卓著，受到共青团中央、全国总工会、全国妇联表彰。赵侑生老师撰写的文章就是把他们的系列活动进行归纳，单就学校的气象观测活动与农业生产相结合的经验做出总结，体现了贯彻落实党的教育方针的成效。

从这些刊载于比较权威地理教育教学杂志上的文章看，可窥我国教育改革高潮中当时中小学气象科技活动开展的一斑。

三、要求加强课外小组的活动

1958 年 3 月，教育部颁布《1958—1959 学期年度中学教学计划》（以下简称《计划》），在地理学科教学说明中强调：为了贯彻劳动教育，要求地理教学加强参观和课外小组的活动。在《计划》文件的统一要求下，全国各地迅速普遍地组织了地理课外小组，并开展形式丰富多彩的活动。

地理课外小组的活动内容与形式很多，其中“气象课外小组活动”仍是重头戏，因为“气象课外活动”能够长期持续地进行，而且形式与内容多彩丰富。其活动内容如下。

第一是参观。参观气象台站，听取气象科普教育讲座，认识与熟悉气象测量仪器，获知气象工作过程，学习与掌握气象观测技术技能。

第二是气候资源调查。气候资源调查是获取气候资源信息的一种方法。气候资源信息主要包括气候资源要素及其地理分布。气候资源要素指自然界中光、热、水、风、大气成分等。气候资源调查可分普查和专题调查两类。普查是对某一地区的气候资源及其有关情况进行全面调查，包括：气候资源数量、质量、个别年份的极端值；与气候资源有关的地理、土壤、植被、农业生产状况、作物布局、耕作制度、主要作物生育期、自然灾害、抗灾经验；气候资源与交通、建筑、医疗、旅游等有关的问题以及开发利用气候资源的程度和方法。专题调查则是围绕工农业生产中与气候资源有关的某些重大问题进行。气候资源调查采取点与面结合、直接调查与查找资料间接调查相结合、调查访问与必要的实地观测相结合。

第三是搜集天气谚语。天气谚语又称农谚，是我国民间广为流传各种有关天气变化的俗语，是人们长期看天经验的积累。谚语充满韵文韵味易于记忆，虽然预报天气的准确率不高且受区域限制，但却是预知天气变化的很好参考。

第四是气象观测。建立红领巾气象站进行长期地面气象人工观测，这是气象小组最长期持久的活动。

关于气象课外小组的活动，当时有很多文章见诸有关地理教育教学的杂志。如：

(1)《地理教学丛刊》1959 年第二辑载上海市实验小学撰写的《我校是怎样进行气象观测的》一文；

(2)《地理教学丛刊》1960 年第一辑载陈仁寿老师撰写的《组织中学生进行物候观察》一文；

(3)《云南教育》1959 年 02 期，载昆明市高峣小学撰写的《红领巾气象哨》一文。

上海市实验小学是 1951 年夏天开始进行气象观测活动的学校，1955 年已经名播全国，到了 1959 年，他们的气象观测活动已经积累了丰富的经验。该校撰写的《我校是怎样进行气象观测的》一文，就是将他们丰富的先进经验介绍给全国的中小学，借此推动全国气象课外活动的前进与发展。

云南省昆明市高峣小学的红领巾气象哨创建于 1958 年 7 月，虽然不到一年的时间，但他们已经做出了显著的成绩，得到了省市教育和气象部门的肯定。《红领巾气象哨》一文是介绍他们建哨办哨的经过和经验，为兄弟学校开展气象课外活动提供参考与借鉴。

这些刊载的文章，可窥我国教育革命高潮中当时中小学气象课外活动开展的一斑。

在我国教育革命的高潮中，中小学地理课本的修订与新编，为我国校园气象科普教育和校园气象站的建设创设了良好的环境和广阔的空间。乡土地理教育的开展，为校园气象科技活动推倒学校“围墙”引向社会，引向了更广阔的天地；加强课外小组的活动，促进了校园气象站建设和气象观测活动的开展。总之，我国的教育革命高潮推动着校园气象科普教育和校园气象站建设飞速发展。

第二节　青少年科技活动推动校园气象站建设发展

党和国家一贯非常重视关心对青少年的成长和培养。早在革命战争时期就创办学校、组织儿童团。到了新中国成立初期，党和国家领导便在全国各类学校倡导开展青少年科技活动，锻炼和培养青少年快速成长。

1951年，北京市组织中小学学生在暑假期间开展研究米丘林学说、制作飞机模型、制作无线电收音机、学校气象观测等活动。

米丘林的全名为伊万·弗拉基米洛维奇·米丘林，是苏联卓越的园艺学家、植物育种学家。米丘林自20岁起从事植物育种工作达60年之久，提出关于动摇遗传性、定向培育、远缘杂交、无性杂交和驯化等改变植物遗传性的原则和方法，培育出300多个果树新品种，曾为苏联科学院名誉院士和苏联农业科学院院士。米丘林学说研究在苏联曾盛行一时，20世纪50年代初作为中小学校的科技活动项目被介绍到我国。

学校气象观测活动我国本身已经开展过或正在开展，但苏联中小学开展得比较普遍，并且有一套比较系统的方法和值得借鉴的经验。因此，学校气象观测和米丘林学说研究活动一起被介绍到我国来。

米丘林学说研究活动和学校气象观测小组的活动很快就风靡全国中小学，轰轰烈烈地开展起来。关于这两项科技活动，各种《中国教育史》和各省（自治区、直辖市）的《教育志》中都有比较详细的记载，如本书第三章第一节摘录的《广西通志·教育志》中的相关记载。

1955年，教育部与全国科普促进会联合在北京举办了“全国少年儿童科学技术和工艺品展览会”，展出了中小学生亲手制作的望远镜、小气象台模型、治淮工程模型等1100多件作品。党和国家领导非常重视青少年科技活动，许多党和国家主要领导人都亲自参观这次展览会，时任国务院总理周恩来同志和邓颖超同志也参观了展览会，并且还同与会的中小学生一起合影留念。

1955年8月9日，中国科学院院长郭沫若先生还专门在《人民日报》发表《爱护新生代的嫩苗》一文，号召各级党政领导关心爱护青少年的成长，积极支持青少年各种科技活动的开展，表彰广大青少年在科技活动中取得的各种成绩，鼓励广大青少年积极参与各种科技活动。

1955年9月，《人民日报》发表社论《加强对少年儿童的科学技术教育》，指出在全国少年儿童中广泛开展科技教育，会使中小学教育发生根本性的改革。《人民日报》的社论就像进军的号角，召唤着全国青少年向科学技术高峰发起了冲锋。从此，一场波澜壮阔的青少年科技活动在全国范围内展开。

上海是青少年科技活动开展得比较突出的城市，1960年春，共青团上海市委向团中央报告了上海开展少年科技活动的情况。1960年6月30日，共青团中央发出第67号文件，批转《共青团上海市委关于少年科技活动情况的报告》，认为“上海市的这件事情办得很好”，指出“少年科技活动是一件具有战略意义的大事，它使少年从小就立下要‘战胜地球，建设强国'的雄心壮志;它使少年发扬了敢想敢干的共产主义风格;它也使广大少年强烈的求知欲望得到更好的满足,激发着少年们的创造才能,使他们学到了许多课堂上学不到的科学知识,并且开始有了发明创造……希望全国所有的城乡学校,都要像上海市那样,把少年的科学技术研究的群众运动积极开展起来”。

在党和国家领导的高度重视和极力推动下,遍及全国的青少年科技活动迅速形成高潮,大、中、小城市普遍成立青少年科学技术指导站,全国中小学普遍成立科技活动小组。一时间,全国城市和农村的中小学内,科技活动开展得如火如荼。

《上海青年志》第五篇第四章第四节“青少年科技活动”中,“一、五六十年代青少年科技活动”载:1956年,成立上海市少年科学技术指导站,指导全市中小学开展课外和校外科学技术普及教育活动。少科站内开设电子计算机、激光应用、半导体收音、录音、电视、遥控、光学、摄影、数学、生物、化学、航海模型、航空模型、赛车模型、机械制图、金工、木工等训练班,还举办天文、地质、气象等讲座,负责为上海市各区(县)中小学培训开展青少年科技活动所需要的辅导教师和学生骨干,推进了全市的青少年科技活动。

1960年1月24日,共青团上海市委、上海市教育局、上海市科技协会联合召开上海市少年科技教育工作会议。副市长刘述周到会讲话,强调科技应走在生产的前面,要加强少年科技活动,培养科技后备军。团市委副书记潘文铮在会上提出进一步开展少年科技活动的规划。同时,全市举办20多次科技现场会、经验交流会,有2万多人参加,10个市区举办18个展览会,展出少年科技作品5万多件,前往参观的有45万人次;有些区和基层单位还举行了科技活动周,举办数学、航模等表演活动的评比竞赛。3个多月里,各区、县新建少年宫11个、少年之家33个、少年科技站3个,各里弄委员会也普遍建立了少年儿童活动室。市区少年宫、科技站利用寒假共培训科技活动指导员4375人。至4月底统计,全市有90%以上的中学生、80%的小学三年级以上学生共70万人参加了各种科技活动。全市中、小学已建立专题的或综合性的科技小组近2.5万个。青少年科技活动内容丰富多彩。许多学校普遍建立了航模、舰模、无线电、气象、电工、数学、物理、化学、生物等科技小组,郊区的学校还建立了种植、饲养、农业气象等小组。

学校气象观测活动和校园气象站建设是青少年科技活动的重要项目,随着青少年科技活动的强势发展,我国的学校气象观测活动和校园气象站建设也形成了高潮。单从上海市红领巾气象站的建设与发展情况来看,可以窥视全国校园气象科普教育一斑。

《杨浦区志》第二十二编第二章第四节“中国少年先锋队”载:1960年1月,在中共区委关怀下,全区70%的学校设立红领巾气象站。查《杨浦区志》第三十二编第三章“小学教育”和第四章“中学教育”,1960年杨浦区小学156所、中学20所,如果按70%的比例计算,当时杨浦区建有红领巾气象站有120多个。

读《上海通志·教育志》第二章第二节“小学”和第三节“中学”,1960年上海全市小学5475所,中学431所,可以想见上海市当时所建红领巾气象站的数量应该是相当可观的。

青少年科技活动是遍及全国的教育热潮,所以全国各省(自治区、直辖市)也都在兴起。如《吉林省志·气象志》第三篇第五章第三节“气象科普”载:从60年代起全省各地很多中、小学就建立了青少年课外气象科技活动小组,有的还办起了红领巾气象站。

从上海市和吉林省两地的情况中可以看出，气象科技活动是青少年科技活动中的强项，青少年科技活动对校园气象站的建设具有强大的推动力。

20世纪60年代，红领巾气象站的活动情况常见诸各种报纸、杂志、书籍及其他多种媒体。如上海宝山区红星中学的红领巾气象站，建于1960年，该校的校园气象观测和气象科技活动被载入《上海青年志》第五篇第四章第四节"青少年科技活动"，并附有活动图片。

上海市实验小学创办于1911年2月，是一所历史比较悠久的学校。该校于1951年夏天创办校园气象台，是开展红领巾气象科技活动的老牌学校，是全国最早创办校园气象台的学校之一。红领巾气象台创立后即开始进行每天两次的气象观测，他们长年累月坚持观测，连星期天和节假日也从来没有间断。每月进行气象数据统计，每月将气象观测资料装订成册。每年都能够吸收近30名同学参加气象观测。到了20世纪60年代，他们已经积聚了近4000页的气象观测记录，装订了100多册记录资料；培养了300多名小气象员，同时有了丰富的积累和经验，在上海地区产生了一定的良好影响。

1959年2月，上海市实验小学气象台撰写了《我校是怎样进行气象观测的》一文，发表在《地理教学丛刊》上，在全国产生了很好的反响。

华东师范大学第二附属中学也是一所校园气象科技活动开展得比较活跃的学校。该校于1958年建立学校气象园，成立气象学科小组，进行每天3次的气象观测和单站补充天气预报以及一系列的气象科技探究活动。

该校气象学科小组分为高、中、低3个小组开展活动，低年级组活动的主要内容是学习和掌握气象观测的基本原理和操作方法，收集和整理气象观测资料，并初步学习天气图的绘制；中年级组要求在学习天气预报基础知识、基本原理的基础上，收听每天省、市气象台站的天气预报，绘制天气形势图并做出单站补充天气预报；高年级组则要求开展城市气候的观测和研究，撰写科学小论文，举行读书报告会和论文讨论会。这样设置有利于各年级的小组成员的学习与活动能够因材施教，循序渐进，逐步提高。

该校气象学科小组还与华东师大地理系的同学进行友好合作，对上海城市的气候进行研究。他们在24层高楼的国际饭店的底层、路边、3层、15层的阳台上和顶层平台上设置9个不同方向的气象观测点，在09—10时、14—15时、19—20时3个时段内，每隔10分钟进行一次风向、风速、气压、干湿球温度的同步观测。在获取各气象要素的资料后，即对数据进行分析整理，从而探知市区高层建筑周围，早晚温差较大且稳定，午间多乱流温差小的规律。市区的地面风速比郊区要小10%～20%。但由于高层建筑引起的"狭管效应"的影响，顺风道风速明显增大而对风向影响很小；逆风道上的高层建筑会改变风向并减慢风速。

在实测资料和分析研究的基础上，该校气象学科小组撰写成了《初探城市高层建筑对周围气象要素的影响》一文，文章结合上海季风气候和全年风向频率的特点，对上海市政建设提出了建议。该文不但在全市青少年科学论文答辩会上得到好评，而且还受到上海市政部门的表彰。

为了促进中小学深入开展校园气象观测和气象科技活动，很多出版社编译出版了相关书籍，给全国的中小学提供参考与借鉴。

《学校中的气象观测》一书系库兹敏(苏联)、马提年著，倪合礼、侯宏森译，由农业出版社于1959年1月出版的指导校园气象科技活动的参考书。全书共8章，分别阐述了气象观测的意义、气象与国民经济的关系、主要气象要素、气象观测仪器、气象观测、物候观测、天气预报等内容，重点介绍了怎样建立校园气象站，怎样从观测结果中进行探究，可以得出怎样的结论，怎样根据地方性特征和借助天气图进行天气预报等。该书叙述语言通俗，知识点浅显丰富，是中小学老师和学生比较理想的参考书。

《自制气象仪器》一书为科劳科里尼科夫（苏联）著，管新都、高济民译，由中国青年出版社于1959年1月出版的指导校园气象科技活动的参考书。全书共19节，分别介绍了19种气象仪器的制作方法和安装过程。在制作方法的说明中，提出了标准设计和简单设计，同时还附有各种零件的插图和具体尺寸，可以使读者相当方便地动手制作。自制气象仪器是气象科技活动中一项很有意义的活动，对学生的思维能力和动手能力的培养有着极大的作用。

《少年气象爱好者》一书为镇平先生编著的，由少年儿童出版社于1964年8月出版的校园气象科技活动指导书。全书共3章13节，分别叙述了大气变化和气象要素的成因，天气预报的制作方法，校园气象科技活动开展的形式与方法等内容。该书对促进和推动校园气象科技活动起到了极好的指导作用。

校园气象观测和气象科技活动不但是青少年科技活动的重要项目，而且还是培养人才的优秀载体与平台。据上海市普通教育研究会编撰，上海社会科学院出版社出版的《上海名校办学特色》一书中《五育基础全面扎实，科研美育相伴发展》一文介绍：上海师范大学附中的张红同学，坚持6年参加了该校气象活动小组的学习与活动，她运用观云测地震的方法，成功地预测了日本中西部地震等，撰写了《这是偶然的巧合吗？》等多篇论文，连续在全国和各市获奖，不但被破例吸收为“中国震兆云霞研究会”委员会员，被免试直接升入北京大学地球物理系，而且又被破例吸收为中国气象代表团成员，参加有关国际学术会议，并用英文印发和宣读论文。

20世纪60年代前后，一场轰轰烈烈风靡全国的青少年科技活动，推动了我国校园气象站建设和气象科技活动的发展，而校园气象站建设和气象科技活动也为全国青少年科技活动的蓬勃发展推波助澜，不但表现出顽强的生命活力，而且还做出了非凡的贡献，立下不朽的历史功勋。

第三节　“气象化”掀起校园气象站建设高潮

新中国成立以后，我国的气象事业在党和政府的正确领导下，在全体气象工作者的积极努力下，为国家的经济和国防建设做出了巨大的贡献。到了1958年，随着全国农业合作化高潮的兴起，中央气象局也把工作的重心转移到为农业生产服务上来，并做出了重大部署。

1958年初，中央气象局向国务院呈报了《1958年全国气象工作提要》。1958年2月，国务院批准了中央气象局的《1958年全国气象工作提要》，并指出：“今后气象工作的建设重点应放在农业气象方面”。

1958年7月，中央气象局在广西桂林召开的全国气象会议上提出“依靠全党全民办气象，提高服务的质量，以农业服务为重点，组成全国气象服务网"的方针。要实现这个方针，首先要在组织领导上来加强。加强的具体办法是：专区有台、县县有站、乡乡有哨、社社有看天小组。就是要在全国广大地区组成一个星罗棋布的气象服务网，使气象工作密切配合农业生产，深入人心，户户用预报，人人信预报。

在中央气象局的号召下，全国各地各级党政和气象部门积极响应，不但各地迅速建立了一批气象台站，而且还迅速地在全国范围内掀起大办气象哨(组)和看天小组的高潮，城市的社区、工厂、单位和农村公社、行政村都办起了气象哨(组)及气象看天小组，形成了我国特定时期的特有形势——"全国气象化"。

1958年的"全国气象化"，其规模之大、覆盖范围之广、形势之迅猛是史无前例的。当时，全国各种媒体对"全国气象化"都有相关报道。

《人民日报》1959年1月22日第6版曾刊登新华社一篇标题为"全国气象局长会议布置今年气象工作任务　巩固气象网提高服务质量　云南气象组织星罗棋布　各族人民做'天气哨兵'"的报道：

本报讯：云南省十万多各族人民参加了气象哨兵的队伍。云南各地在贯彻"全党全民办气象事业"的方针以来，在各级党委领导下，科学工作人员与广大农民群众结合，采取办学校和带徒弟的方法，训练培养了大批具有高小文化水平的青年农民技术员，解决建设气象网工作中缺乏技术干部的困难。到目前为止，全省已建立近200个农业气象站和气候站，以人民公社为单位设立了1400个气象哨，各地并吸收广大富有气象实践知识和看天经验的农民，组成了25000个"看天小组"。现在，全省已建成了星罗棋布的气象服务网，做到"专、州有台，县县有站，乡乡有哨，处处有看天小组"，基本实现了"气象化"……

虽然历史的车轮滚滚向前，"气象化"距今已经过去半个世纪，但时代的印记都会载入史册。20世纪90年代，我国编撰的全国各省(自治区、直辖市)的第一批《气象志》，大部分都有关于1958年"全国气象化和大办气象哨(组)"的相关记载。如：

《广东省志·气象志》第一章"气象事业发展"载：1958年8月22日，省人委做出了《关于气象工作下放给地方管理的决定》，全省气象台站下放当地政府领导。同月，中共广东省委批转了《广东省气象局分党组关于全党全民办气象，实现全省气象化的报告》。在此以后的3个多月里，台站网建设以"专专有台、县县有站、社社有哨、队队有组"为目标，迅速地发展了一批气象台站。一方面，把各地原有的农场、林场气象站或气候站搬迁到县城改为县气象站，另一方面，也因陋就简地组建了一批县气象站，在地区一级成立气象台，同时还在各地建立了许多公社气象哨及生产队看天小组，使气象服务工作得到了普及。

《广西通志·气象志》第一篇第一章第一节"地面气象观测""气象哨观测"载：1958年，"大跃进"时期，全国气象部门贯彻以生产服务为纲，以农业服务为重点的气象业务方针，开展"气象化"运动，要求做到县县有站，社社有哨。广西先后建立1400多个民办公助气象哨(组)。气象哨由县气象站配给气象观测仪器，进行每天3次定时湿度、温度、风向、风速和降雨量观测。气象哨组人员大多由当地农民承担，经县气象站进行短时培训后，负责气象哨的1日3次定时观测任务，每月给县气象站上报一份观测记录报表，由县气象站审核保存。部分气象哨还根据群众看天经验，为当地生产提供预报服务。

《吉林省志·气象志》第一篇第三章第二节中的"三、民办气象哨"载:1958年7月,全国气象会议提出依靠全党全民办气象和公社建气象哨的任务,年底,中央气象局确定了建立气象哨的"自愿、自建、自管、自用"的原则,明确气象哨的民办性质。广大农村掀起了大办气象哨的热潮。吉林省也同全国其他省份一样,建哨工作一哄而起,到1958年10月,仅据30个市、县的统计,已有农村气象哨783个。气象哨在紧密结合当地农业生产开展气象服务,及时传递气象信息,宣传普及气象知识和为农业气候区划积累资料等方面起到了一定的作用。

《安徽省志·气象志》第三篇第一章第三节"气象哨"载:1958年,根据中央气象局的要求,按照"自愿、自建、自管、自用"的原则,安徽省开始在县下建立气象哨,至1959年,计建成641个,占当时全省公社数的63%。部分气象哨对发展当地农业生产起有一定作用。

《江苏省志·气象事业志》第一章第一节中的"五、县级气象台站"载:根据"自愿、自建、自管、自用"的原则,全省农村于1958年开始建立气象哨(组),而且发展迅猛。据1959年11月统计,全省共建立公社气象哨1080个,大队看天小组7946个,拥有7.9万"看天大军"。

《浙江通志·气象志》第三篇第二章第二节"台站普及"载:1959年2月统计,全省办起群众性气象哨792个,气象看天小组7342个。

《宁夏气象史略》第一章第三节载:到了1960年12月,全区共建成气象台站30个,农业气象哨316个,观天小组2168个。

从上述情况看,当时全国各省建立气象哨(组)的声势十分浩大,建立起来的气象哨(组)的数量相当可观,分布覆盖的面积非常广泛,参与的队伍也相当庞大。这对当时的社会和工农业生产发展发挥一定的积极作用。

限于当时国民的文化水平和社队的经济条件,很多单位把气象哨(组)建在辖区内的学校中。邓力群先生著的《当代中国的气象事业》(中国社会科学出版社,1984年出版)的第二章第二节"气象台站网的发展"中记述:气象哨作为全国气象台站网的补充,1958年在广大农村一度也曾有很大发展,有的建在中、小学校里,有的建在水库、畜牧场等地。农村气象哨紧密结合当地农业生产需要,开展气象服务工作,并在宣传、普及气象科学知识上起了一定的作用。

《山东省志·气象志》第二卷第二类第四辑中的"五、气象哨(组)"载:1958年,按照'农村气象化'的要求,在人民公社建立气象哨,生产大队建立观天小组。全省共建立气象哨1500多个,观天小组10万多个。气象哨(组)多设在中小学校和生产大队的科技队。

1976年5月20—22日,山西省气象局在稷山县召开"全省先进气象哨经验交流座谈会",会上指出:"把农村中小学的气象哨和四级农科网结合起来,这样就出现了群众学气象、办气象、用气象,使气象工作扎根于群众之中的新局面"。

在"全国气象化"运动中,把气象哨建在中小学校园中有多种原因,首先是当时农村中民众的文化水平比较低,虽然党和国家十分重视国民的文化教育,曾经开展一系列的民众教育运动,如扫盲、速成、夜学、冬学等,但还是难以应对迅速发展的"全国气象化";二是"教育与生产劳动相结合"的教育方针促使中小学师生积极参与;三是中小学教育的课本中也有气象科学知识的普及教育内容;四是20世纪50年代近10年的"爱国家、爱人民、爱社会主义、爱科学"的教育,激起了师生参与的热情;五是已经建立校园气象站的中小学具备了一定的基础,把他们结合到农村气象网中,加快了"气象化"的发展。基于上述原因,全国大批的中小学参与了“全国气象化”的建设，成为我国“气象化”运动一支不可忽视的生力军。

根据各省(自治区、直辖市)的《气象志》及相关资料记载表明，当时全国各地中小学参与了“全国气象化”建设的现象相当普遍，数量也相当可观。数量少的省份也有数十上百，数量多的省份达到数百所之多。如山东省有学校名称记录的有300多所，浙江省有学校名称记录的有100多所，其他各省(自治区、直辖市)的情况也相类似。

在参与“气象化”建设的学校大军中，很多学校都能够为当地的农业生产做出贡献，有的著文发布于报刊，有的受到国家和省、市相关部门的表彰，并被“志”“史”记载。如：

(1)云南省昆明市高峣小学红领巾气象哨(建于1958年夏)

见：《红领巾气象哨》刊登在《云南教育》1959年第2期。

(2)浙江省临安县玲珑山公社中心小学少年气象站(建于1958年10月)

见：任东流《小气象员》，浙江人民出版社，1962年出版。

(3)浙江省东阳市上卢初中红领巾气象站(建于1958年11月25日)

见：《东阳市志》卷三十《教育》第二章第三节“中学教育”(学校选介)。

(4)浙江省台州市天台县平桥中心气象哨(建于1958年)

见：《平桥中学简史》。

(5)浙江省乐清市虹桥镇第一小学红领巾气象站(建于1959年)

见：《学校简史》。

(6)广西壮族自治区桂平县罗播公社木根大队学校管天组(建于1963年)

见：《用辩证法指导管天》刊登在《气象》1976年4月30日。

(7)湖南省洪江市幸福路小学红领巾气象站(建于1964年)

见：曾庆丰《为祖国培养热爱科学的新人》刊登在《人民教育》1981年9月15日。

(8)四川省兴文县大坝小学红领巾气象哨(建于1964年)

见：《兴文县文史资料》第18辑，秦道新《四川省唯一的小学生气象观测哨》一文。

“气象化”运动是我国社会发展历史阶段的一场科学革命，这个运动对当时我国气象台站网的建设是极好的补充，对我国气象科学的发展和普及是一次有力的推动，对我国农业生产的发展做出了巨大贡献。其中尤其是把我国的校园气象科普教育和校园气象站的建设推向一个新高潮，这对于我国教育的发展也是一大不可磨灭的功勋。

从当时所建校园气象站的数量来看是相当惊人的，与新中国成立初期相比，不用说是一个跨越式的进步与发展；从各校园气象哨所开展的业务来看，各哨的基础装备已经达到最初级水平；从各哨都能够做出比较准确天气预报的情况看，可以看出当时科学普及的程度与效果；从各种报纸杂志上发表的文章来看，各地中小学师生的科学素质已经达到了一个可喜的高度；从国家和各级党政部门对校园气象哨的表彰情况看，其成绩已经得到社会的承认，并造成一定范围的影响；从各种“志”“史”的记载来看，他们的业绩与功勋已经载入史册，成为不可磨灭的永恒历史丰碑。

总之，1958年的“全国气象化”把校园气象科普教育推向深入，把校园气象站建设推向高潮。

第四节　人民公社里的校园气象哨兵

在中央气象局和各级组织的倡导下，全国迅速兴起了轰轰烈烈的“气象化”运动。在这个运动中，广大农村的村民积极参与了“气象化”建设，设立在农村的中小学学校师生也积极参与。不但有大批已经建立校园气象站的学校积极投入这个运动中，而且很多没有建立校园气象站的学校，在各级行政领导和气象部门的大力支持下，也纷纷建立起气象哨。因此，1958年以后在人民公社的广阔天地里，便活跃着一支支耕云播雨、战天斗地的小气象哨兵队伍。

一、陕西省西安市灞桥区神鹿坊小学红领巾气象站

陕西省西安市灞桥区神鹿坊小学红领巾气象站始建于1956年春，为贯彻落实党中央关于“教育与生产劳动相结合”的教育方针，根据小学自然、地理教学大纲建起，成立了由13位学生组成的气象活动小组。

红领巾气象站建立以后，他们通过参观学习掌握了气象科学的基础知识，学会了气象基本要素的观测与记录。通过一系列的气象科技活动，不但促进了小气象员们的课堂学习，而且还补充、延伸了课本知识，拓宽了视野，并融通到各门功课当中。

1958年，他们参与了轰轰烈烈的“气象化”运动，把气象观测、气象科学探究活动与当地的农业生产结合起来。他们以认真的态度，敬业的精神和准确的预报为附近农村的农业生产服务。他们在通过广播和预报牌将天气预报及时地传播给生产队，为生产队的农事安排和防灾减灾工作提供参考，有力地支援了附近农村的农业生产。同时，他们还为生产队培养了数名气象员，为当地驻军、公安、政府部门提供了大量的气象资料，被领导和群众称为“小参谋部”。

由于神鹿坊小学红领巾气象站在贯彻落实党的“教育与生产劳动相结合”的教育方针做出了显著成绩，特别是在“气象化”运动中，为当地的农业生产发展做出了较大贡献，1959年1月5—7日，陕西省教育局、陕西省气象局、西安市教育局在神鹿坊小学召开了“教育与生产劳动相结合现场会”，全省有221个单位、228名代表参加了会议。2月13日，中共陕西省委下发了关于《推广西安市灞桥区神鹿坊小学教育与生产劳动相结合的基本经验》的文件。2月23日，《陕西日报》发表了题为“在小学全面深入地贯彻党的教育与生产劳动相结合”的社论。灞桥区人委也于3月2—4日召开了贯彻省委通知会议。一时间神鹿坊小学红领巾气象站美名远扬，不但国内各地有不少代表络绎不绝地前来参观学习；而且在国际上也产生很大影响，古巴、苏联、日本、朝鲜及非洲等20多个国家和地区的代表也前来参观学习。

1959年9月下旬，陕西省西安市灞桥区神鹿坊小学校长张友民老师接到了庆祝中华人民共和国成立10周年筹备委员会的请帖，赴京参加国庆观礼团；9月27日下午，他又接到了毛泽东、刘少奇、宋庆龄、董必武、朱德、周恩来联合署名的请帖，邀请他到人民大会堂参加中华人民共和国成立10周年庆祝大会；10月1日上午10时，他与观礼团的成员一起登上了天

安门观礼台，与党和国家最高领导人近距离一起在天安门城楼的观礼台上阅兵和观看群众游行。

1959—1965年，张友民老师连续7次登上天安门城楼参加国庆观礼。一个普通的小学教师为什么会这样幸运？一个普通的小学校长为什么会获得这样高的荣誉？这是因为张友民校长出色完满地贯彻落实了党的教育方针；这是因为他领导的神鹿坊小学创办了红领巾气象站，做出了显著的成绩，得到了党和国家、社会与人民的认可。

《人民日报》《光明日报》《文汇报》《陕西日报》《西安日报》《人民画报》等新闻媒体均对红领巾气象站做了大量专题报道。中央新闻记录电影制片厂还把神鹿坊小学红领巾气象站拍成纪录片在全国各地放映。在此期间还保送多名品学兼优的学生去西安中学、西安外国语学院、西安音乐学院附中就读。

1959年校长张友民被选为西安市人民代表，并代表西北五省文教战线参加新中国成立10周年观礼。1961年5月，13岁的红领巾气象站站长被评为"陕西省气象红旗手"。

1965年2月，神鹿坊小学编写的《红领巾气象站》一书，由人民教育出版社出版发行，被收录于《小学生文库·自然》，配合中小学各学科课本使用。

二、浙江省临安县玲珑山公社中心小学少年气象站

临安县玲珑山公社中心小学少年气象站建于1958年10月，气象站内拥有风向风速计、百叶箱、干湿球温度表和最高温度表、最低温度表、毛发湿度计等气象观测仪器。他们先由六年级的几位学生进行观测，后吸收四、五年级的数十位同学组成气象观测小组。他们每天进行2次观测、记录，逐月统计整理。

少年气象站的成员通过学习与实践，不但补充、延伸了课本中的地理知识，而且还拓宽了科学视野。他们在熟练观测记录的基础上，还学会了天气预报，并积极投身到当时风靡全国的"气象化"运动，为当地农村的农业生产提供天气预报服务。

他们的短期天气预报曾经多次使当地的农业生产免遭气象灾害的侵袭，他们的中期天气预报曾为当地农村的农事安排提供参考。简陋的少年气象站，年少的小气象员为当地的农业生产发展做出了贡献，在当地的村民心目中取得了信任，树立起了良好的形象。

少年气象站的活动引起了社会关注，公社党委给他们送来了所需的材料，县气象站派员指导，并赠送部分气象仪器，使少年气象站的装备更加完善，天气预报技术迅速提高。公社和县气象站参考了他们的观测数据与天气预报，为当地的农业生产提供服务。

1962年12月，他们撰写了《小气象员》一书，由浙江人民出版社出版。

三、浙江省东阳市上卢初中(东阳六中)红领巾气象站

东阳市上卢初中(东阳六中)红领巾气象站由校长赵侑生老师于1958年11月25日创办。初建时期设备非常简陋，只有自制的风向标和普通温度表，后来在县气象站的帮助下逐步完善。

上卢初中红领巾气象站从建立伊始就投入到"气象化"运动中，他们除了为学校附近的农村生产队提供实测气象数据外，还学习做短期、中期和长期天气预报服务。

他们天气预报服务的范围最初只有学校所在地六石一个村，后来扩大到六石全公社200多个村，接着又扩大到东阳全县乃至金华全地区。根据县气象站保存的资料显示，他们短期预报和中期预报的准确率均达到较高水平。

上卢初中红领巾气象站的天气预报服务，曾为当地农业生产中防灾减灾提供预警信息，极大程度地减少了气象灾害造成的损失，也为当地农事安排提供可靠的参考依据。校长、红领巾气象站创始人兼辅导员赵侑生老师曾将他们的经验撰写成《在中学地理教学中怎样配合农业生产开展气候活动》，发表在《地理教学丛刊》1959年第二辑上，作为成功的实例介绍给全国的中小学，借以参考。

上卢初中红领巾气象站的活动成为浙江省、金华地区"教育与生产劳动相结合"的示范典型，受到省、地行政部门的表彰。1959年12月，受到了共青团中央、全国总工会、全国妇联的通报表扬。他们的事迹被《东阳市志》和《东阳大事记》记载，赵侑生老师的事迹由楼烈英撰成《"红领巾气象哨"创办者赵侑生》一文载入了《东阳文史资料》第16辑。

四、云南省昆明市高峣小学红领巾气象哨

云南省昆明市高峣小学红领巾气象哨创建于1958年秋，该哨是在贯彻党的教育方针，自然课程的教育内容和"气象化"等因素的引发下创办的。整个创办过程所需的经费、仪器、安装、技术培训等都是太华山气象台全力给予支持的。

红领巾气象哨由少先队副大队长担任哨长，由12名优秀少先队员作基础成员组成。初建时期的运转是气象观测。在学习观测的过程中，不但使小气象员们课本中学到的理论知识联系了科学实际，而且还进一步丰富了理论知识，并熟练地掌握了一定的科学技术，提高了课堂教学的实际效果。

通过学习与教育，还培养了他们不怕艰苦，认真负责的工作态度，使他们不管在任何恶劣的天气情况下都坚持不懈地准时进行观测工作，因此，小气象员们的气象观测数据得到了上级气象部门的认可并采用参考。

气象科技活动是非常培养人的，通过学习与教育，小气象员们懂得了气象工作与工农业生产的关系非常密切，因此他们还学会了作天气预报，为学校附近的工农业生产提供服务。如玻璃厂的工人根据红领巾气象哨的预报，对高炉的炉温进行调整；生产队根据红领巾气象哨的预报，及时部署防霜防冻工作。因而，小气象员们的工作得到社会各界的肯定和赞扬。

高峣小学也曾撰文，以"红领巾气象哨"为题刊发在《云南教育》1959年第4期上，以示对红领巾气象哨和小气象员们工作的赞赏。

五、湖南省洪江市幸福路小学红领巾气象站

湖南省洪江市幸福路小学红领巾气象站是闻名全国的校园气象站，建于1964年10月1日，创建人是该校特级教师曾庆丰老师。

他们建站的条件非常艰苦，观测场是老师带领学生利用课余时间一锄锄挖出来，初用仪器大部分都是自己制作；不懂气象知识就向气象部门的同志学习，向老农民请教，购买气象方面的书籍自己学习，逐步懂得气象知识和掌握观测技术。

在红领巾气象站开始常规运转以后，他们就开始进行每日3次的气象观测，不论假日、节日或寒暑期，不论刮风下雨或严寒酷暑，从来没有缺测过一次。1965年以后，他们尝试进行本地区的气象预报工作，为工农业生产和居民预测风云。

他们还积极参与"气象化"网站工作，为学校附近的大工厂和农村生产队开展天气预报服务。他们建立了气象观测记录，认真收集整理气象资料，并饲养了小鱼、蚂蟥、泥鳅等动物，进行物象观测。还经常利用假日走访老船工、老农民，收集民间看天经验和农谚一千多条。他们把天气观测、物象观测、看天民谚和电台预报结合起来，逐步掌握了及时、准确预报天气变化的主动权。

红领巾气象站经过刻苦学习和实践，收集整理了一册《洪江地区气候资料汇编》，制作出日温度变化和气压、湿度、温度的折线图，并尝试做天气预报。他们通过观测气象的实践，增强了为工农业服务的好思想，提高了分析问题的能力，磨炼了科学意志，养成了热爱科学实验的习惯，学到了许多从课堂上学不到的自然科学知识，进一步加深了对书本知识的理解，有利于德、智、体的全面发展。

红领巾气象站的活动不仅培养了学生动手、动脑的能力，还为本区积累了丰富的气象资料，并承担洪江气象预报的重任。小气象员在国家及省、地各类竞赛中成绩显著，该站先后被授予全国气象系统先进集体、省"红旗单位"等光荣称号，其事迹曾被《人民日报》《人民画报》及其海外版、中央新闻电影制片厂、中央电视台等多家新闻单位报道，并多次被搬上银幕，多次夺得国家及省级科技成果奖，红领巾气象地震站名扬海内外，辉煌灿烂的成果载誉三湘。

六、四川省兴文县大坝小学红领巾气象哨

四川宜宾兴文县大坝苗族乡地处川、滇交界中心地段，是长江上游支流古宋河的发源地。这里群山环抱小盆地，盆地中河渠交错，丘陵成梯状连接云贵高原，地理环境复杂，气候多变，农业生产受地理因素、气候因素影响较为明显。1964年夏，兴文县大坝小学在省、市、县气象部门的支持下，兴文县大坝小学由秦道新老师等创办了"红领巾气象观测哨"。

红领巾气象观测哨建成后，按照气象部门地面气象观测站的规定，坚持每日02时、08时、14时、20时的4次定时观测、记录；他们坚持每日向全体师生报告当天的天气情况，坚持每月举办一期《气象专栏》刊物；坚持开展培训、考核小气象员活动；坚持每学期两次为全校师生举办气象知识专题讲座，使气象哨活动逐渐成为师生们眼中的气象科普乐园。

大坝小学"红领巾气象观测哨"还承担为当地的农业生产服务的重担，坚持每日在黑板报上作"大坝中心区域"气象预报；又把预报刻印几十份交区委发到各公社，作为指导农业生产的参考，遇有突发的特殊天气，就在区用电话通知全区，采取紧急措施。红领巾气象观测哨的长年预报为当地的农业生产提供了及时服务，为农业生产发展和农事安排提供参考。

同时，大坝小学"红领巾气象观测哨"还承担长江水系水文观测任务，每到规定标准，即使深更半夜也要即时向宜昌、宜宾、纳溪、叙永、昆明、重庆、马鞍山、豆腐石等地方拍发雨情报（R报），为综合治理长江、三峡工程的建设做出了贡献。"红领巾气象观测哨"的雨量观测记录都被载入每年的《中国水文年鉴》。

大坝小学“红领巾气象观测哨”的气象观测活动，为当地的工农业生产发展和长江水系建设提供服务，做出成绩和贡献，多次受到了中央、省、地、县、区、社各级党政领导和气象部门的赞扬和表彰。

“气象化”运动推动了我国气象事业的大发展，也同时推动了校园气象站建设的大面积发展，不但为我国广大农村的中小学教育中的课外活动和科技教育创设了广阔的天地，还为祖国未来人才的培养提供了优越的条件和肥沃的土壤。

第五章　校园气象科普教育的过渡
（1966—1976年）

1966年5月，“文化大革命”席卷全国，所有中小学均陷于“停课闹革命”停顿状态，部分校园气象站也受到了很大的冲击和影响，基本上处于停顿状态。但也有个别的校园气象站坚持工作，如湖南省洪江市幸福路小学红领巾气象站、四川省兴文县大坝小学红领巾气象哨等。

1966年9月7日，《人民日报》根据毛泽东的指示，发表了题为“抓革命，促生产”的社论。1967年10月14日，中共中央、国务院、中央军委、“中央文革”小组联合发出《关于大、中、小学校复课闹革命的通知》，大部分中小学生陆续回到课堂，新生也开始入学。当时已建的校园气象站也重新开始运转。

1969年4月1—24日，中国共产党第九次全国代表会议召开后，落实政策，加强团结，恢复秩序，全国局势处于平稳发展。1970年8月，国务院召开“北方地区农业会议”，宣告“农业学大寨”运动进入新阶段——“建设大寨县”。从而全国各地的校园气象站进入常规运转状态，新的校园气象站建设又形成风潮。

第一节　“农业学大寨”运动中的校园气象哨

“农业学大寨”运动是在中国共产党最高层领导的直接部署和指挥下进行的，是一场中国社会历史阶段的全国性、群众性的波及所有领域的运动，运动的时间长达十数年。运动期间，各行各业、各单位、各部门都非常积极地参与其中。

一、教育部门学大寨

在轰轰烈烈的“农业学大寨”运动中，教育是积极参与的部门，并通过贯彻“五·七指示”，实施“开门办学”等一系列“文化大革命”中的教育革命，对“农业学大寨”运动做出了积极的响应。

在“农业学大寨”运动中新建的校园气象站很多，做出成绩的也很多。如广西壮族自治区桂平县罗播中心小学“少先队气象哨”。该哨建于1970年，曾为当地的农业生产发展发挥了作用，做出了成绩，得到了社会的公认，造成了一定的影响。

“文化大革命”前建的、在“农业学大寨”运动中发挥作用做出成绩的校园气象站也有很多，如湖南省洪江市幸福路小学红领巾气象站、四川省兴文县大坝中心小学红领巾气象哨。

湖南省洪江市幸福路小学红领巾气象站创办于1964年10月1日，1974年更名为红领巾气象地震站。该站在“农业学大寨”运动中不但为洪江地区积累了丰富的气象资料，而且还承担洪江气象预报的重任，为当地的农业生产提供极好的服务，曾受到国家和省、市政府部门的多次表彰。

四川省兴文县大坝中心小学红领巾气象哨创办于1964年，他们除了进行每日3次的气象观测以外，还进行短期、中期和长期天气预报。在“农业学大寨”运动中，为当地的农业生产提供优质服务，多次受到省、市、县政府部门的表彰，1978年被推为四川省双学先进单位，参加“全国气象部门学大寨学大庆代表会议”，受到党和国家领导人的接见。

在“农业学大寨”运动中，校园气象站在当时农业生产的发展中发挥了一定的作用，同时也促进了自身的发展。

二、气象部门学大寨

在“农业学大寨”运动中，气象部门在政治思想认识、业务建设、队伍建设、技术改造等方面采取了一系列切实有效贴近农业的政策措施。

其一是政治思想认识，中央气象局号召各级气象部门明确气象服务的方向，要切实把气象工作纳入以农业为基础的轨道，坚定不移地把农字放在第一位，以革命加拼命的精神，全面提高各项业务质量，向服务的深度和广度进军。

其二是加快业务建设，要坚持唯物辩证法，深入调查研究，围绕普及大寨县和建设社会主义大农业的需要，制定预报改革规划，实行“图资群、大中小、长中短”3个结合，集中力量打歼灭战，使预报服务质量有一个显著提高。要按照中央领导同志批示转发的《全国防雹经验交流会议综合简报》的精神，争取在基本原理、发射工具和效果检验等方面有所突破。

其三是气象科学队伍建设，要依靠群众办气象，把气象工作扎根于群众之中。这对造就气象队伍具有深远意义。在大办农业、普及大寨县的群众运动中，为适应加快建设社会主义大农业的需要，要结合四级农业科学实验网，积极建立以社、队气象哨（组）为主体的农村气象网，把国家气象台站和民办气象哨（组）紧密结合起来，充分发挥专业队伍的作用，有计划地深入到“三大革命”运动的第一线，走与工农相结合的道路，更好地为普及大寨县服务。

其四是气象技术改造，加强农业气象工作，紧密围绕农业八字宪法、科学种田、引种改制方面的气象问题，发挥和利用气候资源，逐步建立一套当地化的农业生产服务指标和农业气象业务技术方法。

由于上述一系列切实有效的措施，使我国的气象事业有了迅速的发展，并在“农业学大寨”和“建设大寨县”的运动中发挥了积极的作用。在“气象科学队伍建设”这一项措施中，秉承了“大跃进”时期大办气象哨（组）的办法，在农村人民公社、生产大队、生产队建立了大批气象哨（组），不但把已经建立的校园气象站也纳入气象服务队伍中去，而且还帮助一批中小学建立校园气象站。

在“农业学大寨”和“建设大寨县”运动中，气象部门对校园气象站建设情有独钟，不但帮助建站，而且还派员进行辅导、培训，将他们所获的气象观测资料进行充分运用，使他们的活动在发展农业生产中发挥积极作用。这样在主观上发展了校园气象站的建设，在客观上深化了校园气象科技活动的内涵，为小气象员们传授了气象科学知识与技术，树立了科学意识，传承了科学精神，提高了全面素质。这从当时很多报纸杂志上所发表的文章中可以得到见证。

三、在“农业学大寨”运动中成长起来的校园气象站

在“农业学大寨”和“建设大寨县”的运动中，在气象部门的帮助和支持下，一批新建的校园气象站破土而出，大批小气象员迅速成长。现摘录部分作为见证。

(1)广西壮族自治区桂平县罗播中心小学“少先队气象哨”(建于1970年)

见:《桂平县教育志》《学校选介》。

(2)福建省邵武县桂林中学气象哨(建于1971年)

见:《邵武县桂林山区的气候与双季稻生产》，刊于《福建农业科技》1975年3月29日。

(3)江苏省建湖县新阳中学气象哨(建于1971年)

见:中央气象局编《群众管天·太阳、云与天气》，农业出版社，1976年出版。

(4)湖南省桃江县伍家洲中学气象哨(建于1971年)

见:《气象科技资料》1975年第5期《儒法斗争对全国气象科学发展的影响》。

(5)湖南省桃江县大力港中学气象哨(建于1971年)

见:《田螺与天气》，刊于《气象科技资料》1975年6月30日。

(6)山东省肥城县安庄公社中学气象哨(建于1971年)

见:《山东气象》1977年第5期《向贫下中农学习为贫下中农管天》。

(7)四川省平昌县西兴中学气象哨(建于1972年1月31日)

见:《三化螟发生的温度指标》，刊于《气象》1977年8月29日。

(8)山西省昔阳县凤居公社五七农校气象哨(建于1972年5月)

见:《人民教育》1978年5月31日《华主席来到咱农校》一文。

(9)上海市宝山县刘行中学气象哨(建于1972年)

见:《上海农业科技》1974年第4期《开门办学为农服务》。

(10)四川省綦江县隆盛小学红领巾气象哨(约建于1972年)

见:《管天小哨兵》，载于《少先队问答》。

(11)上海市宝山县罗店公社五七中学气象哨(建于1973年前)

见:《气象》1975年第11期《“三麦一条沟”试验》一文。

(12)天津市杨柳青三中气象哨(建于1973年9月)

见:《天津教育》1976年第2期《杨柳青三中为农服务的小气象哨》。

(13)上海市继光中学气象小组(建于1974年)

见:杨关坭《我校是如何开展地理第二课堂——气象活动的》，刊于《中学地理教学参考》。

(14)辽宁省营口县博洛铺公社中学气象哨(建于1974年)

见:《新农业》1975 年第 6 期《玉米大垄密植的气象条件》。

(15)安徽省和县石杨中学气象哨(建于 1974 年前)

见:《气象》1977 年第 10 期《“火烧天”与未来天气》一文。

(16)广东省阳春县阳春中学气象哨(建于 1974 年前)

见:《气象》1977 年第 8 期《卷积云与未来天气》一文。

(17)广西壮族自治区富川县朝东中学气象哨(建于 1974 年)

见:《富川文史资料》第 8 辑 1993 年 12 月,126 页。

(18)重庆市北碚区大磨滩小学红领巾气象站(建于 1975 年)

见:《气象科技活动》,气象出版社,2011 年出版。

(19)山东省文登县宋村中学气象哨(建于 1975 年 7 月)

见:《气象知识》1982 年第 2 期。

(20)上海市永红中学气象小组(建于 1975 年春)

见:《少年气象活动》,上海人民出版社,1975 年出版。

(21)上海市崇明县港西中学气象哨(建于 1975 年)

见:《上海农业科技》1977 年第 1 期《平整地移栽麦高产》一文。

(22)江苏省常州市第一中学气象哨(建于 1976 年 4 月)

见:《中学地理教学参考》1980 年第 2 期《略谈我校气象哨的建立和活动》一文。

(23)河南省林县姚村学校气象哨(建于 1976 年前)

见:《气象》1978 年第 5 期《雾上垴晴不好,雾下沟晒石头》一文。

(24)上海市青浦县重固中学气象哨(建于 1976 年前)

见:《气象》1978 年第 5 期《合理开沟防治三麦湿害》一文。

第二节　校园气象哨(组)的迅速运转与成效

在“农业学大寨”和“建设大寨县”的运动中,在很短的时间内同时建立了大量的农村气象哨(组),并迅速地投入运转,这就需要气象部门和主建单位投入一定的财力与人力。建哨比较简单,只要购买一些必要的器材,请气象部门的技术人员帮助安装就可以了。难的是气象知识的传播和技术技能的掌握。为了解决这一问题,各地的气象部门举办了多期各种形式的短期培训班,同时派技术人员到各哨组进行传帮带,促使各哨组人员迅速上岗操作,在学中干,干中学,边干边学边实践边提高。这样,一张遍布全国农村的气象网络迅速地建立和运转起来了。

为了帮助气象哨(组)的工作人员丰富气象知识,掌握和熟练气象工作的技术技能,提高气象服务的质量,中央气象局和地方气象部门编撰出版了很多介绍气象科学知识、气象业务技术,指导青少年学生气象科技活动和各地气象哨(组)工作经验的书籍。

一、气象业务技术自学提高的书籍

农村气象哨(组)的任务,一是观测、搜集气象资料为气象部门提供天气预报的依据;二是为当地的农村生产队提供小区域的天气预报服务。由于当时的农村气象员都是仓促上阵，知识匮乏，技术不熟练，为了帮助他们迅速提高，所以各地气象部门编撰一批通俗易懂的指导性书籍，供他们进行自我提高。当时应用比较广泛的有如下几种。

（一）《观天看物识天气》

《观天看物识天气》一书系广西壮族自治区宜山县气象站于1973年初编撰，1973年8月由广西人民出版社出版，供广大气象哨（组）的气象员自学的气象业务技术书籍。全书选编了广西壮族自治区宜山县群众办气象过程中，经过验证的天气谚语。内容分为天象、物象两大部分。

天象部分选编了60条描写天气变化时天空出现各种影像的天气谚语。每条谚语都配有一段通俗易懂的文字描述与说明，还配有一幅本条谚语描述的天空影像的彩色图片。

物象部分选编了29条描写天气变化时地面动植物所表现出来的各种现象的天气谚语。每条谚语也配有一段通俗易懂的文字描述与说明，还配有一幅本条谚语描述的动植物各态的人工绘制图片。

编撰本书的目的在于充分运用群众预测天气的经验，结合气象台站天气预报，更有成效地利用有利的天气条件，预防和克服不利的天气条件，使气象工作更好地为社会主义工农业生产服务。

本书出版后受到广大气象哨（组）气象员的欢迎，1974年4月出版社又再次出版印刷，发行量达到28万多册，可见该书在当时群众办气象运动中是产生过一定影响的。

（二）《云与天气》

《云与天气》一书系上海市气象局于1974年初编撰，1974年5月由上海人民出版社出版，专供广大气象哨（组）气象员学习的气象业务技术书籍。

本书以中央气象局编撰的《中国云图》和其他相关单位编辑出版的云图为依据，选编了19种低云、10种中云，18种高云、1种地形云、5种天气现象。每种云和天气现象都附有简明扼要、通俗易懂的文字描述。在描述云时，还着重说明该云种出现时可能会出现的天气变化；在描述天气现象时，除了说明该天气现象出现的原因、过程和造成的影响外，还附带说明这种天气现象出现时可能出现的云状。

编撰本书的目的在于帮助广大气象哨（组）的气象员更好地熟练和提高看云识天的本领，更好地掌握天气变化的规律，以战胜自然灾害，为社会主义建设中的工农业生产服务。

（三）《天有可测风云》

《天有可测风云》一书是江西省气象局为广大农村气象哨（组）的气象员编撰的气象业务技术指导书籍，1975年8月由江西人民出版社出版。

该书内容包括群众管天方法、天气图预报方法、单站预报方法、新技术在天气预报上的应用4章。

“群众管天方法”一章主要介绍天气谚语，分为风、云、雾、天空景象、雨雪霜露、雷电、冷暖、节气、和物象9小节。每节中除了具体详细描述该要素的成因、过程、表现方式外，还讲述了通过对这一要素的观测和分析，可以预测出各种不同的天气变化情况。如“风”这一节，先叙述风的产生，接着叙述风的16个方位来向和风力的12个等级。然后叙述根据风的来向和风力大小情况等规律，进行晴雨、大风、寒潮等的预测。

“天气图预报方法”一章主要介绍运用天气图进行天气预报的方法。内容包括：天气图是什么、高气压、高压脊、低气压、低压槽和锋面6小节。每小节除了叙述天气变化因子的原理外，还叙述这些因子变化与天气的关系。

“单站预报方法”一章包括：单站天气预报的制作、简易天气图预报方法、资料图表预报方法、地形对天气的影响等5个小节。“新技术在天气预报上的应用”一章主要介绍现代化技术的应用。内容包括：雷达测雨和卫星云图2个小节。

《天有可测风云》一书出版发行以后，对江西省农村气象哨（组）气象员的技术素质和农村气象网络服务质量的提高发挥了积极的作用。

（四）《风云可测》

《风云可测》一书是安徽省休宁县气象局《风云可测》编写组编写的气象科学普及读本，1976年9月由商务印书馆出版发行。该书内容相当丰富，包含的知识量也比较大，系统性也比较强；全书13.6万字，共268页，是一部可读性较强的气象业务指导书。

全书共有从大气谈起、风云变幻气象万千、风云可测人能管天、异常天气预防措施、改造自然控制天气5章。

“从大气谈起”一章包含了什么叫大气、大气分层、大气运动、天气与人类的关系、天气与地震等小节，是气象科学的基础原理和知识。了解大气与大气运动的状况是掌握天气变化的根本，所以对农村气象员的气象技术素质的提高，必须从基础知识的掌握开始。

“风云变幻气象万千”一章包含了冷和热、露霜雾、云雨雪、气压和风等内容。本章叙述了天气变化的原理及天气变化所产生的现象。如“冷和热”一小节就叙述了“形成天气现象的能量”“四季的冷热”“我国四季状况”“盛夏的三伏”“严冬的九九”“春暖和春寒”“早晚凉中午热”“海陆冷热的变化”“高处不胜寒”“气温与农业”“我国的气温分布”等内容。

“风云可测人能管天”一章包含了天气观测、天气形势、天气预报、观天看物测天气、二十四节气与农业生产等内容。“异常天气预防措施”一章包含御寒潮、防霜冻、战台风、消冰雹、斗龙卷、避雷电、拒热风、抗旱涝等防灾减灾的知识与措施。“改造自然控制天气”一章包含“治山治水兴利除害”“植树造林改造气候”“驱云造雨人定胜天”等防治气象灾害的方法与措施。

该书已经具备了气象科学体系的基本框架，从结构特点上看，能够循序渐进、由浅入深；从语言特点上看，能够做到浅显通俗。这对指导当时的农村气象员和青少年学生学习气象科学知识，掌握气象观测和预报技术等，可以说是一部较好的气象业务技术指导书。

二、青少年气象科技活动指导书籍

上述书籍的出版发行对当时全国农村气象网络建设有着极大的推动和巩固作用。就指导和阅读对象而言，既有农村气象员，也有青少年学生。然而当时还出版面世了专供为青少年学生学习的指导书籍。

(一)《少年气象活动》

《少年气象活动》一书是上海市气象局专门针对中小学学生开展气象活动的指导书，1975年5月，由上海人民出版社出版，第一次出版，印数达到10万册。

全书包含“气象工作为人民服务”“气象观测”“天气预报”“学校怎样开展气象活动”“附录”5章。

为了让青少年学生对气象工作有一个大概了解，该书在开头部分就安排了“气象工作为人民服务”一章，首先说明我国的气象事业是人民的事业，接着阐述怎样学习气象知识，掌握气象技术为人民服务，使青少年学生懂得气象工作的重要性和社会意义。接着介绍了气象观测的仪器与设备，怎样做好气象观测工作。怎样进行天气预报及气象科学技术的发展历程。

在“学校怎样开展气象活动”一章包含了“气象观测”“天气预报”和“向群众学习看天、管天经验”三个小节。在“气象观测”小节中，专家们在介绍了观测场的建设和仪器设备的安装以后，特别强调了认真坚持长期观测积累资料的重要性。

该书以上海永红中学成立红领巾气象站，请气象局专家指导的形式来编撰，全书既有政治思想方面的教育，也有气象科学知识和技术的系统传授。特别是该书在“内容简介”部分中强调了当时在“农业学大寨”和“建设大寨县”运动的推动下，很多学校建立起校园气象站，缺乏相关的指导书籍，特别编撰了这本“少年气象活动”的业务指导书籍。

(二)《红小兵气象组活动手册》

从“大跃进”“气象化”年代开始，到“农业学大寨”和“建设大寨县”运动，广西壮族自治区桂平县是学校参与农村气象网络建设比较典型的县份，特别是其中的罗播公社就有好几所学校参与，不但长期坚持，而且还做出具有国内和国际影响的好成绩。

《红小兵气象组活动手册》一书是桂平县气象站和罗播公社三罗学校红领巾气象哨联合编写的，编写的时间应该在20世纪70年代以前。

《红小兵气象组活动手册》全书共三章，第一章“为革命观风云，为人民管好天”，主要叙述对红小兵气象组活动的认识及其意义。第二章“气象组织机构”，阐述了气象活动的组织形式和规章制度。这是此前其他相似书籍都尚未涉及的新课题。虽然他们阐述得不够全面，但已经表明了他们“严密的人员组织是活动长期持续开展的保证”这一先于他人的进步观点。第三章“气象组织活动形式”是全书的重点，分为4节，分别叙述了相关知识、技术、方法、方式等内容。

《红小兵气象组活动手册》一书虽然没有正式出版，但编写、印刷、装帧等都非常正规和考究，充分说明了他们的认真态度和敬业精神。

该书在前言中说：我校在贯彻、落实毛主席关于“学生以学为主，兼学别样”的指示中，坚持开门办学，把学“农业气象知识”作为兼学别样的重点之一来抓。通过实践，使学校气象组织能密切地配合生产季节开展预报服务。为巩固发展学校气象组织，培养更多的农村气象员，使教育革命更好地为“三大革命”运动服务，更好地贯彻执行“既为国防建设服务，同时又要为经济建设服务”的气象工作方针。

这段前言既反映了当时学校参与“农业学大寨”和“建设大寨县”运动的情形，也使我们看到当时学校师生开展气象活动的热情和态度，特别是思想和精神。

三、气象工作经验介绍的书籍

在许多气象业务指导书问世的同时，也有很多关于开展农业气象服务经验总结和优秀气象站哨介绍的书籍编辑出版。其中比较经典的有中央气象局编撰的《气象哨兵》和《群众管天》两部。

（一）《气象哨兵》

《气象哨兵》一书系中央气象局编撰，1975年3月由农业出版社出版的专门介绍不同地区、不同特色的农村气象哨的先进事迹和办哨经验的书籍。

全书共16篇文章，其中有的是办哨经验交流的文章，有的文章介绍了农村气象哨的先进事迹。

《红小兵管天》一文是介绍湖南省洪江市幸福路小学红领巾气象站先进事迹的报道，是书中4篇先进农村气象哨介绍中规格最高的一篇。该文由人民日报通讯员撰写，原刊登在《人民日报》1973年5月29日的版面上，又被中央气象局收录于《气象哨兵一书》。

湖南省洪江市幸福路小学红领巾气象站是当时全国千千万万个校园气象站之一，但该站却是全国的典型，是大家学习的榜样。他们办哨的时间久远，经验丰富，事迹感人；他们的办哨经验和为农业服务的事迹被国家、省、市等政府部门所公认，他们的事迹被全国很多报纸杂志刊登，被很多书籍收录。

（二）《群众管天》

《群众管天》一书也系中央气象局编撰，1976年5月由农业出版社出版，是专门介绍各地农村气象哨为农业服务经验的书籍。

全书共收录19篇文章，介绍为农业服务经验的有18个单位，其中还有2个校园气象哨的经验被收录：一个是福建省邵武县桂林中学气象哨，一个是江苏省建湖县新阳中学气象哨。

福建省邵武县桂林中学气象哨的经验介绍文章题目是《战胜“三寒”种成双季稻》，该哨建于1971年，是一个活动开展得较为突出，经验比较丰富的单位，经常有文章见诸各种报刊杂志，所以也引起了中央气象局的关注。

江苏省建湖县新阳中学气象哨也建于1971年，多年活动积累了比较丰富的经验，也获得很多成绩，曾引起省、市、县相关部门的关注，并得到表彰。中央气象局在编撰《群众管天》一书时，也收录了新阳中学气象哨所著的《太阳、云与天气》一文。

“农业学大寨”和“建设大寨县”是我国特定历史时期的大运动，对于这个运动，虽然有着各种不同的历史评价，但对于推动我国校园气象科普教育和校园气象站建设的发展应该是无疑的。

第三节　“小学员”管天

在“农业学大寨”和“建设大寨县”运动中，全国各地的中小学都积极地参与了国家农村气象哨（组）网络的建设，积极地参加到气象为农业生产服务的工作中来。中小学师生参与这项工作，不但加快了国家农村气象哨(组)网络的建设与发展，而且也促进了我国校园气象科普教育和校园气象站建设的自身发展。

参与气象为农业生产服务，既是一种科学实践活动，更是一种科学学习与探索过程。在这个过程中，各地中小学师生不但为我国农业生产的发展做出了巨大贡献，引起国家、省、市政府部门领导的重视与关注，在国内甚至在国际上都产生了很大影响，获得国家、省、市相关部门各种奖项；而且还在活动实践中获得了大量的科学知识、科学方法与技术，促进了一代人才的加速培养与茁壮成长。

一、在科学实践中获取知识提高素养

农村气象服务网络中的气象观测、气象预报、气象探究等，从功能性质上来说是一种科学工作；但对于中小学生来说，既是一种科学工作，更是一种科学知识学习、科学素养培养、科学能力发展、全面素质提高的实践活动过程。

青少年乐于在活动中获取知识，在活动中发展能力。小学生感性认识较强，富于想象；中学生知识面渐宽，思维处于感性向理性过渡阶段。

科学实践活动的自身特点与青少年的认知要求和心理特点相吻合，体现了它独特的育人功能：一是充实学生的生活，扩大学生活动的领域，密切学生与社会、自然界的联系；二是激发学生的兴趣爱好，发展学生的特长，培养学生的开拓精神和创造才能。

气象科学实践活动的丰富内容为青少年提供了接触大自然、了解自然的机会，能够激发学生兴趣，使他们在愉快活动中得到学习锻炼，促使他们独立地运用自己的知识、智慧，去发现问题、分析问题、解决问题，自觉地把课堂中学到的知识运用到实际中去，寓知识于活动中，在活动中接受知识教育，在活动中思维得到训练。

一个人的全面素质提高不是一朝一夕形成的。在中小学阶段形成一个良好的素养，接受良好的科学教育，参加必要的科学实践活动锻炼，形成勤于研究、勤于探索、勤于思考的习惯，特别是形成创新精神，对人的一生至关重要。

气象科学工作的具体实践，为中小学生提供了一个优秀的科学实践活动学习锻炼的平台与载体，使他们在各方面都得到了进步与发展。

1975 年，湖南省桃江县伍家洲中学气象哨的气象员，在 600 多天的时间里，对蚂蚁做了 1200 多次的观察实验，从中总结出了 5 种预报天气的指标，并撰写成《蚂蚁与天气》科技短文发表在《气象科技资料》杂志 1975 年第 6 期上。

湖南省桃江县大力港中学气象哨的气象员周伏员同学，在一个小水池中放养了 100 多个大田螺，并经过长期、系统的观察，发现田螺的活动与春天的天气有一定的联系，验证了“田螺浮水面，风雨不久见”的当地谚语，并撰写成《田螺与天气》科技短文，发表在《气象科技资料》杂志 1975 年第 6 期上。

从这两个实例可以看出，气象科学活动引发了中小学生对科学探究的浓厚兴趣；培养和锻炼了他们的观察分析能力，学习掌握了科学方法，增长了科学知识，培养和锻炼了他们的观察、分析和判断能力。

同时，他们的探索与总结为当时农业气象的准确预报提供了科学依据与参考，像这样的例子在当时实在是相当多的。

如湖南省洪江市幸福路小学红领巾气象站的小气象员，他们对蚊子进行了3年多时间的观察，总结出了蚊子的活动与天气变化关系的总体规律，撰写成《蚊子与天气》科技小论文，给当地的农业天气预报提供参考。因此，该文不但获得了全国奖项，还在中央人民广播电台上播出。

又如江苏省建湖县新阳中学气象哨的小气象员们，通过对早、晚太阳的颜色和各种云的变化的长期观察，总结出太阳、云和未来天气的10种变化关系，并撰写成《太阳、云和天气》一文。他们的总结为当地和国家气象主管机构认可，所以该文被中央气象局编撰的《群众管天》一书收录。

另外，安徽省和县石杨中学气象哨中学的《"火烧云"与未来天气》(见《气象》1977年第10期)；广东省阳春县阳春中学气象哨撰写的《卷积云与未来天气》(见《气象》1977年第8期)；河南省林县姚村学校气象哨撰写的《雾上垴晴不好，雾下沟晒石头》(见《气象》1978年第5期)，这些文章与上述也属同类情况。

二、为农业服务做贡献

校园气象站的气象科技活动为当地的农业生产发展服务并做出贡献的例子确实不少，下面分成几种情况分别叙述。

首先是校园气象站对突发的灾害性天气的及时预报，为当地的政府部门及时发布抗灾减灾的政令，为当地的公社与生产队及时采取应急措施，使农业生产和财产免受气象灾害所造成的损失。这类情况极为普遍，次数又极为频繁。如陕西省西安市灞桥区神鹿坊小学红领巾气象站、四川省兴文县大坝小学红领巾气象哨等，都无数次及时为当地农业生产预报提供突发的灾害性天气信息，避免了由于气象灾害发生所造成的损失。像这样的实例极多，这里就不予赘述。

其次是为农田基本建设提供气象依据，这类例子也有不少。如上海市宝山县罗店公社五七中学气象哨撰写的《"三麦一条沟"试验》(见《气象》1975年第11期)。

上海地区地处东海之滨，冬雨少，春雨多。为了采取相应措施，调节田间小气候，适应作物生长的需要，使麦子在发芽、分蘖、拔节、孕穗、开花、灌浆、成熟等各个生长阶段，能够适应外界条件的要求，上海市宝山县罗店公社五七中学气象哨的小气象员们，根据当地的气象条件，进行"三麦一条沟"的科学试验。经过2年多的反复试验取得成功，为罗店地区三麦产量的提高起到了促进作用，得到了公社党委和广大社员群众的称赞与好评。

罗店公社五七中学气象哨的小气象员们，继"三麦一条沟"的科学试验后，又进行了"油菜田一条沟"的试验，也取得成功。

又如，上海市青浦县重固中学气象哨的《合理开沟防治三麦湿害》(见《气象》1978年第5期)，这类例子还有很多。

其三是为贯彻"农业八字宪法"提供气象参考，这类例子就更多了。如辽宁省营口县博洛铺公社中学气象哨的《玉米大垄密植的气象条件》(见《新农业》1975年第6期)。

1974年，博洛铺公社中学气象哨的气象员们，在学校的学农基地上开展了农业气象科学实验活动，观察和比较玉米大垄密植在不同行距的地块上的农田小气候。实验设3个小区，小区面积、垄向、种植品种、施肥、田间管理都相同，只是行株间距各不相同。经过试验得出结论：在合理密植的前提下，适当加大行距，缩小株距，调节植株群体在田间的发布状况，可以充分利用当地的气候条件，改善农田小气候，对于促进作物的生育和提高单位面积产量是有一定的科学依据的。

博洛铺公社和周边地区的农业生产单位，根据博洛铺公社中学气象哨的“玉米大垄密植的气象条件”试验的结论，改进了种植方法取得了丰收。

校园气象哨进行类似试验的例子还有很多。如福建省邵武县桂林中学气象哨的《邵武县桂林地区山区的气候与双季稻生产》（见《福建农业科技》1975 年第 3 期）的试验和“战三寒夺高产”的试验；四川省平昌县西兴中学气象哨的“三化螟发生的温度指标”试验；上海市崇明县港西中学气象哨“平整地移栽麦高产”的试验等，都属于这种类型。

在“农业学大寨”和“建设大寨县”运动中，校园气象哨对我国的农业生产做出了很大的贡献，实际类似的例子也举不胜举。

三、荣誉和影响

校园气象哨在气象科学实验活动中，获取了知识，得到了锻炼；为我国的农业生产发展做出了贡献，也获得了荣誉，造成了一定的影响。

据湖南省《怀化市气象志》载：洪江市幸福路小学红领巾气象站成立于 1964 年 10 月 1 日，1970 年起，正式参与洪江市的天气预报。多年来，一批又一批小气象员，在辅导员曾庆丰带领下，不论严寒酷暑，不休节日假日，每日按时观察 3 次，制作天气预报 2 次。气象站积累的资料，为洪江市的农业规划、工厂建设提供了科学依据；气象站所做的贡献，为广大群众所赞扬。气象站的代表曾多次参加中央、省级有关学术、经验交流和先进工作者代表会。中央人民广播电台曾用多种语言向国内外播送这个气象站“管天”的事迹；全国十多家报刊用文字、图片向国内外进行过报道；中央新闻电影制片厂，湖南电视台先后六次为气象站拍摄电影、电视片；有两项科研成果：《一次成功的地震预报》《蚊子与天气》均获全国少年科学论文三等奖；一项调查报告《山城吃菜难的问题解决了》获《中国少年报》“科学小论文”比赛优秀集体奖。

广西壮族自治区《桂平县教育志》载：罗播中心小学 1970 年曾创办“少先队气象哨”。至 1976 年，先后有自治区、地区、县气象局的领导，以及澳大利亚气象专家艾什顿、联合国气象考察团、非洲气象考察团到校考察，还被评为自治区青少年精神文明先进单位。

根据相关资料表明，罗播中心小学自成立“少先队气象哨”后，活动开展得相当出色。他们首先建立一套严密的活动组织和比较完整的规章制度，正常开展气象科学实验活动，不但为青少年的成长搭建了优秀的平台，而且还为当地的农业生产服务，并做出了成绩，受到了自治区、地区和县气象局领导的重视和关注。他们还与县气象局合作，编撰了一部《红小兵气象组织活动手册》，反映了他们整体气象意识和活动深度。

罗播中心小学“少先队气象哨”在“农业学大寨”和“建设大寨县”运动中做出了成绩与贡献，不但在自治区和国内造成一定的良好影响，而且还有一定的国际影响。

四川省兴文县大坝中心小学红领巾气象哨，在“农业学大寨”和“建设大寨县”运动中也做出了成绩与贡献。据政协兴文县委员会文史教卫委员会编撰的《兴文县文史资料》第 18 辑载：

1974年6月1日，叙永县广播站以“建哨十年忆斗争”为题，向全县人民广播了大坝中心小学红领巾气象哨为农业服务的事迹。

1974年冬，被誉为地区气象系统和公社先进哨、县先进红旗哨；县委授予“教育科研相结合，办好气象站”的红旗。

1975年初，公社“农业学大寨”先进代表会被评为先进集体；县抓革命促生产先进代表大会，被评为先进红旗单位；地区气象工作会上被评为先进气象哨。

《宜宾日报》《四川日报》多次报道了大坝中心小学红领巾气象哨在各个时期做出的贡献，1978年10月，被评为省级先进红领巾气象哨，辅导员秦道新老师被评为先进工作者，参加全国气象部门双学代表大会，并受到党和国家领导人的接见。

第四节　诗歌《我们的气象站》

二十世纪六七十年代有很多歌颂、赞美农村气象哨的电影、小说、散文、诗歌、绘画等面世。如电影《气象小哨兵》，中篇小说《测天的人们》《风云小哨卡》，短篇小说《小气象哨》，通榆年画《红领巾气象哨》（刘佩瑜画）等，诗歌、散文就更多了。这里抄录一首赞美、歌颂校园气象哨的诗歌——《我们的气象站》供大家欣赏，更多诗歌请见附录四。

我们的气象站

雪屏

我们的气象员，
是农业生产的侦察兵。
我们操纵着雨，
　　操纵着风，
　　操纵着变幻无常的天空。

我们的气象站，
是少先队员的科学宫。
我们研究白云，
　　研究气流，
　　研究雪雹。

我们的气象站，
是未来一代的摇篮。
我们在这里生活，
　　在这里学习，
　　在这里成长为向四个现代化进军的先锋。

摘自儿童诗歌集《竹叶上的珍珠》，马汉彦编，广西人民出版社，1985出版，原载《少年文艺》1979年第3期。

第六章　校园气象科普教育的复兴（1976—1991年）

1976年10月，粉碎了“四人帮”反革命集团，1977年8月，中国共产党第十一次全国代表大会宣告“文化大革命”结束，重申建设社会主义现代化强国的任务。1978年12月，中国共产党十一届三中全会召开，做出了从1979年起把全党工作重点转移到社会主义现代化建设上来的战略决策。

1978年3月18日，中共中央在北京人民大会堂召开全国科学大会，指出四个现代化的关键是科学技术的现代化，并着重阐述了科学技术是生产力这个马克思主义观点，邓小平同志提出的“科学技术是第一生产力”的著名论断，对国家长远发展具有十分重要的意义，成为改革开放以来我们党一以贯之的基本思想。全国科学大会的召开迎来了我国科学的春天，也迎来了我国教育的春天。

1978年4月22日，教育部召开全国教育工作会议，整顿、恢复教学秩序，新的教学秩序的建立使我国的教育走上正轨，校园气象科普教育也在大踏步地前进。

第一节　中小学地理教科书和乡土地理教材

从1977年9月开始到1979年年底，教育部组织各学科专家、学者和有丰富教学经验的教师200多人，编写全国通用的中小学各科教学大纲（草案）和教科书。1978年秋，全国开始使用这套大纲和教材。这套大纲和教材的使用对提高教学质量，起到了促进作用，对校园气象科普教育的进一步发展也起到了促进作用。

一、大纲为校园气象科普教育铺路

大纲是根据学科内容及其体系和教学计划的要求编写的教学指导文件，它以纲要的形式，系统、连贯地按章节、课题和条目规定了该学科课程的教学目的、任务；知识、技能的范围、深度与体系结构；根据教学计划，规定每个学生必须掌握的理论知识、实际技能和基本技能，也规定了教学进度和教学法的基本要求。它是编写教材和进行教学工作的主要依据，也是检查学生学业成绩和评估教师教学质量的重要准则。

1976—1991年，教育部分别于1978年、1980年、1986年、1988年、1990年共出台了5部全日制十年制和九年制《中学地理教学大纲》和1部《小学地理教学大纲》。这些大纲规定了地理学科的全部教学内容，其中也包括气象科普教育内容。

大纲一般分为“教学目的和要求”“教学内容及其安排”“教学中应该注意的问题”“教学内容要点”四个部分。“教学内容要点”是大纲的主要部分，关于校园气象科普教育也在其中叙述。

1978年1月，教育部颁布的《全日制十年制学校中学地理教学大纲（试行草案）》，气象科普教育内容安排在初中一年级《中国地理》的第四部分——气候，具体内容是：

我国气候的基本特征：大陆性季风气候，海陆差异对形成我国季风气候起了主要作用。

冬季风的性质和活动。寒潮和霜冻。夏季风的性质和活动。东南季风和西南季风。季风区和非季风区。

降水形成的主要类型：对流雨、地形雨、锋面雨。台风和台风雨。锋面和雨带。夏季风进退和雨带推移。雨季。农业上的春旱和伏旱。

等降水线。我国降水量的地区分布规律：从东南向西北减少。地形对降水分布的影响。来自大西洋、北冰洋的水汽对我国非季风区降水的意义。季风降水在农业生产方面的优点和缺点。

等温线。我国1月气温分布的特点。纬度位置和地形屏障作用对冬季气温的影响。我国7月气温分布的特点。普遍高温是大陆性的表现。地势对夏季气温的影响。

霜期、无霜期和生长期。从生长期和积温大体了解全国的热量分布状况。冬季风活动异常对我国热量的影响。

我国热量带的划分。我国干湿地区的划分。复杂多样的气候在发展生产方面的意义。

从大纲规定的气象科普教育内容来看，较之1978年以前的大纲都有所深入，同时在“教学中应该注意的问题”部分中提出了指导学生开展地理课外活动，组织学生进行乡土地理研究，包括气象观测、制作教具、编制地理墙报等。

1980年颁布的《中学地理教学大纲》虽然对气象科普教育的内容有所调整，但没有减少。然而对学生开展课外活动的规定却更加丰富。如增加了阅读课外气象书籍、参观气象台站、野外观察、地理气象调查等。

1976—1981年，我国小学只设“自然常识”课，不设“地理”，高中也不设“地理”课，所以期间没有小学和高中的教学大纲。1981年3—4月，教育部分别颁布了《全日制五年制小学教学计划（修订草案）》和《全日制六年制重点中学教学计划（试行草案）》，至此，小学和高中恢复了地理课程。

1986年，教育部颁布《全日制小学地理教学大纲》，其中也有很多气象科普教育内容。如“教学内容要点和基本要求”的第一部分“认识自己的家乡”中的“内容要点”有“家乡气候的推动”；“基本要求”中有：“知道家乡气候情况”和“学会观察天气情况（云、气温、风向、风力）的简单方法。”第三部分“我们的祖国”第八项的“内容要点”中有“我国气温和降水的分布概况”；“基本要求”中有“我国气候复杂多样的基本特征，我国气温、降水分布规律及其简单成因”。

1986年颁布的《中学地理教学大纲》，气象科普教育的内容保持不变，而且还增加了4条基本训练要求：

（1）学会阅读年降水量分布图，1月气温、7月气温分布图，以及各月气温变化和降水量各月分配示意图。

(2)学会用天气和气候的概念说明当地的天气变化和气候特征。

(3)学会根据影响气候的主要因素,分析我国1月、7月气温和年降水量分布的特点。

(4)初步学会评价气候条件对农业生产的影响。

在初中二年级《世界地理》部分增加了"世界的气候"的内容:地球上的气压带。地球上的风带。气压带和风带的季节移动。世界的主要气候类型。

1986年颁布的《中学地理教学大纲》中已经包含了高中地理的11项教学内容。其中第二项内容为:"地球上的大气",教学内容有4点:(1)大气的组成和垂直分层,(2)大气的热状况,(3)大气的运动,(4)天气和气候。基本训练要求也有4条:

(1)学会用大气的垂直分层图,说明大气垂直分层的结构和气温垂直变化以及对流层、平流层的主要特征。

(2)学会用等温线分布图,分析气温分布的规律;运用等压线分布图,分析大气水平运动的规律。

(3)学会用北半球三圈环流示意图,说明三圈环流的形成。

(4)查阅当地的主要气象资料(年平均气温、各月平均气温、极端最高气温和极端最低气温、年平均降水量、各月平均降水量、最大年降水量和最小年降水量),并能综合分析这些资料,说明当地气候的主要特征。

至1990年,《小学地理教学大纲》没有变化,而《中学地理教学大纲》于1988年和1990年又经过了两次修订和颁布。修订后颁布的《中学地理教学大纲》中,气象科普教育的内容有增无减,基本训练更加丰富多彩。

大纲是国家教育最高的纲领性文件,教育事业中的一切都要遵循大纲的规定来执行。从历年颁布的大纲所规定的内容来看,已经为气象科普教育铺就了一条宽阔的发展大路。

二、教科书为校园气象科普教育开道

教科书又称课本、教材,是学校进行知识传播、思想影响和品德教育的基本工具。教科书的内容都不是原始研究的结果,而是按照教学大纲的要求,对学科知识或成果进行综合归纳和系统阐述,并强调规范、标准和统一。同时,教科书还为国家历史时期的政治、经济服务,地理教科书也不乏这种功能。现就上述中小学地理教学大纲颁布前后所编撰的"十二年制中小学地理教科书"进行简单地叙述。

20世纪80年代初,教育部确定恢复小学和高中地理课程以后,1981年年初,人民教育出版社地理编辑室就着手编写《小学地理课本》,1981年6月出版发行。

在这套教材中共分为"认识自己的家乡""地球和地球仪""我们的祖国""认识世界"4个部分,气象科普教育内容"天气状况"和"多样的气候"分别包含在第一部分和第三部分中。这套教材的特点是:

(1)由近及远,由浅入深。即从了解身边常见的各种天气开始,逐步深入了解不同地区、不同时间段的不同的气候状况。

（2）引导学生在实践中学习地理知识，训练和培养学生地理技能和能力。课本中每一课都设置“思考和练习”“问题和练习”，如在“天气状况”一课后设置“天气观测”练习，在“多样的气候”一课后设置“气候分析”的练习。

（3）密切联系生活和生产实际。如第二十八课在叙述“岭南风光”时，密切联系当地四季的天气变化。“二月里，当北方还是冰天雪地的时候，岭南已经是春暖花开的季节了”“四月到十月，岭南炎热又多雨，是百花盛开的季节”“十一月以后，天气渐渐转凉，雨水也比较少了”。

在这套课本中虽然气象科普教育的内容并不很多，但通过思考与实践，引发了学生关注天气，增强了气象意识，学会了观测天气的基本技能。

1978年，人民教育出版社编撰的初中《中国地理》和《世界地理》，在试用的过程中听取了全国各地的意见，于1985年6月又重新修订出版。在修订的过程中注重了多方面联系。

（1）加强对学生进行地理学习方法和思维方法的培养。如运用综合法研究天气变化的规律，运用对比法思考天气变化的原因等。

（2）丰富“思考与练习”“课堂练习”形式。如引导学生对气象数据进行统计、制图的练习，培养了学生判断、推理、分析、概括等能力。

1981年，教育部颁布了《全日制五年制中学教学计划试行草案的修订意见》和《全日制六年制重点中学教学计划草案》以后，人民教育出版社又组织专家编撰《高中地理课本》，于1982年出版发行。

这套教材除了传承传统内容编撰了第二章“地球上的大气”外，首次提出了“以人地关系为主线，以系统地理知识为基本内容，把空间系统和时间演化结合起来，用综合的、动态的、发展的观点教育学生，这在中学地理教育史上是一次重大突破，开创了中国地理基础教育的新篇章。

（1）本套高中地理教材以人地关系为主线，以系统地理的形式，构建教材的体系结构。如教材的第二章至第五章，讲述地球上的地理环境，大气圈、水圈、岩石圈、生物圈各圈层相互联系，相互制约，形成人类赖以生存的地理环境。

（2）教材增加了让学生自学和选讲内容，加强了教材的弹性。如第二章第四节“天气与气候”课文中的一段文字：

人类活动对气候的影响，在城市气候中表现得最为突出。（1）城市人口集中，工厂、汽车、家庭炉灶大量地消耗能源，除对大气造成污染外，还释放出废热进入大气，直接增暖大气……（2）城市密集、高大的建筑物是气流运行的障碍物，使市区风速减小，一般可比郊区风速降低20％～30％……（3）城市工厂、汽车等排放出大量烟尘、废气，使城市上空大气中的凝结核增多……

（3）在各章后编制了附表、附录。如第二章“地球上的大气”课文后编有“气团的地理分类表”和“世界气候类型”两个附录。

（4）紧扣人类活动与地理环境的关系这个中心论题。如第二章“地球上的大气”，讲述大气的组成成分，既指出大气中的氮、氧、二氧化碳、臭氧、水汽和固体尘埃对人类生命活动和地理环境的影响，又指出人类活动对大气成分的影响。

(5)注重阐明地理基本概念、基本理论和基本规律。如第二章“地球上的大气”，以太阳辐射及其能量转换作为理论基础统帅全章，阐明太阳辐射的时空分布和变化是形成大气中一切物理现象和物理过程的基本原因，并安排四节课文内容，逐步完成对概念、理论和规律的阐释。

(6)传统地理基础知识和现代地理科学新成果的整合。如第二章第四节“天气与气候”“人类活动与气候”一段，以近一个世纪以来，科学与社会发展中的一些现象来证实科学家的预言：世界气候可能有变暖的趋势。

(7)注意发展学生智力，培养学生能力。课本使用大量的示意图、分布图、模式图、素描图、统计图等，对学生的地理基本技能进行训练，来培养学生理论联系实际和分析问题、解决问题的能力。

教材的编撰与修订为气象科普教育铺设了广阔的道路。

三、乡土教材为校园气象科普教育创设环境

在我国中小学地理教育史上，编写乡土地理教材已经有相当悠久的历史了。1978年，教育部出台的《全日制中学地理教学大纲》中“教学内容要点”“中国地理”第14部分中有“本省（自治区、直辖市）地理和本县地理”的规定，于是我国又兴起了编写乡土地理教材的热潮。

乡土地理教材最早面世的是《北京市地理》和《上海乡土地理》，最晚面世的是《湖南地理》和《云南地理》，其中全国以浙江省建设本县乡土地理教材最有成绩，1979—1980年初，全省已经有85%以上的县完成了本县乡土地理教材的编写。

“地理课外活动”和“乡土地理考察”是乡土地理教材必不可少的组成部分，而“气象观测”和“乡土气象调查”又是其中必不可少的内容。由于当时在全国乡土地理教材已经非常普遍，因此也导致校园气象科普教育活动的普遍开展。

教学大纲的规定，中小学地理课本的应用和疏导，乡土地理教材的拓展，全国各地校园气象科普教育得到了进一步的发展。

《青岛市志·气象志》第三篇第一章第三节“气象哨组”载：1984年，教育部门为配合教学的需要，由各学校自筹资金，在市气象局的帮助下，又建起了一批气象哨(站)。

《天津气象历史大事记》载：1985年8月21日，天津市气象局贯彻市支持教育事业大会精神，与八里台小学、东风里小学、气象台路中学和环湖中学建立联系，并捐赠气象仪器，建立气象哨，进行气象科学普及。

《湖北气象志》第四编第一章第二节“活动”载：建红领巾小气象站。1983—1997年，学会通过举办气象科技辅导员训练班，协助有关学校筹建、安装气象观测设施。先后在武汉市7个区、26所小学建起了红领巾小气象站。学校结合自然常识课进行气象观测，弥补了课堂教学之不足。

《吉林省志·教育志》第一篇第四章第五节“劳动技术教育”载：1982年，省教育厅决定，将双阳县第九中学等4所农村初级中学学制由三年改为四年，双阳县第九中学在不削弱文化科学知识的前提下，各年级的劳动技术教育安排为：二年级学农业气象、植物保护、蔬菜栽

培、大豆栽培；三年级学肥料学、谷子栽培、农业气象、饲养鹿兔鸡鱼等。

《江西省志·气象志》第七章第三节“气象哨”载：随着20世纪70年代农村气象哨的发展，全省中小学在70年代末和80年代初也陆续建立气象哨，作为地理教学的实习场所。如南昌十六中、十七中、南昌铁路二中、南昌城北学校、南昌三中、永修云山农垦学校、崇义农林技术学校、万载株潭中学、吉安白鹭洲中学、新建一中等。其中吉安白鹭洲中学气象哨工作成绩突出，1985年2月被评为全国“活跃的中学生活动”先进集体，受到团中央的表彰。

《东莞市气象志》第三编第一章第四节“整顿发展阶段(1978—1991年)”载：1987年3月，虎门镇人民政府在镇农科站重建了气象哨，东莞中学、莞城一中、莞城二中、石龙中学、东坑二中及东莞农校、东莞师范等学校，结合教学活动开设了气象观测场所。

科学的春天迎来了全国各行各业的春天，教育的春天迎来了我国教育的大踏步前进与发展，也推动了校园气象科普教育的又一次飞跃发展。

第二节　国家教委出台《地理教学仪器配备目录》

“教学仪器”是一个新生词，大约出现在20世纪50年代。对于“教学仪器”一词所表达的概念，专家们历来各持己见。到了1988年，我国教学仪器行业出台了专业标准《教学仪器产品一般质量要求》(ZBY 51001—88)，标准对“教学仪器”给出了比较确切的概念定义，即“具有教学特点，体现教学思想，主要在教学中使用的实物和模象直观教学器具”。1989年，教学仪器研究专家冯振家先生专门撰著《关于教学仪器概念的探讨》(见《教学仪器与实验》1989年第1期)一文，对标准给出的概念定义进行了深入的论述与阐释。

教学仪器是为了实现一定的教学目的，采用一定的物质材料和一定的方法研制的器具，它是按照教育教学需要而生产构建的专门使用物。它与学校的校舍、教材等一样，是中小学必备的办学条件和基础物质设施。

教学仪器承载和蕴含着特定的科学原理、科学规律和科学方法。即使是挂图、资料、软件等也承载着一定的科学文化信息。

教学仪器包含着教育思想、教育目标、教育内容和教育方法等要素，渗透到相应学科的教学过程中，具有极强的教育性。

教学仪器能够帮助学生建立概念、理解知识，由浅入深，由表及里，由局部至整体逐步展开，通过系列精彩的实验、演示、展示等过程，不但使学生获取相应的知识，并具有引发学生的学习兴趣，促进学生积极思维等方面的作用。

教学仪器还能够以简单的结构、直观的展示，使学生直接感受和感知教学目标所规定的目标要求。

综上所述，教学仪器在学校的办学过程中，具有与校舍、教材一样的重要性。因此引起国家政府部门的高度重视。

一、《教学仪器配备目录》的作用与意义

从概念和功能上看，教学仪器本身是一种知识的载体，是一种具有表现科学基本原理和规律特殊功能的教材。教学仪器是专门在教学过程中使用的，作用的对象是不同学历段的学生；作用的目的是传授知识、启迪思维、培养能力。

由于教学仪器能够在提高教学质量，帮助学生迅速理解和掌握学科知识等方面发挥作用，因此引起国家政府部门的高度重视，并由政府部门编定《教学仪器配备目录》，要求各地学校进行采购配备。

《教学仪器配备目录》是国家政府部门为学校制定的教学所需教学仪器配备的指导性文件。它集中了国内现有生产的教学仪器产品，优选出适合于学校教学需要的不同类型的品种，按照不同的学科，编排成学校必配或选配的配备方案，提供给全国各地教育装备管理部门和各类学校，指导他们按照国家政府部门规定的配备方案进行装备与管理。

《教学仪器配备目录》是国家教育最高行政领导部门以规范性文件的形式发布的，带有法规性质。它规定了全国各类学校所必须具备的最基本的教学仪器的品种和数量，是完成教学任务的最起码的条件。它不但体现了国家对学校发展建设的宏观指导要求，而且是检查验收和评价学校发展建设水平的主要依据；其中列出的教学仪器参考价格和经费概算表是教育装备管理部门申请、筹划经费，制定建设计划的重要依据。《教学仪器配备目录》作为一个具体化的、量化了的、便于操作的学校建设指导性文件，数十年来对促进我国中小学学校建设发挥了极其重要的作用。

《教学仪器配备目录》在一定意义上完善了教学工作的相关配套硬件，目录内教学仪器产品的品种、数量、质量的要求是实施和完成教学任务目标的可靠保证；并指出了学校工作的重心和重点，提示教学仪器装备是各有关部门应该共同努力完成的主要工作领域。

世界上由政府部门颁发《教学仪器配备目录》或《教学仪器配备标准》的有日本、法国、英国、苏联等国家。

我国制定和颁发《教学仪器配备目录》有着悠久的历史，早在1953年，教育部根据教材和教学的需要，编制了师范学校的《教学仪器配备目录》，并下达文件重点装备70所师范学校。该《教学仪器配备目录》按照物理、化学、生物等学科分类编写，并附有编号、名称、单位、数量4个栏目。1956年又制定新的《教学仪器配备目录》，规定了高师、中师、中专、高中、初中、高小等学校一般教学仪器设备(包括物理演示仪器、分组仪器、生物标本、模型、切片、显微镜等)的品种、数量等，以及基本生产技术的标准。这些目录即是我国以国家政府部门文件形式构成《教学仪器配备目录》的最早雏形。

二、地理教学仪器配备的历史

我国地理教学仪器配备的历史比较久远。自从1902年形成班级教学开设地理课程以来，我国地理教育专家首先深入研究的是教科书的科学编撰，接着是考虑教学方法的改革更新，然后酝酿地理教学仪器的配备。

在我国中小学地理教科书的多家综合多次变革之后，1919 年，陶行知先生提议改革教学方法："第一，先生的责任不在教，而在教学生学。第二，教的法子必须根据学的法子。第三，先生不但要拿他教的法子和学生学的法子联络，亦须和他的学问联络起来，做先生的，应该一面教一面学，并不是贩卖些知识来，就可以终身卖不尽的。"陶行知先生的教育思想是把原来单一由老师讲授的方法，转为学生自动的学习，也即自学辅导法。

竺可桢先生回国以后，于 1922 年发表了《地理教学法之商榷》(载《史地学报》1922-2-3)一文。文中提出 4 种地理教学法，其中第 4 种谈到了教学仪器的装备："凡各种科学，非实验不为功，地理教学不能专持教科书与地图，必须观察地形，实测气候，使儿童亲尝目睹，故野外旅行与气象观测所之设立，实为中小学地理所不可少者也。"竺可桢先生的这种教学法论述，其实也是在酝酿地理教学仪器的配备，特别是酝酿地理课程中气象科普教育的硬件建设。

竺可桢先生参与了民国教育部各种中小学课程标准的编写，并把自己的这种思想融合进去。所以民国教育部在 1929 年颁布的《初级中学地理暂行课程标准》中就明确地规定了 4 类必须配备的地理教学仪器。

附设备　新式之学校，不可无特设之地理教室，其设备有四种。

(一)挂图　挂图为地理教室中最重要之设备。挂图须有三种优点：一曰准确，二曰简明，三曰示远之力，即置图于较远处，其主要各点，均能显而易见是也。

(二)气象仪器　(甲)水银气压表、(乙)寒暑表、(丙)湿度表、(丁)雨量器、(戊)风信器，价值共计贰佰元至肆佰元，视仪器之精粗而异。(甲)(乙)(丙)三种仪器，同时可为理化仪器。

(三)模型标本　(甲)地球仪、(乙)石膏模型、(丙)物产标本等。

(四)幻灯　幻灯能使全班学生于同时见同样之图画，且幻灯明亮、细小处皆能不费眼力即能看见。地图、图表等均可演放。故幻灯实为一种重要仪器，非徒为美观而已。

上述实质上就是一部完整的地理教学仪器配备目录，同时该目录是附在课程标准之中，以政府教育部门文件的形式发布，要求全国各地中小学贯彻执行。因此，可以认为是我国地理教学仪器配备目录的最初始。

气象科普教育历来是地理教育中的重要内容，所以，地理教育专家在酝酿地理教学仪器配备的初始就思考了气象仪器的配备，在确定地理教学仪器配备的课程标准中，也把气象观测仪器作为重点列到其中。

从这个课程标准以后，历次修订和新编的课程标准中都强调了地理教学仪器的配备，一直延续到新中国成立。

三、《地理教学仪器配备目录》的出台

学校的教学工作是一项有序运转的教育活动，在这项活动中，教学大纲与课程标准所规定的教学目标和各类学校所使用的教学器材与设备密切相关。为了保证各类学校教育教学工作的正常开展，中华人民共和国教育部(1985 年 6 月—1998 年 3 月称国家教育委员会)于 1978 年 11 月出台了第一部完整的《小学数学、自然教学仪器配备目录》和《中学理科教学仪

器配备目录》，以后又进行多次修订不断完善。

根据彭志新先生所著的《中小学实验室工作手册》第三章第二节“部颁中小学各课程教学仪器配备目录和标准”介绍，《中小学教学仪器的配备目录》的颁布和修订情况如下。

1978年11月，教育部颁布了《小学数学、自然教学仪器配备目录》和《中学理科教学仪器配备目录》。

1984年5月4日，教育部以〔84〕教供字005号文件发布了《小学数学、自然教学仪器配备目录（修订本）》。

1986年6月25日，教育部以〔86〕教供字018号文件发布了《中学理科教学仪器和电教器材配备目录》。

1993年，教育部以〔1993〕教备19号文件发布了《中学理科教学仪器配备目录》。

1993年，教育部以〔1993〕教备19号文件发布了《小学数学、自然教学仪器配备目录》。

1995年7月31日，教育部以〔1995〕教备36号文件发布了《小学数学、自然教学仪器补充目录》。

1995年7月31日，教育部以〔1995〕教备36号文件发布了《中学理科教学仪器补充目录》。

2000年3月14日，教育部以〔2000〕教基9号文件发布了《小学数学、自然教学仪器配备目录调整意见》，该目录系教育部在1993年配备目录和1995年补充目录的基础上进行重新修订后形成的调整目录。

2000年3月14日，教育部以〔2000〕教基9号文件发布了《中学理科学仪器配备目录调整意见》，该文件系教育部在1993年配备目录和1995年补充目录的基础上进行重新修订后形成的调整目录。

2006年7月19日，教育部以〔2006〕教基16号文件发布了《初中理科教学仪器配备标准》《初中科学教学仪器配备标准》《小学数学科学教学仪器配备标准》。

2010年2月25日，教育部以标准的形式发布了《高中理科教学仪器配备标准》（JY/T 0406—2010）。

上述便是我国1978年后各类学校教学仪器配备目录与标准发布的基本情况。在小学自然配备目录和标准中包含了地理方面的教学仪器配备目录；在中学理科教学仪器配备目录和标准中包含了地理教学仪器配备目录。

四、气象观测仪器的配备及前瞻

从20世纪20年代初期，气象站进入中小学校园以后，教育专家们就在酝酿和思考中小学校园的气象观测仪器装备。自1929年民国教育部颁布的《初级中学地理暂行课程标准》后，学校气象观测仪器的装备就有了明确的品种。随着地理课程标准和气象科学的不断发展，气象仪器的品种、型号和数量等都发生了进步与变化。

1956年中华人民共和国教育部颁布的《中学地理教学大纲》，在“地理教学中应注意的事项”部分提出了学校要建立地理园和气象台的要求，其中虽然没有详细的器材配备品种和数量，但根据当时从苏联翻译过来的《怎样建立学校地理园》和《校园中的气象观测》等书籍上，已经有比较详细的气象观测仪器的品种、数量和安装方法。

1978 年 11 月教育部颁布的自然和地理教学仪器配备目录和标准中都包含了气象观测仪器，虽然品种不是十分齐全，但基本能够满足气象观测的基本要求。

教育的发展对科学有了新的要求，科学的发展满足了教育的需求。2010 年教育部以标准的形式发布的《高中理科教学仪器配备标准》，其中地理教学仪器配备目录部分增加了自动采集和自动传输气象要素数据的最新器材，虽然目录将各要素的采集传感器分别列出，但综合起来即是一台自动气象站的整机。

自动气象站是由电子设备或计算机控制的自动进行气象观测和资料收集传输的气象站。国际上研制自动气象站是 20 世纪 50 年代初开始，到了 50 年代末，不少国家已经有了第一代自动气象站。60 年代中期，第二代自动气象站已经能够适应各种比较严酷的气候条件。到 70 年代，第三代自动气象站大量采用集成电路等先进的电子元件，使自动气象站具有较强的数据处理、记录和传输能力，并逐步投入业务使用。到了 90 年代，自动气象站在许多发达国家得到了迅速发展，并建成了业务性自动观测网。我国气象部门是 20 世纪 90 年代初开始试用，截至 2003 年，全国已经有 1000 多个台站使用了自动气象站，并实现了组网。目前我国自动气象站的使用已经相当普遍，可望在不久的将来，将替代所有的地面人工气象观测站。

自动气象站进入校园是在新世纪之初，后来也逐渐普及，而且很多地区的校园开始组网，使我国校园气象科普教育跃上了一个新台阶。这既是我国校园气象科普教育发展的新标志，也是我国校园气象站建设发展的新标志。

第三节　专家引领和指导气象科技活动

“科教兴国”是党中央、国务院按照邓小平理论和党的基本路线，科学分析和总结世界近代以来特别是当代经济、社会、科技发展趋势和经验，并充分估计未来科学技术特别是高技术发展对综合国力、社会经济结构、人民生活和现代化进程的巨大影响，根据中国国情，为实现社会主义现代化建设的宏伟目标而在全国科技大会上提出的发展战略。

“科教兴国”思想的理论基础是邓小平同志关于“科学技术是第一生产力”的思想。1977 年，邓小平在科学和教育工作座谈会上提出：“我们国家要赶上世界先进水平，从何着手呢？我想，要从科学和教育着手”，“不抓科学、教育，四个现代化就没有希望，就成为一句空话”，明确把发展科教作为发展经济、建设现代化强国的先导，摆在中国发展战略的首位。从 20 世纪 70 年代后期到 90 年代初期，邓小平同志坚持“实现四个现代化，科学技术是关键，基础是教育”的核心思想，为“科教兴国”发展战略的形成奠定了坚实的理论和实践基础。

“科教兴国”是指全面落实“科学技术是第一生产力”的思想，坚持教育为本，把科技和教育摆在经济、社会发展的重要位置，增强国家的科技实力及向现实生产力转化的能力，提高全民族的科技文化素质，把经济建设转移到依靠科技进步和提高劳动者素质的轨道上来，加速实现国家的繁荣强盛。

在“科教兴国”战略思想的号召下，全国相关部门都纷纷组织专家编写引领和指导中小学青少年科技活动的书籍，促进了我国“科教兴国”战略的迅速深入发展。

青少年科技活动范围广泛项目繁多，气象科技活动是其中重要项目，在所有的科技活动丛书中，气象科技活动都是单独立项专门介绍的。当时比较著名而且影响较大的有如下几部。

一、《青少年科技活动全书·气象》

《青少年科技活动全书》丛书系中国科协少年工作部和共青团中央宣传部共同编撰，由中国当代著名物理学家、教育家和社会活动家、中国科学院院士、北京大学校长、中国科学院副院长、中国科协主席、世界科协副主席周培源先生作序，于 1985 年 6 月由中国青年出版社出版。

《青少年科技活动全书》丛书共有天文、气象、地学、生物、车辆模型、航海模型、无线电、电子计算机、小制作等 10 个分册。该套丛书可以为青少年开展科技活动提供整套活动资料，非常适合小学、初中、高中的广大学生使用。广大学生可以从中找到适合他们各自特点的活动内容。广大科技教育辅导员还可以从中获得一些开展活动的具体办法。

《青少年科技活动全书·气象》是广大中小学生开展气象科技活动的指导书。全书包括：概论、气象仪器的置备、气象的观测、气象广播的抄收和天气图的绘制、天气预报的制作、灾害性天气的预报、气象谚语的收集和验证、气象资料的整理和统计图表的制作、气象为农业服务、农业气象观测共 10 章。书的目录前还附有 30 幅云和天气现象图、1 幅天气形势图。

该书的概论部分共分别为开展气象科技活动的意义、气象科技活动的特点、开展气象科技活动的条件、怎样开展青少年气象科技活动等，首先从理论上阐明气象科技活动的重要意义及相关事项，这在以前的书中是从来没有涉及的内容，也说明参与编撰本书的陈浩然老师对气象科技活动在理论上开始有了初步思考。

其后的 9 章都是气象工作的基本程序。如气象观测场的建设，气象仪器的安装，气象观测的顺序与方法，天气预报的制作，气象资料统计整理，农业气象服务等，都是气象工作的基本过程和技术，是气象科技活动都必须掌握的。但本书还具备如下几个特点。

(1)在介绍气象仪器一章中插入了自制简易气象仪器项目。这不是气象工作的内容，而是科技活动的专门内容，这对青少年科学道理的理解，动手能力和思维能力的训练是十分重要和有利的。

(2)在介绍普通地面气象观测仪器的同时，还介绍气象科学的现代化设施，如自动气象观测站、气象雷达、气象火箭、气象卫星、电子计算机在气象上的应用等。这些现代化的气象设施，对青少年气象科技活动来说是用不上的，但有必要让学生了解现代气象科学发展的现状，作为一种专门知识来丰富学生的知识库，也是青少年科技活动的目标之一。

(3)该书的第 6 章还专门介绍了 7 种比较严重的灾害性天气及其预报，试图通过学习与教育，引导中小学生对气象灾害予以重视与关注。本书的编撰者巧妙地在传播知识的同时也灌输了抗灾减灾的意识与观念。

(4)收集和验证气象谚语既是一种实践活动也是一种探究活动,也是一种专门的气象科技活动,而且还是一种民间气象文化活动。这对青少年的社会活动能力和思维判断能力的培养是一个极佳的途径。

总之,《青少年科技活动全书·气象》是一部很有特色的中小学气象科技活动指导书,在当时具有较大的影响,第一版就发行了37 000册。

二、《少年气象科技活动》

《少年气象科技活动》一书是青岛市台东六路小学自然教师曹克中所著。曹克中老师虽然是一位普通的小学教师,但他在撰写本书之前就已经带领和辅导本校红领巾气象站开展气象科技活动2年多时间,具有相当丰富的经验与体会。同时,该书由刘默耕和李培实两位专家作序。

刘默耕老师系人民教育出版社生物自然室编辑、编辑室副主任,全国中小学教材审定委员会自然学科审查委员、九年制义务教育小学《自然》教材的顾问、《小学自然教学》杂志顾问等,亲自参与起草新中国成立后历次小学"自然课"教学大纲,并主持编写各版小学《自然》课本、教学指导书及师范学校所用《自然教学法》等书,是我国著名的科学启蒙教育专家,被誉为我国当代小学常识教育的宗师。

李培实老师系中央教育部教科书编审委员会、中国教育学会小学自然教研会会长。经过他们两位国家级权威专家认可的专著,应该说是具有普遍指导意义的。从专著本身的内容结构来看,也确实有其独到之处。特别是该书由人民教育出版社出版,出版的时间恰是我国第一个教师节之后的1985年10月,因此更加显得具有特别的时代和社会意义。

《少年气象科技活动》一书与其他类书相同的是通过一定的章节介绍气象工作的整个过程。如地面气象观测、气象资料的统计与整理、天气预报等。但特别突出的是该书与其他类书有更多的不同。

(1)该书从介绍大气科学的基础知识入手,按照气象科学的结构体系,系统地介绍了大气形成与结构、大气中的主要要素、大气中和近地面物体上的水汽凝结现象、降水现象、灾害性天气、大气中的光现象、声和电现象及气候知识。而且还特别对几个比较难以区分的概念进行了详细的解释。

(2)该书在介绍气象观测与记录的同时,特别提出了在少年儿童中普及气象观测活动,指导他们编写天气日记、自然日记和自然历。这些活动其实就是气象科技活动的拓展,是多种素质的同时培养。

(3)该书在介绍各种气象仪器使用的同时也介绍了7种气象仪器的制作方法。但不同的是在介绍制作方法的同时还介绍制作的基本原理,是学生训练动手能力的同时也获得更多的科学知识。

(4)在介绍气象要素观测时还强调了目测项目的观测,如云状、云量、云高、能见度、天气现象等的观测。目测项目的观测是培养学生判断能力的极佳途径。

(5)物象观测是气象观测和天气预报的拓展活动,这种活动属科学探究的范畴,是科学方法的获取与积累。物象观测因地而异且种类繁多,曹克中老师介绍的几种物象观测完全可以起到抛砖引玉的作用。

(6)人工影响天气是人类长期与自然相处的时代表现,也是气象科学发展与发达的表现。虽然这些都不是少年气象科技活动的内容,曹克中老师介绍的只是20世纪80年代的气象科学水平,但对少年儿童的科学兴趣激发和科学精神的培养是可以收到特殊的效果。

纵览全书,其内容丰富而独到,这些不是一般普通的自然或地理教师所能够掌握和表达的。由此可见,曹克中老师不但有丰富的辅导学生开展气象科技活动的宝贵经验,而且有系统全面的气象科学体系知识。因此,《少年气象科技活动》一书在当时也产生了不小的影响。

三、《青少年气象科技活动》

《青少年气象科技活动》一书系著名气象科普教育专家王奉安老师所著。王奉安老师既是气象科学专家,又是气象科普作家,是我国气象界屈指可数的资深的国家级科普作家,还是中国青少年科技辅导员协会科技教育专家辅导团成员。

《青少年气象科技活动》一书于1985年11月由气象出版社出版,是一部专门为中小学生撰写的气象科技活动指导书。全书包括气象与人类息息相关、地面气象观测、物候观测、天气预报、气象科学飞速发展和附录六部分。该书开篇没有正面地去涉及气象科技活动的意义,而是通过阐述气象与农业、气象与渔业、气象与牧业、气象与工业、气象与外贸、气象与军事等的密切关系,表达气象科技活动的重大社会与科学意义。气象科技活动的过程虽然没有特别之处,但却穿插了物候观测活动,更加丰富了气象科技活动的内容。

特别难能可贵的是《青少年气象科技活动》一书的附录中有《开展学校气象科技活动的浅见》和《怎样举办青少年气象夏令营》2篇文章。

《开展学校气象科技活动的浅见》一文由王洪鑫老师撰写。王洪鑫老师系四川省平昌县西兴中学红领巾气象哨的科技辅导员,从1972年建立学校红领巾气象哨至1985年,已经经历了13个年头了。13年来,他们付出了艰辛也收获了硕果,这些硕果不仅仅包括获取国家和省、市、县的各种奖项,特别是所有参加气象科技活动的学生素质的快速提高与发展。王洪鑫老师是亲历者。他的经验,他的收获无疑对全国广大中小学都具有普遍性的启发作用。

《怎样举办青少年气象夏令营》由熊第恕老师撰写。熊第恕老师是江西省气象局的气象专家和气象科普作家,一生曾出版过数百万字的气象科普与气象科学的专著。他曾在中学担任过地理教师,对青少年学生比较熟悉,特别是他自1981年开始至1985年,参加了5届中国气象局、中国气象学会举办的全国青少年气象夏令营。对举办青少年夏令营的程序和整个过程比较熟悉与了解,所以《怎样举办青少年气象夏令营》一文可以说是他的经验之谈。该文对全国各地的中小学举办青少年气象夏令营极具指导意义。

王奉安老师的专著收录的这两篇文章,可以对中小学开展气象科技活动起到零距离的指导作用。

四、《中小学科技活动全书·天文气象观测》

《中小学科技活动全书》是一套比较全面的中小学科技活动必备用书。该书参照联合国教科文组织科技教育方面的定期出版物和全国最新科技活动资料，针对中小学的教学进度进行合理编排而撰写，由中国人事出版社于1985年10月出版。

该套全书包括：科学实验、课外观测、科技制作、发明创造4大部分，共15个分册，《天文气象观测》是"课外观测"部分中的一个分册。

《中小学科技活动全书·天文气象观测》分册共8章，1～7章系天文科技活动内容，第8章为"简易气象观测"。虽然是比较简单与单薄的一章，却能够把复杂的气象观测内容全部包括其中。

该章共有5节，即简易气象站的建立、日照的观测、温度和湿度的观测、降水、蒸发和云的观测、气压和风的观测。"简易气象站的建立"一节叙述了"观测场地的选择原则""观测场内仪器的安装""观测的时间和项目"等；其他4节分别叙述了气象要素的观测方法与技术。

该书虽然比较简单，但相当明了，容易被尚未建立气象站和尚未开展气象科技活动的中小学接受。这对普及和发展中小学气象科技活动是具有一定推动力的。

五、《中学科技活动丛书·天文与气象》

《中学科技活动丛书》是广西壮族自治区科协青少部主编，于1986年4月由广西人民出版社出版。丛书按基础学科分册出版，有《数学》《物理》《化学》《天文与气象》《地学》《生物》共6个分册。

《中学科技活动丛书·天文与气象》共分17章，其中第1～7章为天文部分；第8～17章为气象部分。该书的编写也具有自己的特色。

(1)该书的绪言部分先从气象史引入，通过气象科学悠久的历史渊源来说明气象与人类的密切关系和重要性，接着叙述气象科学研究的对象——大气，导出大气的分层与结构及大气运动的规律；再从近代大气探测技术入手，导出学校气象科技活动。

(2)气象观测以后的资料运用一直是广大中小学开展气象科技活动的瓶颈，但该书却在这一点上有所突破，提出了《利用观测资料撰写小论文》的招式。撰写气象小论文不是说写就写的，而是需要一个过程，即选题、取材、撰写。选题是思考和发现的过程，是启发思维和锻炼思维的过程；取材是写作运用的训练，可以训练判断、分析能力；撰写是一种写作技巧的锻炼，通过撰写气象小论文可以使学生多方面素质得到提高。

以上5部书籍都是引领和指导全国中小学开展气象科技活动的专著，不但在当时的时间段内有着极大的推动力和影响，在其后的各个时期仍然有其不可替代的作用。

第四节　全国青少年气象夏令营的诞生与发展

夏令营是一群青少年儿童在夏季组织在户外进行的活动团队和团队活动。这个活动团队和团队活动在没有父母参与的情况下，通过一种不同于学校和家庭的生活，尝试一种全新的生活体验。

夏令营起源于美国。1861年夏天，美国康涅狄格州的教师肯恩，率领一群孩童在一座森林的湖畔，进行为期两周的登山、健行、帆船、钓鱼等户外活动来均衡孩童身心。肯恩组织的活动团队的团队活动在每年的8月进行，一直持续进行了12年之久。肯恩总结了10多年的营队经验得出结论：夏令营是一个在非常特殊的环境，透过一群训练有素、专业热忱、细心耐心的工作人员，精心架构出能培养孩子潜能的相关课程，让孩子在自然环境中关心别人，在克服困境中建立自信，在团队竞赛中与人合作，在学习过程中积累能力。

夏令营活动是实施素质教育的有效途径，是提高未成年人思想道德教育的重要渠道，是学校教育和家庭教育的良好补充。通过夏令营活动可以使学生们学到书本和课堂上所学不到的知识与能力。

自肯恩以后，世界上便出现了很多夏令营，并有很多分类。诸如学术夏令营、探险夏令营、艺术夏令营、科技教育夏令营、体育夏令营、军事夏令营等，气象夏令营就是科技教育夏令营中的一个类别。我国最早的夏令营诞生于中国少先队建队之初，第一批少先队员到苏联去参加黑海夏令营。当时的夏令营是由国家出资的公益性活动，是免费参加的。由于经济条件所限，一般只有少数的优秀学生才能参加，具有奖励性质。

一、全国青少年气象夏令营的诞生

1978年3月18—31日中共中央、国务院在北京隆重召开了全国科学大会。这是中国科技发展史上一次具有里程碑意义的盛会，大会通过了《1978—1985年全国科学技术发展规划纲要(草案)》，这是我国第三个科学技术发展长远规划，从此迎来了我国又一个阳光灿烂的科学春天。

在科学的春天里，举国上下各行各业都行动起来，为贯彻落实和实施国家科技发展长远规划做出努力。20世纪80年代初，中国科协青少年部认为，举办夏令营是一条培养青少年学科学、爱科学的有效途径，于是极力倡导具有学科优势的全国各学会积极举办。在中国科协青少年部的倡导和鼓励下，一时间全国各学会都举办了各种特色的夏令营，如地质夏令营、天文夏令营、海洋夏令营等均雨后春笋般地组建起来。

中国气象学会科普部为积极响应中国科协青少年部的号召，于是也有了举办全国青少年气象夏令营的动议，并向中国气象局领导做了详细的汇报，得到了中国气象局领导的大力支持，同时决定中国气象局、中国气象学会联合主办全国青少年气象夏令营，总营营长和副营长分别由中国气象局副局长和中国气象学会秘书长担任，总营办公室设在中国气象学会科普部。同时要求各省局和省气象学会也举办全国青少年气象夏令营各省分营。

经过一段时间的充分酝酿和积极筹备，1982年7月24日，中国气象局和中国气象学会联合主办的第一届全国青少年气象夏令营在福建省厦门市拉开了帷幕。该届的营员共40多人，都是各省气象局、省气象学会推荐的优秀学生，办营的全部经费均由中国科协资助。

在20世纪80年代初期，由于路途、经费、交通等方面条件的限制，在总营开营的同时，全国各省还普遍举办了各自分营。如上海分营、江苏分营、陕西分营等。到了20世纪90年代，各省不再举办分营，全国都集中参加总营一起活动。

全国青少年气象夏令营活动的内容十分丰富，首先是带领同学们走进大自然，贴近大自然，感悟大自然的气息，领略祖国大地的秀美河山；其次是参观气象台站，帮助同学们叩开气象科学的大门，让他们了解气象工作的全过程，知晓气象工作者耕云播雨的艰辛，明了气象科学发展的现状与前景；其三是活动过程的野外应急演练，让同学们获得在偶遇突发气象灾害紧急情况下避灾逃生的知识与技巧；其四是交流互动，在闭营仪式上各地营员都要选出代表上台发言交流(自第16届起改为演讲比赛)，发言交流(或演讲比赛)是思维和写作技巧的训练，这对参与者和听众都是一种锻炼。

全国青少年气象夏令营活动的时间虽然比较短暂，但节奏欢乐明快，心理宽松自然，视野广阔新颖，能给青少年学生经受一次前所未有的锻炼和留下一串终生难以忘怀的记忆。

二、营旗、营徽、营歌、营规

自从成功地举办了第一届以后，全国青少年气象夏令营很快就有了自己的营旗、营徽、营歌和营规，体现了一个组织、一个活动的迅速常规化和规范化。

(一)营旗

全国青少年气象夏令营的营旗是一面白色底子的棉布大旗，上书10个遒劲的经典毛楷体“全国青少年气象夏令营”横排大字，大字的上端中间绣一枚大“营徽”，旗帜的面积巨大，约2米宽4米长。选用经典毛楷字体代表组织结构严谨，活动互相配合有序的格局。洁白的营旗在广袤的空间迎风飘扬，显示出这个活动组织和组织活动具有旺盛顽强的生命力。

(二)营徽

营徽为椭圆形图案，下方是一棵幼苗托出两张碧绿的嫩叶，代表正在成长中的广大青少年学生；上端是一个红色的大气球，寓意青少年学生通过夏令营活动能够进步向上；中间是一片蓝天，上书“气象夏令营”5字，代表了全国青少年气象夏令营是一个广阔的天地，青少年学生可以在大自然的怀抱中，展开想象的翅膀，翱翔在理想的天空，白云蓝天是多么美丽的浩渺空间，能够给人无穷无尽的美好思考与联想！

(三)营歌

全国青少年气象夏令营营歌是一首集体合唱的儿童歌曲，歌词铿锵有力，坚毅顽强，表达了青少年学生歌颂气象夏令营，热爱气象事业，热爱气象科学，勇敢探索大自然的奥秘，学好本领，接好科学班，为实现四个现代化而努力奋斗的情怀。

营歌的曲调欢快和谐，似袅娜和风吹柳，漫过山坡洋溢原野，抒发了青少年学生热情洋溢奔放的性格；又慷慨豪迈，似雄鹰展翅，穿云破雾，扑向浩瀚苍穹，表达了青少年学生激越的情感和勇敢积极向上的胸怀。

营歌词曲请见附录六。

(四)营规

营规共10条,简单明了地向营员提出了总体要求。现抄录于下:

气象夏令营营员守则

(1)一切行动听指挥,服从夏令营统一安排;

(2)外出参观遵守交通规则,乘车时不得将头、手伸出窗外,确保人身、财产和饮食安全;

(3)积极参加夏令营各项活动,遵守夏令营规定的活动时间;

(4)尊重带队辅导员,团结友爱,讲文明,懂礼貌;

(5)未经辅导员同意,不得擅自外出活动;

(6)爱惜粮食,杜绝浪费;

(7)注意个人卫生,保持营区整洁;

(8)发生意外或疾病,迅速报告辅导员;

(9)不得影响他人休息,严禁在其他营员的房间内留宿;

(10)爱惜大自然一草一木,加强环境保护意识。

全国青少年气象夏令营除了营旗、营徽、营歌和营规外,还有营帽和营服,基本完善了一个活动团体的全面构件。

三、全国青少年气象夏令营的持续发展

1982年7月24日,第1届全国青少年气象夏令营在福建省厦门市开营,全国各省分别设立分营,分别进行活动。

1983年,全国青少年气象夏令营有了自己的营旗、营徽、营歌和营规,形成了常规化、规范化的团体与活动。

1990年开始,全国各地集中总营进行统一活动,各地不再设立分营。

1991年后,每届全国青少年气象夏令营都设立活动主题。

1997年开始,正式将闭营式上的营员代表发言改为演讲比赛,并发展为夏令营的品牌活动。

1982—2011年,全国青少年气象夏令营一共举办了30届,风风雨雨走过了30个年头。30年来,营员人数从最初每届的几十人发展到数百人;营员的来源从几个省发展到31个省(自治区、直辖市)从单一的气象部门扩展到各行各业;举办地遍布祖国21个省(自治区、直辖区)。

30年来,全国青少年气象夏令营共接纳了数万名青少年学生,通过一系列活动,使他们感受科学,体验科学,享受科学;同时也使他们在亲近自然,开阔视野,放飞心情的过程中,磨炼了意志,锻炼了体能,学会了坚强;懂得了团结协作,互助互爱,和谐相处;也收获了真诚,收获了快乐,收获了成长。

30年来,全国青少年气象夏令营的足迹踏遍了祖国的山山水水,从大江南北到天山脚下,从高原、盆地、沙漠到东南沿海及祖国最南端的宝岛——海南岛;既饱览了祖国河山的俊美,也触摸了中华古老文明;既探索了大自然的奥秘,也走进了现代科学的神秘殿堂。

这就是30年来全国青少年气象夏令营持续进步，不断发展的风雨征程。30年来，不但书写了自己独具风格的书页，还在所有青少年营员心灵中刻下了终生不会磨灭的印记。

现将30届全国青少年气象夏令营的基本情况列表于下。

届　次	时　间	地　点	主　题
第1届	1982年7月	福建厦门	
第2届	1983年8月	辽宁大连	
第3届	1984年7月	北京	
第4届	1985年7月	安徽合肥	
第5届	1986年7月	云南昆明	
第6届	1987年7月	甘肃兰州	
第7届	1988年7月	宁夏银川	
第8届	1989年7月	山东青岛	
第9届	1990年7月	四川	
第10届	1991年7月	陕西西安	继承延安精神，争做“四有”新人
第11届	1992年7月	北京—青岛	气象与军事
第12届	1993年8月	新疆乌鲁木齐	气候是祖国的宝贵资源
第13届	1994年7月	河北秦皇岛	气象为国民经济服务
第14届	1995年7月	云南昆明	为国旗添光彩，做蓝天小哨兵
第15届	1996年7月	福建武夷山	开展气候考察，增强气候意识
第16届	1997年7月	内蒙古呼和浩特—锡林浩特	气象与草原
第17届	1998年7月	广西桂林—南宁	天气与人类活动
第18届	1999年7月	海南	气象与环境保护
第19届	2000年7月	新疆乌鲁木齐	气象为西部开发服务
第20届	2001年7月	贵州贵阳—赤水	重走长征路，开辟新未来
第21届	2002年7月	四川	气候变化与人类活动
第22届	2003年7月	江苏	探索大气奥秘
第23届	2004年7月	陕西	历史文化与生态气候
第24届	2005年7月	北京	历史文化与生态气候
第25届	2006年7月	黑龙江哈尔滨—齐齐哈尔	生态环境与可持续发展
第26届	2007年7月	宁夏	气候变化与大漠风情
第27届	2008年7月	吉林	应对气候变化，变化生态环境
第28届	2009年7月	湖南	祖国在我心中，蓝天伴我成长
第29届	2010年7月	福建厦门—武夷山	关注天气气候，倡导低碳生活
第30届	2011年7月	新疆	气候　自然　和谐

从上表中，我们可以看出全国青少年气象夏令营的活动足迹和整个前进路程。

四、丰硕的成果铸成品牌

30 年的风雨征程，30 年的心血浇铸，30 年前的小苗长成大树，30 年来鲜花挂满株。

30 年来，每一届除了由中国气象局副局长和中国气象学会秘书长担任营长、副营长外，举办地的党、政、科协和气象局的领导都会在开营式上发表讲话，对营员提出希望和要求。

由于相关规章制度的贯彻和办营领导的重视，时刻把营员的安全工作放在工作的重点上，30 年来安全顺利，无一事故出现。

30 年来，气象夏令营坚持每届办出特色、办出水平，在中国科协和气象部门获得良好声誉，成为气象科普的品牌活动。通过举办气象夏令营，一是为气象部门与当地政府建立良好关系创造了有利条件；二是数万名营员通过参加蕴含丰富科普内容的气象夏令营，有效提高了他们的气象意识和综合素质。同时营员在开阔视野、热爱祖国、自理自立、体验成长、增进友情、珍惜生活，提高团队意识等多方面得到提高与收获。通过参加气象夏令营，青少年们激发了对气象科学的兴趣。经了解，上百名当年的营员如今活跃在气象战线上，更多的营员成长为各行各业的栋梁之材。

每年夏令营结束，都要举行演讲比赛，营员代表都会在比赛中呼出发自内心的声音：

“夏令营虽然短暂，但带给我们的力量是无穷的！”

“气象夏令营给我留下无比难忘的记忆，我会珍藏终生！”

“气象夏令营让我学到课本上学不到的东西，我衷心地谢谢你！”

“气象夏令营让我长大了许多，我们在一起相处、成长，结下了深厚的友谊，还增长了许多关于气象防灾、防止风沙袭击等知识。”

“回首丰富多彩的夏令营生活，太多的不舍、感激和喜悦无法用言语来表达，我想说经历了夏令营的我们，永远保留着这份珍惜、感动与眷恋，因为它们是我们一生的财富！”

“我相信气象夏令营留给我们的不仅是深刻美好的印象，也磨炼了意志，坚定了信念，更带给我们以往从没有过的经历和体验，在我们的生活历程添上了绚丽夺目的一笔。”

“从夏令营的亲身经历中，我深深感到了气象工作在人们生活中的独特地位与重要性。感谢气象夏令营让我对气象有了新的认识。”

“我只想说，7 天的夏令营生活实在太短太短，它的每一秒钟对于我来说都是弥足珍贵的，这珍贵而有意义的 7 天将会成为我们永久而有价值的记忆。”

“感谢这次夏令营，我们不仅学到了气象、天文、地质等多种知识，带给我们低碳环保的新理念，同时我们还在娱乐中得到收获，在收获中得到成长。”

“这次夏令营使我从真正意义上独立了一回，锻炼了自我。为了不天天穿有汗臭味的衣服，我跟老师、同伴学会了洗衣服，而且还洗的相当干净呢。”

“气象夏令营的北京之旅，让我们感受到美丽的中国梦、感受到北京无与伦比的魅力、感受到气象事业的伟大和光荣。如果有机会，将来我会选择成为一名气象工作者。”

1996 年、1997 年，全国青少年气象夏令营两次被中国科学技术协会确定为全国重点夏令营。

2006年,全国青少年气象夏令营开展的气象灾害应急演练,被中国科协列入全国应急科普座谈会的典型范例。

2011年8月,中国气象学会科普工作委员会为了对全国青少年气象夏令营进行简单总结,开展了一系列活动;举办了“全国青少年气象夏令营30年图片展”,开展了“气象夏令营——我的难忘之旅”征文比赛,还与中国气象局华风集团拍摄了专题片《我爱气象夏令营》。

图片展得到了各界的好评;征文比赛评出了一、二、三等奖,并结集出版;专题片《我爱气象夏令营》获“第七届中国纪录片国际选片会”入围奖。

走过30年风雨征程的全国青少年气象夏令营,不但成为中国气象局、中国气象学会的科普品牌活动,而且还成为中国科协的科普品牌活动。

第五节　中小学生气象知识竞赛

气象知识竞赛是气象科学普及的一种方法和方式。它采用问答、填空、选择、是非等题型,通俗地向参与的大众介绍了天气、气候、气象观测、气象应用以及世界、全国乃至各地的气候情况等方面内容。它是一种普及面广泛、参与人数众多的气象科技活动。它富有科学性、知识性和趣味性,是激发中小学生学习气象科学兴趣,掌握气象科学知识,引发积极思维的高级活动形式。

据了解,20世纪80年代起,气象知识竞赛被很多单位和组织采用,随着时间的推移和社会、科学技术的发展,气象知识竞赛已经发展成多种规模、多种形式、题型活跃、内容丰富、参与者越来越多的气象科技活动。

一、气象知识竞赛的规模

目前,我国的气象知识竞赛大约有国家级、省级、地市县级和单位级4种规模。

(1)国家级规模。国家级规模的气象知识竞赛,它的组织者是国家一级的行政单位,如中国气象局、共青团中央、中国科学技术部、国家教育部等;或者是技术、学术组织;如中国气象学会、中国科学技术协会等。它所参与的对象是全国所有公众、气象爱好者、专业技术人员,尤其广大青少年学生等。

(2)省级规模。省级规模的气象知识竞赛,它的组织者是省级的行政单位,如省气象局、省团委、省科学技术厅、省教育厅等;或者是技术、学术组织;如省气象学会、省科学技术协会等。它所参与的对象是全省范围内所有公众、气象爱好者、专业技术人员和广大青少年学生等。

(3)地、市、县级规模。地、市、县级规模的气象知识竞赛,它的组织者是地、市、县级的行政单位,如地、市、县气象局,地、市、县团委,地、市、县科学技术局,地、市、县教育局等;或者是技术、学术组织;如地、市、县气象学会,地、市、县科学技术协会等。它所参与的对象是地、市、县范围内所有公众、气象爱好者、专业技术人员和广大青少年学生等。

(4)单位级规模。单位级规模的气象知识竞赛,它的组织者是本单位的行政机构或青少年组织,如大专院校、中等专业技术学校和普通中小学等;它所参与的对象是本单位所有公众、气象爱好者、专业技术人员和全体青少年学生等。

当然,对于后3级规模,有的通过网上公布竞赛试题,欢迎范围以外的气象爱好者参加。

二、气象知识竞赛的组织形式

普通的知识竞赛一般都是以统一规定时间内在指定环境中用书面形式来完成的。随着气象知识竞赛的规模和参与对象的范围不断扩大,这种书面答卷形式已经不能满足和适应当前竞赛的要求。因此,气象知识竞赛的组织形式也有了很大发展。概括起来,我国目前的气象知识竞赛有电视竞赛、纸质新闻媒体竞赛、网络竞赛和书面答卷竞赛4种形式。

(一)电视竞赛

气象知识电视竞赛就是借助电视台某一频道作为竞赛平台,邀请多支参赛代表队作嘉宾,由电视台主持人主持进行比赛,比赛的场面由电视台向所有电视收视观众现场直播,以比赛得分的积累评出比赛结果。同时,收视观众也可以通过热线电话和手机短信等方式在场外参赛。这种竞赛的优点是宣传范围广泛;参赛的嘉宾面对电视拍摄镜头可以得到胆识和意志的磨炼。但也有限于参赛人数的局限。国家级、省级、地市县级气象知识竞赛都可以采用这种竞赛形式。如1986年,大连市气象学会曾举办过一次规模较大的中学生气象知识电视竞赛,并获得较好的效果。

(二)纸质新闻媒体竞赛

气象知识纸质新闻媒体竞赛是指主办单位和纸质新闻媒体联合举办的竞赛。竞赛开始时先在报纸上刊登气象知识竞赛题目,限定时间提交答卷,经专家评判后,再在报纸上刊登结果。这种竞赛的优点是拥有相对广泛的参与大众,能给参与者足够的时间去研究问题、思考问题和请教问题,客观上能使参与者通过竞赛获得气象知识、掌握气象知识,并经受了一番自觉钻研学问的锻炼。但这种竞赛也有不可限制参与者独立完成赛题的局限。这种竞赛形式也适合国家级、省级、地市县级举办的气象知识竞赛。《中国气象报》《气象知识》等报刊都曾经发动过多次全国性的中小学生气象知识竞赛。

(三)网络竞赛

气象知识网络竞赛就是组织举办竞赛的单位先在网络上发布竞赛题目,规定答卷提交的时限。参与者在网络上注册参赛,在网络上完成答卷并提交。网络上已有标准答案能自动给予评分。这种竞赛的过程可以使参与者经受现代化技术的锻炼,也能给参与者研究问题、思考问题和请教问题的足够时间,但这种竞赛也有不可限制参与者独立完成赛题的局限。这种竞赛形式也适合国家级、省级、地市县级乃至单位举办的气象知识竞赛。

(四)气象知识书面答卷竞赛

气象知识书面答卷形式的竞赛一般都局限于单位举办的竞赛,最大的范围也突破不了地市县级举办的竞赛。这种竞赛有 2 种形式:一种是预先公布竞赛题目,规定时间完成并提交,这种竞赛形式的利弊与上述 3 种形式相同。另一种是闭卷形式,这种形式的竞赛可以限制参与者独立完成赛题,但却使参与者失去了研究问题、思考问题和请教问题的时间和过程,一般不可取。

三、气象知识竞赛的题型和内容

我国历年历次举办的气象知识竞赛题目是非常丰富的。1987 年,由大连市气象学会编写气象出版社出版的《青少年气象知识竞赛 500 题》一书,汇集了 500 道竞赛题目。虽然这些题目不是某次竞赛的全部题目,而是对多次竞赛题目进行整理扩充而成的,但却说明了气象知识竞赛题目的丰富性。另外,1996 年 7 月 18 日,《中国气象报》第 3 版公布的大气科学知识竞赛题目有 100 道;2006 年 3 月 10 日,《中国气象报》公布的大气科学知识竞赛题目有 109 道。

这些气象知识竞赛题目的题型都比较简单通用,大致可以分为问答、填空、选择、是非等几种形式。所谓问答题,并不需要答题者进行长篇的议论作答,而是用一二个简单的表示概念的词语就可以完成对设问的回答。如(1)世界上第一个气象站是哪一年在哪一国家建立的?(2)1984 年世界气象日的主题是什么?填空即填充,就是把问题写成一句话,空出要求回答的部分让应试者填写。选择与是非题是在设问的后面罗列几个答案,供答题者选择与判断。2006 年 3 月 10 日,《中国气象报》公布的气象知识竞赛题目则更为简单,是清一色的选择题,只分为单选题和多选题两种。不过,这两种选择题却把问答、填空、选择、是非等几种形式都蕴含在其中了。

气象知识竞赛题目的题型虽然简单,但它的内容却非常丰富,涵盖范围非常广泛。其中包括中国和世界古代、近代、现代气象史知识;天气、气候、气象观测的基础知识;气象应用和现代先进的气象科学技术知识等。就中小学而言,中国或世界气象史方面的知识是寄居在中小学历史学科中的内容;天气、气候、气象观测的基础知识是中小学科学与地理学科中的内容;气象应用和现代先进的气象科学技术知识是蕴含在平常时事政治中的内容。这样看来,气象知识竞赛题目的设计是以气象科学为主题,内容辐射各学科,知识线贯穿中小学生的日常学习与生活。

从气象知识竞赛题目的涵盖范围来看,参与一次竞赛就等于对气象科学知识进行一次全面学习,是对各学科的综合钻研,是对整个学习生活的检验。因此,可以说气象知识竞赛的过程既是气象知识的全面学习过程,也是科学认识、科学思维和创造能力的发挥与发展过程。

四、气象知识竞赛的组织和开展

气象知识竞赛既然是气象科技活动的一项非常好的项目,那么,就要经常性地认真地组织和开展这项活动。这项活动的组织和开展有如下几个步骤。

(一)竞赛前期准备

气象知识竞赛的前期准备工作基本有3项:一是邀请气象专家或者相关人员组成统一命题小组;二是发布公告,公示竞赛的主办单位、竞赛的目的、竞赛方法、参赛对象的要求和奖项设置以及报名、比赛的起止时间等;三是对整个竞赛过程的设计和布局。

(二)制订竞赛章程

竞赛章程包括7方面内容。

(1)总则:申明主办单位,阐述举办竞赛的目的与意义;

(2)竞赛规则:标明竞赛的有关规定和竞赛过程;

(3)竞赛报名:说明报名的条件、报名的时间、报名方式等;

(4)竞赛日程:告示报名的截止时间、培训时间和比赛的时间;

(5)竞赛内容:公示竞赛题目的来源、题目内容范围等;

(6)奖项设置:说明本次竞赛要设置的奖项类别与数量以及评分标准等;

(7)注意事项:公示竞赛纪律、竞赛网点布局和各点负责与联络人员等。

(三)竞赛形式的选择和竞赛试卷的命题制作

竞赛的形式基本上有前述4种,竞赛时尽可能地选择适合于自己单位的形式。随着科学技术的发展和中小学教育技术装备的进步,建议竞赛尽量使用多媒体电脑,提高气象知识竞赛的格局与档次。不过,竞赛时也可以把多种竞赛方式结合在一起并用。总之,竞赛的形式可以沿袭也可以创新。

竞赛试卷的命题制作时首先要考虑题型。题型不必太复杂,因为复杂的题型既不利于参与者思考,也不利于评判者评判。但命题的设计要有深度,因为只有有深度的命题才有利于展开思维,同时还要考虑参与者的学历水平。其次,命题制作时要考虑测试的主题。也就是说,命题的内容可以覆盖大气科学的全部,也可以有所侧重。

命题设计时尽量寻找借鉴,如《青少年气象知识竞赛500题》和《中国气象报》1996年7月18日和2006年3月10日刊登的大气科学知识竞赛题目等。

(四)竞赛举例

气象知识竞赛是一级组织或单位举办的重要的气象科技活动。国家级、省级、地市县级的大型竞赛可以选派代表参加,单位举办的竞赛最好要求全体人员都参加。

开赛仪式上应该有领导讲话,阐明和强调竞赛的目的和意义、竞赛的规则、提出希望等;还要有参赛代表讲话,让他们代表全体参赛者表示对竞赛的认识和信心。

气象知识竞赛是一项重要的气象科技活动项目。广大中小学应该充分重视和切实做好这项活动的组织工作。

1987年,新疆维吾尔自治区气象学会等单位曾联合举办乌鲁木齐地区中学生气象知识竞赛。1986年11月,正式成立了“气象知识竞赛”领导小组。领导小组组长由新疆电视台主题部主任杨泽民担任,副组长是新疆维吾尔自治区气象学会副秘书长张小炎担任,下设摄制组、竞赛组、剧务组、办公室。领导小组成立后,即组织区气象学会科普委员会及各专业组组成命题小组。

这次气象知识竞赛分为初赛和决赛两个阶段。初赛采用笔试方式,于1987年2月28日在新疆科技馆报告厅举行,决出前5名代表队(取集体总成绩);决赛采用必答和抢答并看录像的方式进行,于3月14日在新疆电视台演播厅举行,分别决出集体一等奖1队,二等奖2队,三等奖2队;个人一等奖1名,二等奖2名,三等奖2名。3月22日,新疆电视台公布了竞赛结果,并播出了决赛实况,得到了广大电视观众的良好反响。

20世纪80年代后,我国各种规模类型的"气象知识竞赛"络绎不绝,到了新世纪后,"气象知识竞赛"的规模达到了数十万人参加,政府部门和相关单位的主要领导都亲临竞赛现场。可见"气象知识竞赛"这一科普形式的巨大影响力和气象科学普及的功能。

2006年4月,世界气象组织启动了"儿童眼中的天气"的绘画作品征集活动,号召各成员国组织少年儿童围绕天气主题创作绘画作品,以激发广大少年儿童关注天气奥秘,热爱和保护自然,加深对气象工作的向往。为了配合这一活动,中国气象局办公室、中国气象学会秘书处、中国少儿造型艺术学会、中国少年报社,共同组织了"儿童眼中的天气"少年儿童画全国选拔赛。

选拔赛在全国范围内引起热烈反响,短短2个月的时间共收到全国30个省(自治区、直辖市)和147个少年宫报来的970幅参赛作品,作者大多为小学生。绝大多数作品围绕气象主题创作而成,手法多样、色彩丰富、充满童趣。

经组织专家初审与终审评定,最终评出一等奖3幅、二等奖10幅、三等奖20幅、优秀奖50幅。其中一等奖3幅由中国气象局提交到世界气象组织。世界气象组织秘书处对各国提交的作品进行评选,评选出的作品刊登在该组织的网站上,并编入《儿童眼中的天气》绘画集。

第六节 "3·23"世界气象日纪念活动

每年的3月23日是世界气象日。这一天,世界各地都要举行隆重而丰富多彩的世界气象日纪念活动。组织中小学生参加纪念世界气象日的活动,也是一项极具重要意义的气象科技活动。

一、世界气象组织和世界气象日的由来

世界气象组织是联合国的专门机构之一,是世界各国气象局间的协调机构。然而,世界气象组织的诞生也经历了一个漫长的过程。

大气无国界,科学无疆域。气象科学的研究与发展清楚地证明:气象活动必须开展国际合作。1872年,由奥地利杰利内克教授、俄罗斯怀尔德教授、德国布龙斯教授等世界一流的气象专家倡议,在莱比锡举行了一次世界性的国际气象会议,会上统一了许多项气象观测技术国际标准,详细研究了建立一个常设机构来处理国际上共同面临的气象问题。成立了一个由德国、俄国、奥地利三个国家代表组成的常任委员会。1873年9月,奥地利政府通过外交途径向设有国家气象机构的各国政府发出邀请,在维也纳举行了第一次世界气象大会。当时共有20个国家32名代表出席会议。大会正式成立了国际气象界的群众性组织——国

际气象组织(非政府间)。这个组织的成立是国际气象合作开端的标志(国际气象组织自1873年成立至1951年3月宣告解散共经历了78个年头)。

随着科学技术的不断发展,以及气象与社会经济、人民生命财产安全关系的日益密切,1935年国际气象组织第七次局长会议酝酿将国际气象组织这个群众性的非政府机构改组为政府间组织——世界气象组织。经过了12年的不懈努力,到1947年9—10月在美国华盛顿市召开的有45个国家气象局局长参加的第12次会议上,提出、讨论并通过了《世界气象组织公约》和世界气象组织加入联合国问题。同时决定按公约规定在第30个国家签字批准后的第30天生效。这个程序又经历了两年半时间,终于在1950年3月23日正式生效,国际气象组织也正式更名为世界气象组织(英文简称WMO)。

世界气象组织总部设在日内瓦世界气象组织大楼。它的组织机构包括:世界气象大会、执行理事会、区域协会、技术委员会和秘书处。

(1)世界气象大会是世界气象组织的最高权力机构,由各会员派代表团与会。一般每4年召开一次大会,审议过去4年工作,研究批准今后4年的业务、科研、技术合作等各项计划,通过下一财务期的预算,选举产生新的主席、副主席,选举产生除本组织主席和副主席以及区域协会主席以外的执行理事会成员和任命秘书长等。

(2)世界气象组织执行理事会(前称执行委员会)是大会闭幕期间的执行机构。其组成人数根据本组织会员数的增多而逐渐增加。目前执行理事会由36人组成,包括本组织主席、3位副主席(第5次大会前为2位副主席)、6位区域协会主席和由气象大会选举产生的26名成员(均为成员国气象局局长)组成。

(3)区域协会是世界气象组织按地理区域而分别设立的区域气象组织。全世界共有6个区域协会,即一区协(非洲)、二区协(亚洲)、三区协(南美)、四区协(北中美洲)、五区协(西南太平洋)和六区协(欧洲)。区域协会主要负责区域内各项气象、水文活动,实施大会、执行理事会的有关决议。一般4年举行一次届会。中国属二区协(亚洲),中国香港、中国澳门作为地区会员也属于二区协。

(4)技术委员会是世界气象组织下属的气象水文技术业务机构。世界气象组织根据气象、水文业务性质,将技术委员会划分为两组共8个委员会。它们是:①基本委员会,包括基本系统委员会(CBS)、大气科学委员会(CAS)、仪器和观测方法委员会(CIMO)和水文学委员会(CHY);②应用委员会,包括气候学委员会(CCL)、农业气象学委员会(CAGM)、航空气象学委员会(CAEM)、海洋和海洋气象学联合委员会(JCOMM)。委员会由本组织各会员提名指派专家参加,委员会工作主要是在其中职责范围贯彻大会、执行理事会及区域协会的决议并协调本委员会的工作。一般每4年召开一次届会。

(5)秘书处为世界气象组织常设办事机构。由气象大会任命的秘书长主持工作。为处理日常国际气象事务,秘书处下设若干职能司负责有关工作。他们是:秘书长办公室、世界天气监测网司、技术合作司、区域办公室、资源管理司、支持服务司和语言、出版与会议司。

世界气象组织的宗旨是:

(1)促进设置站网方面的国际合作,以进行气象、水文以及与气象有关的地球物理观测,促进设置和维持各种中心,以提供气象和与气象有关的服务;

(2)促进建立和维持气象及有关情报快速交换系统；

(3)促进气象及有关观测的标准化，确保以统一的规格出版观测和统计资料；

(4)推进气象学应用于航空、航海、水利、农业和人类其他活动；

(5)促进业务水文活动，增进气象与水文部门间密切合作；

(6)鼓励气象及有关领域内的研究和培训，帮助协调研究和培训中的国际性问题。

半个多世纪以来，世界气象组织作为政府间的国际性组织和联合国的专门机构，对全世界的气象事业和大气科学研究做出了举世瞩目的贡献。建立和扩大了全球基本天气观测站网(包括全球臭氧观测系统)；建立了世界天气监视网；进行了全球性天气试验；建立气象观测和情报交换系统标准化；同时还做出了气象观测、气象仪器、气象情报互递、气象科学研究、环境保护等国际气象全面计划。为掌握世界气候变化和进行环境保护，为全球减少自然灾害的危害起到了重要的关键性作用。因此，世界气象组织受到了全球气象界和各国政府的信赖和支持，从而不断发展壮大着，会员国由成立初期的 30 多个发展到 2000 年的 185 个，成为一个具有代表性和合作精神的国际组织。

1950 年 3 月 23 日是《世界气象组织公约》生效和世界气象组织正式更名的日子。1960 年 6 月世界气象组织决定将这个对人类社会具有重要意义的日子，即 3 月 23 日定为世界气象日。从 1961 年开始，世界气象组织要求各成员国在这一天以多种方式同时举行全球性的庆祝活动，向各成员国和公众进行气象宣传教育，宣传气象学在国民经济和国防建设中的重要作用。目的是唤起世界各国人民认识大气是人类共有资源，保护大气资源是全球公众的应有职责。世界气象日实际上就是世界气象组织成立的纪念日。

二、历年世界气象日的主题

为了更好地组织纪念活动，每年的世界气象日，世界气象组织执行委员会都要根据当时国际热点问题选择一个纪念主题进行宣传，以提高世界各地的公众对自己密切相关的气象问题的重要性的认识。每一个主题都集中反映了人类关注的与气象有关的问题。主题的选择基本上围绕气象工作的内容、主要科研项目以及世界各国普遍关注的问题。

开展世界气象日纪念活动的主要目的是让各国人民了解和支持世界气象组织的活动，唤起人们对气象工作的重视和热爱，推广气象学在航空、航海、水利、农业和人类其他活动方面的应用。历年世界气象日主题请见附录八。

三、世界气象日纪念活动的规模与形式

每年年初，世界气象组织执行委员会就选择制定了一年一度的世界气象日纪念活动的主题，并用多种语言出版宣传画册、招贴画和发行专题纪录片等。各区域协会和各国气象部门都按照世界气象组织制定的纪念主题和宣传资料，进行积极的安排和部署。

按照我国的惯例，每年的 1 月底 2 月初，中国气象局和中国气象学会即会给各省(自治区、直辖区)、计划单列市气象局和气象学会发出“关于组织开展世界气象日纪念活动的通知”。此通知除了向各地各级有关单位通告本年度世界气象日纪念活动的主题，还提出了纪念活动的具体要求。

40多年来，我国举办的世界气象日纪念活动庄严隆重，声势浩大，活动的层面涉及政府机关、科研单位、新闻媒体、社区居民和大、中、小学校园。为积极宣传气象对于人类生存发展的重要作用和防灾、减灾、抗灾的重要性，让社会各界更多更深地了解气象、了解气象工作，支持气象事业的发展和增强社会公众自觉运用气象信息的意识等做出了贡献，并取得了良好的效果。

(一)世界气象日纪念活动的规模

我国各级气象局和气象学会把世界气象日纪念活动作为宣传气象的重要途径和方式，在一定范围内组织举办了各种不同规模的活动，让更加广泛的社会公众了解气象、运用气象，共同携手防灾、减灾、抗灾，以更好地保障人民的生命财产安全和国家的经济发展。

1.国家级纪念活动

每年的3月23日，中国气象局和中国气象学会除了组织领导全国各地的纪念活动外，还在中国气象局内举办时有国家领导人、中央相关单位负责人和人民群众参加的大型纪念活动。

2.省级纪念活动

每年的3月23日，全国各省级气象局和气象学会分别在当地举办有当地政府领导人、相关单位负责人和人民群众参加的不同规模类型的纪念活动。

3.地、市、县级纪念活动

每年的3月23日，全国各省内的地、市、县气象局和气象学会也分别在当地举办有当地政府领导人、相关单位负责人和人民群众参加的不同规模纪念活动。

4.社区和大、中、小学校举办的纪念活动

每年的3月23日，一些基层社区和大、中、小学校在当地气象部门的指导下，也分别举办各种类型的纪念活动。

(二)世界气象日纪念活动的形式

世界气象日纪念活动是一项社会性、科学性的大众活动。因此，全国各地各级单位在举办纪念活动时，运用了丰富多彩的形式。

1.通过新闻媒体宣传气象

每年的3月23日，纸质新闻媒体要刊载大量世界气象日的纪念文章；视听新闻媒体要播放专题节目，在全社会造成世界气象日的热烈气氛。

2.举行隆重集会宣传气象

每年的3月23日，全国各地的气象部门都要举行隆重的纪念大会。邀请新闻媒体记者进行新闻发布；邀请专家做学术报告，对当地的气象灾害和气候变化情况进行分析；邀请有关人士举行座谈会，对当地的气象工作和气象设施状况进行调查、研究和交流。积极推动和促进我国气象事业的发展。

3.开放气象业务平台宣传气象

每年的3月23日，全国各地的气象台站都要开放气象地面观测站、气象预报制作系统、气象卫星接收站、气象影视中心、气象博物展览馆、气象科技馆以及气象产品展示厅等。组织社会大众和学生团体前来参观，让他们亲近气象感受气象。

4.送“气象”进社区、进校园

每年的3月23日，全国各地的气象部门都要组织一定的人力、物力，通过展板、书刊把气象知识送给公众场合的人民大众、社区的居民和学校的师生。

四、中小学生的世界气象日纪念活动

我国组织中小学生参加世界气象日纪念活动已有几十年的历史了。几十年来，世界气象日纪念活动使大批中小学生接近了气象，了解了气象。把他们带进了气象科学神秘的殿堂，拓宽了他们的气象科学视野，激发了他们热爱科学，热爱大自然，热爱祖国，热爱家乡的情怀。

中小学生参加世界气象日纪念活动有“走出校门”和“校园自办”两种方式。

（一）“走出校门”参加世界气象日纪念活动

组织中小学生参加世界气象日纪念活动，是把他们融入社会，溶进科学，在社会和科学的大熔炉中接受科学教育、经受社会锻炼、感受时代挑战的一种教育方式。这种教育方式可以通过4种途径来实现。

1.组织参加气象部门主持召集的各种纪念活动

每届世界气象日，气象部门主持召开的各种纪念活动大致有：媒体新闻、学术报告、专题座谈会和主题宣传活动等。中小学可以组织学生直接参加这些活动，学习媒体发布的专题新闻和文章，听取专家的科学讲座，聆听相关人士对当地气象服务和设施情况的分析和接受气象技术人员的主题宣传。通过参加这一系列的纪念活动，使中小学生置身于浓厚的气象科学氛围之中，神游在气象科学领域的广阔天穹，呼吸着气象科学现状和发展情景的新鲜空气，吮吸着无尽的气象科学知识源泉，添补心灵的空白和充实了求知的欲望。

2.参观气象科学研究业务平台

每届世界气象日纪念活动时，从中央到地方的气象部门都会开放气象科研业务平台。学校可以组织中小学生参观当地气象台站的气象观测站、天气预报制作系统、卫星地面接收站、气象影视中心等。通过参观可以让青少年学生亲身了解气象工作的实际运作过程，感受气象工作者战天斗地的精神。

3.参观气象科技场馆

为了贯彻落实《中华人民共和国科学普及法》，各地兴建了许多普及气象科学知识的科技场馆。在世界气象日纪念活动时，组织中小学生参观气象科技场馆可以使他们获知气象科学发展的历史、大气变化的过程和原理，认识天气、气候变化与人类生存发展的密切关系。

4.向社会公众宣传气象

每届世界气象日纪念活动，气象部门都会组织一定的人力物力，深入城市的基层社区、工厂、农村进行气象科技宣传。学校也可以组织中小学生送“气象”到社区、工厂、农村，对广大人民群众进行气象宣传。通过气象宣传活动，不仅为提高全社会民众的气象科学意识，为防灾、减灾、抗灾和社会经济发展做出贡献。同时，也使他们从中得到自我教育，并锻炼他们服务社会与实践的能力。

参加世界气象日纪念活动是中小学开展气象科技活动的一项重要工作。要做好这项工作，必须从如下几方面着手。

走出校门参加世界气象日纪念活动，必须做好的工作有：

(1)与气象部门或有关主办单位进行详细周密的协调，把学生群体融入社会群体之中，融入整个活动的统一整体部署之中；

(2)向全体学生宣讲世界气象日纪念活动的重大意义，使他们能以科学认真的态度参加活动的全过程；

(3)向全体学生提出参加活动的相应具体要求，如带笔记本做好活动笔记，带照相机拍摄纪念活动的相关镜头，带录音机录下相关人员的讲话等；

(4)向全体学生宣讲交通、人身等安全方面的注意事项，使参加活动的全体学生能够平安出门，平安回家；

(5)向全体学生宣讲参加纪念活动的纪律，使他们树立遵纪守法热爱集体荣誉的观念，在纪念活动中做出良好的表现；

(6)向全体学生宣讲遵守社会公德、爱护公物等事项，使他们在活动的全过程为社会公众做出表率。

(二)校园自办世界气象日纪念活动

每届世界气象日，中小学也可以以学校为单位，自己举办多种形式的纪念活动，大致有如下几种形式。

1. 把“气象”迎进校园

送“气象”进校园是气象部门每届世界气象日纪念活动的一种形式。届时，中小学对学生进行一次气象科普教育，可以开辟一定的场所，配合气象部门组织学生在校园中开展纪念活动。

2. 举行气象科学专题报告会

邀请气象部门的科技人员到学校做气象科学专题报告。报告的内容尽量围绕本年度纪念活动的主题。

3. 举办校园气象科普展览

由学校根据本年度世界气象日纪念活动的主题，结合本校气象科学教育教学和气象科技活动的情况，自行设计，采用图片、展板、文字说明、实物等形式，在校园举办气象科普展览。向学生介绍气象科学发展的历史、气象观测的技术和方法、天气、气候变化的原理与理论、现代气象科学技术等内容。

4. 举办不同题目的气象征文比赛

气象征文比赛是世界气象日纪念活动的一种形式。这种形式可以使学生的综合素质得到提高。气象征文比赛要求围绕本年度纪念活动的主题，采取统一命题或自拟题目的方式进行。征文最好不要限制文章体裁、字数和写作时间。征文前要进行气象科普专题讲座，征文结束后要评出得奖作品。

5.举办气象知识竞赛

气象知识竞赛有各种不同的规模，有全国范围、全省范围和地、市、县范围及单位范围。学校可以结合本年度世界气象日纪念活动的主题，在纪念庆典活动的当天，组织全体学生参加上述竞赛；也可以由学校单独命题组织竞赛。气象知识竞赛可以使学生经受一次系统的气象科学知识教育，同时，还可以引导学生自觉去学习科学和钻研科学。

校园世界气象日纪念活动还有很多形式，学校可以根据自己的具体情况，选择适合自己学校实际的形式开展活动。

校园自办的世界气象日纪念活动必须做好的工作有：

(1)布置活动场所，全面营造世界气象日纪念活动庄严隆重的气氛；

(2)科学地设计活动进行程序，努力体现气象科技活动的特色韵味；

(3)详细地宣讲世界气象日纪念活动的重大意义和本年度纪念活动主题的具体含义，使全体学生对宣传的主题有深刻的理解；

(4)向全体学生宣讲纪律、道德、学习、安全等方面的注意事项，使整个活动能够顺利进行。

组织中小学生参加世界气象日纪念活动不但是开展气象科技活动的一项重要活动，更是贯彻落实党中央提出的要“坚持以人为本，树立全面、协调、可持续的科学发展观，促进经济社会和人的全面发展”的具体行动与措施。因此，全国各地的中小学一定要认真努力做好这一项工作。

20世纪80年代以后，学校单独开展或与气象部门联合举办的“3·23”世界气象日纪念活动日益繁荣，推开了校园气象科普教育的新局面。在世界气象日期间，各地气象台站迎来成千上万的中小学生前来参观，其中包括各地国际学校的外国学生。

第七节　国家和政府有关部门的重视、支持与鼓励

校园气象科普教育作为中小学生课外活动的项目，作为气象科学普及的平台，作为学生素质教育的载体，在我国近现代教育史上留下了光辉的一页。

新中国成立以来，党中央、国务院十分重视校园科普工作，教育部、中国气象局、中国气象学会、全国妇联、全国总工会、中国科协、共青团中央等单位就一直参与校园气象科普工作的领导，并出台了许多相关的政策法规，有力地促进了我国中小学气象科普教育和校园气象站建设的发展。

广大中小学师生在党中央和相关部门的领导下，积极地参与从事气象科普教育和校园气象站建设活动。在长期的实践中不懈努力辛勤耕耘，他们洒下了汗水，做出了成绩，获得了成果，受到了党和国家领导人的重视、支持和鼓励，得到了党中央和相关部门的表彰与礼遇。

第八节　校园气象科普教育的铺路人

20世纪20年代竺可桢先生把气象站引进中小学校园，对全国地理课程的教育教学起到了极大的推动作用，对中小学生科学精神和科学素养的培养，科学技术的掌握等方面发挥了重要作用，深受广大中小学师生的认可与欢迎。因此，气象站便在中小学的校园中成为辅助地理教学、培养人才成长的重要平台与载体。

一个事物的诞生与发展，需要很多人共同来呵护和培养。纵观校园气象站走过的近百年历史，广大中小学的领导与师生是不可忽视的群体。特别是新中国成立以后，党和人民政府为校园气象站的发展提供了优厚的条件；广大师生共同协力参与，为校园气象站的建设与发展架桥铺路，每个历史时期都会涌现出大批的铺路人。历史的长河奔流不息，他们的足迹都会在历史的书页上留下不可磨灭的印记。

一、李善全(福建省泉州市第六中学，1952年创办校园气象站)

李善全，男，1924年7月出生，籍贯福建南安。1948年7月毕业于福建省师范专科艺术教育专业(兼修地理课)。

新中国成立后，李善全老师把一颗诚挚爱心融入党的教育事业。1952年，他在泉州六中任教，为了提高地理课程的教学质量，为祖国培养未来人才，便在校园里建立了泉州市第一个气象观察哨。

气象观察哨建立以后，他便带领学生进行气象观测，开展各种气象科技活动，使地理课堂教学获得良好直观效果。1960年，因为他教的学生地理高考平均成绩名列全国第一，所以他也被评为全国教育先进工作者，出席全国首届文教群英大会，受到周恩来、邓小平等党和国家领导人的接见。

李善全老师曾先后担任过学校、教育、科协、地方政府等方面的领导职务，1987年被福建省教委聘请为教师职务高级评委会委员、全省职教系统中级评委会主任委员。个人传略收入《中国当代教育家大辞典》《全国特级教师大辞典》《中华英模大典》等书籍。

二、樊焕宇(新疆维吾尔自治区气象局，1954年创办校园气象站)

樊焕宇，男，1924年6月出生，河南省罗山县人，气象工程师。1949年9月，刚刚大学毕业的樊焕宇先生便踏上刚刚解放的新疆大地，参加了新疆气象事业的建设。曾先后在新疆多地气象台站担任地面气象观测员，后受命主管气象哨和开展气象服务工作。

1954年，樊焕宇先生率先在乌鲁木齐市第一中学建立起了全疆第一个校园气象哨。后又陆续建立了五一农场学校、六中、八中、十中、十一中、八一中学、铁二中、铁三中、实验中学、二配中、高运中、十小、铁三小等10多个学校气象哨。

樊焕宇先生对校园气象哨的建设情有独钟。他在完成硬件建设以后，还举办多期辅导员培训班，帮助学校气象哨熟悉气象观测、记录等技术与业务。同时他还深入学校，与地理老师交朋友，给他们代课，为他们出谋划策，在取得教育部门许可后，还帮助学校联系农委、财政等部门出资购买仪器设备；并与水文、地震等部门联络，动员他们与校园气象哨合作。

樊焕宇先生虽然不是教育部门的一员，但对新疆地区的校园气象站建设与发展有着不可磨灭的功劳，也是我国校园气象站建设发展当之无愧的铺路人之一。

三、杨尧（湖南师范大学地理系教授，1954 年创办校园气象站）

杨尧，男，（出生年月、籍贯不详），原湖南师范大学地理系教授。

1952—1956 年夏，杨尧教授在湖南省衡山一中任职，专教初高中地理课程。当时正值新中国中小学地理教育兴旺发达时期。从 1953 年秋季起，学习苏联的教育经验，他组织的地理课外小组活动，就是苏联先进经验的一部分。

1954 年上学期，杨尧老师创办了学校气象站，组织了地理课外小组，亲自带领和指导学生进行每日 3 次的气象观测活动。由于他们的观测比较正规，取得的成绩也比较显著，1955 年下半年就接受了省水利厅交给的南岳地区雨量观测的任务，经过一年的观测及数据上报，受到了省水利厅的嘉奖。

1956 年下半年，杨尧老师奉调湖南师范大学地理系，承担地理教学工作，同时开展我国中小学地理教育史的研究。他在 2000 年出版的《中国中小学地理教育史》一书中，还多处提到各地校园气象站的创办、建设与发展。

杨尧老师虽然是我国著名的地理教育专家，但他创办校园气象站的历史功绩，也应该是他一生荣誉簿上辉煌的一页。

四、邓重涤（江西省南昌市第九中学，1954 年创办校园气象站）

邓重涤，男，（出生年月、籍贯不详），原江西省南昌市第九中学地理教师。根据《江西省志・气象志》记载，原南昌九中在地理老师邓重涤带领下，1954 年建立了全省第一个气象小组。虽然志书上没有更加详细的记载，也没有相关的其他资料，但邓重涤老师开创了江西省第一个校园气象站，这在我国校园气象站建设发展史上也是一位重要功臣。

五、王其昌（浙江省文乌市第一中学，1954 年创办校园气象站）

王其昌，男，（出生年月、籍贯不详），原为浙江省义乌市第一中学地理教师。1954 年下学期，为了改进地理教学方法，激发学生学习地理的兴趣，开展地理课外活动，帮助学生在智力和科学素质方面得到培养与发展。王其昌老师带领学生在校园内建起了一个地理园，园内设立了气象观测哨。

王其昌老师带领与指导 20 多名学生进行每日 3 次的气象观测，并把观测的结果记录在记录簿上，同时还向全校师生报告当天的天气状况。经过一年多的活动，使许多课本上抽象、难懂、枯燥的地理概念，都变为明白易懂和饶有兴趣的知识，大大地提高了地理教学的效果。特别是激发了学生学科学、爱科学、爱气象的兴趣。1955 年下半年，学生任天京就以优异的成绩考取了北京气象学校，毕业后分配到湖南省气象局工作，成为高级气象工程师，为湖南省的气象事业做出了很大贡献。

义乌中学是浙江省的重点中学，历史上曾经有过无数的辉煌，虽然这些辉煌没有与王其昌老师产生直接的关联，但新中国成立初期该校大批优秀人才的输送与造就，应该与王其昌老师有着不可断割的关联。

六、张友民(陕西省西安市神鹿坊小学，1956年创办校园气象站)

张友民，男，1931年出生，陕西省长安区内苑乡鸭池口村人。1951年，于黄良乡高中毕业后参加工作，在长安区石佛寺小学任教。1954年调到西安市灞桥区神鹿坊小学任教，并担任学校校长。

1956年，为了贯彻党的教育与生产劳动相结合的方针，创办神鹿坊小学红领巾气象站。1959年，神鹿坊小学创办的红领巾气象站和红领巾试验田成绩显著，陕西省教育局、陕西省气象局、西安市教育局在神鹿坊小学召开了“教育与生产劳动相结合现场会”。

1959年2月13日，中共陕西省委下发了关于《推广西安市灞桥区神鹿坊小学教育与生产劳动相结合的基本经验》的文件。1959年2月23日，《陕西日报》发表了题为“在小学全面深入地贯彻党的教育与生产劳动相结合”的社论。

1959年，由于成绩突出，该校校长张友民被选为西安市人民代表，代表西北五省文教战线参加新中国成立10周年大典观礼，受到毛泽东、刘少奇、朱德、周恩来等中央领导的亲切接见。随后参加了由周恩来总理主持的国庆晚会。1959—1965年，校长张友民连续7次登上天安门城楼，参加国庆观礼。

1970年后，校长张友民曾多次参加省、市科技代表大会，也参加了全国在北京、青岛、昆明等地召开的农业气象会议。张友民还曾受到邓小平的接见。期间神鹿坊小学还接待了苏联、朝鲜、古巴、日本和非洲等20多个国家和地区前往学校参观学习的国际友人。

陕西省西安市神鹿坊小学能载入我国教育史册，校长张友民老师受到党和国家的最高礼遇，这一切都源于红领巾气象站的创办。

七、赵侑生(浙江省东阳市上卢初中，1958年创办校园气象站)

赵侑生，男，1921年出生，浙江省东阳市巍山镇人。1941年肄业于金华师范学校，1949年冬，主动要求参加人民的教育事业，到巍山镇小学任教。1956年调东阳县第六中学(上卢初中)任教，后担任校长。

为了贯彻落实党“教育与生产劳动相结合”的教育方针，配合农业生产的需要，使教育教学的理论联系实际，1958年11月25日，赵侑生老师带领本校教师与学生，创办了“东阳六中红领巾气象哨”。

他们白手起家因陋就简建哨，刻苦努力学习气象知识，学习观测技术，学习预报技术，在较短的时间内就使气象哨正常运转，并开始为学校周边的农村进行天气预报服务。

“东阳六中红领巾气象哨”的预报对当时农村的生产计划制订、农事安排提供了参考作用，特别是为当地农村的农业抗灾减灾，夺取丰收做出了贡献。

“东阳六中红领巾气象哨”的活动为金华地区和整个浙江省贯彻落实“教育与生产劳动

相结合”的教育方针做出了示范。不但省、市、地区的领导带领兄弟学校前来参观学习，还对他们进行表彰。特别是1959年冬，共青团中央、全国总工会、全国妇联向全国对“东阳六中红领巾气象哨”进行了通报表扬。

赵侑生老师对“东阳六中红领巾气象哨”的活动进行了多方面的总结与研究，1959—1962年底，先后在《天气月报》《地理知识》《地理教学丛书》《浙江气象》《地理教学》等刊物上发表论文10多篇，受到我国地理界人士的好评。

赵侑生老师创办“红领巾气象哨”的事迹被《东阳市志》《东阳文史资料》收录，成为永恒闪光的历史，原因在于他曾经为校园气象站建设发展铺过一段不可或缺的历史道路。

八、曾庆丰(湖南省洪江市幸福路小学，1964年创办校园气象站)

曾庆丰，男，出生于20世纪30年代，湖南衡阳人，湖南省洪江市幸福路小学特级教师。

1964年10月1日，曾庆丰老师创办了幸福路小学红领巾气象站，带领学生学习气象知识，掌握气象观测和天气预报技术。曾庆丰老师善于把课堂教学和课外科技活动结合起来，悉心指导学生进行气象科学探究活动，很快提高了学生多方面的素质，学生的许多小论文被多家国家级的报纸杂志采用并转载。

红领巾气象站还承担了洪江地区的天气预报任务，为当地的工农业生产提供预报服务，并取得显著成绩，不但被评为“全国气象部门先进集体”，而且还被中国气象局和中国气象学会命名为“全国气象科普先进单位”。特别是引起了党和国家领导人的关注，还曾先后获得了原国防部部长张爱萍将军，原全国人大副委员长、中国妇联主席陈慕华，中国气象局局长邹竞蒙、原湖南省省长杨正午等的题词。

曾庆丰老师一生热心并致力于青少年科技教育工作，曾被评为“全国优秀教师”“全国优秀科技辅导员”；曾任中国青少年科技辅导员协会第一届副理事长、湖南省青少年科技辅导员协会第二届副理事长、湖南省怀化地区气象学会副理事长等职。他的事迹被收入《中国特级教师辞典》《中华人物辞典》《中国教育专家名典》等10余种辞书。

曾庆丰老师退休已经30多年了，而且年届90有余，但他为校园气象站建设发展铺路的功绩，会在从事校园气象科普教育的后代人心灵上永远闪光。

九、秦道新(四川省兴文县大坝小学，1964年创办校园气象站)

秦道新，男，出生于20世纪30年代，四川省兴文县人，四川省兴文县大坝小学教师。

1964年在大坝小学校园内创办了一个“红领巾气象哨”，创建人兼辅导员秦道新老师历尽了创业难的艰辛。

秦道新老师不是地理教师，也不习气象科学，但他却有极深的气象情结，同时科学的特点和淳厚的师德驱使秦道新老师两次分别翻山越岭、长途跋涉到兴文县气象局和成都中心气象台学习。他知道，要建立气象哨，带领学生开展气象科技活动，老师必须首先走进气象科学的殿堂。在当时交通极不发达的山区乡村，秦道新老师只身翻山越岭不辞辛劳，先到兴文县气象局跟班学习气象科学全面知识和地面气象观测技术；后又长途跋涉远赴成都，向省中心气象台学习天气预报技术。在学习的过程中，所有气象人的热情爱业与支持科普的意念和秦道新老师的敬业求学、刻苦钻研的精神深深地交融在一起，因此，兴文和成都的气象人不但竭尽全力向秦道新老师传授了气象科学体系全面知识，而且还手把手地教给他地面气象观测技术和长、中、短期天气预报技术。

两地学习使秦道新老师满载而归，他不但带回了气象科学体系的知识和观测、预报技术，还把气象人的科学思想、科学态度和科学精神带回了学校，并传给其他辅导员和全体气象小组的同学。

气象观测传承了科学精神，树立了科学意识；气象科技活动训练了科学技能，培养了科学能力。大坝小学"红领巾气象哨"的长期活动，激发了全校学生的学习兴趣，提高了全面素质，每年为上一级学校输送出大批的学习尖子和未来人才。天气预报服务为当地农村的农事安排和生产计划制订提供参考，为工农业防灾减灾夺取丰收做出了贡献。特别是他们的降水观测为长江水系建设与保护，及防洪救灾做出了巨大贡献，因此，他们的水文观测资料每年都被水利部的《中国水文年鉴》收录。

大坝小学"红领巾气象哨"的长期活动取得了显著成绩，多次被评为省、地、县的先进单位。秦道新老师于1978年10月被评为先进个人代表，参加"全国气象部门学大寨学大庆代表会议"，受到了党和国家领导人的接见并合影。

秦道新老师铺就的"红领巾气象哨"建设之路已经走过了49个年头，一直延续到今天，成为一段没有断裂的"红领巾气象哨"发展之路，不管这条路延续到什么时代，路的启端会永远维系着秦道新老师。

十、王洪鑫（四川省平昌县西兴中学，1972年1月31日创办校园气象站）

王洪鑫，男，（出生年月、籍贯不详），四川省平昌县西兴中学教师。

四川省平昌县西兴中学红领巾气象哨创办于1972年，王洪鑫老师是创办人兼辅导员。在王洪鑫老师的带领和指导下，师生们以气象哨为基地，结合学校教学，结合工农业生产，开展常规的气象科技活动，普及气象知识。

1972—1985年，西兴中学红领巾气象哨为当地的农业和居民做了3000多次天气预报，预报的准确率不断提高；10多年来，师生们共撰写了科普作品100多篇，科学实验报告20多篇，其中有30多篇作品在国家级和省级科技报刊上发表，有多份实验报告还参加了《全国青少年科技作品展览》。

西兴中学红领巾气象哨的活动不仅为当地的农业生产和群众生活服务，而且还形成了青少年学生爱科学、学科学、用科学的大好局面，受到上级领导的鼓励和人民群众的好评。红领巾气象哨曾5次被省、地、县有关部门评为先进单位。王洪鑫老师作为创办人兼辅导员也获得了相应的荣誉。

王洪鑫老师恰到好处地把握了历史契机，为我国校园气象站的发展续写了一段美丽的诗篇。

十一、黄启福（广西壮族自治区富川县朝东中学，1974年春创办校园气象站）

黄启福，男，（出生年月、籍贯不详），广西壮族自治区富川县朝东中学教师。

为落实党中央“教育与生产劳动相结合”的教育方针，黄启福老师在富川县气象站和上级有关部门的支持与帮助下，于1974年春天创办了朝东中学红领巾气象哨，并兼任辅导员。

建哨伊始，黄启福老师曾到富川县气象站、桂平县气象站及其他学校气象哨学习。学习归来便请本校教美术课的谭照金老师绘制了有关天象、物象的彩色挂图；同时饲养了甲鱼、泥鳅等动物；种植了风雨兰等植物；自制了晴雨叉等“土仪器”，还带领师生利用节假日跋山涉水，行程数百里，访问了1000多位老农民，收集了1400多条看天农谚，自编了《看天农谚录》和《测天农谚》两本小册子。

红领巾气象哨的工作制度非常严谨，气象员们轮流进行每天3次的气象观测，不管狂风暴雨还是霜刀雪剑都坚持不断。同时还根据观测结果，结合天象、物象和谚语，学习作天气预报，为当地的农业生产服务。开始只在学校内进行预报，后来还通过公社广播站向全公社作天气预报。经过半年多时间努能力，预报的准确率不断提高，给农业生产提供了很好的参考，得到了公社领导和群众的称赞与好评。

朝东中学红领巾气象哨经过努力和艰苦工作，取得了显著成绩。梧州地区8个气象站和一些气象哨的负责人都来参观；事迹经过整理撰写成《运用农谚和物象变化预报天气的探讨》《努力办好学校气象哨》《一个为农服务的气象哨》等报道和论文，在县、地区、自治区的先进代表会议上介绍。小论文《一个为农服务的气象哨》在地区科技作品展览会上获二等奖、自治区科技作品展览会一等奖，还被选送1979年全国青少年科技作品展览会展览。

朝东中学红领巾气象哨还于1975年、1977年、1978年分别被县、地区、自治区评为先进单位，1978年作为自治区的先进单位，参加了“全国气象部门学大寨学大庆代表会议”。

朝东中学红领巾气象哨所取得的所有成绩，是创办人兼辅导员的黄启福老师前期努力的结果。不可否认，黄启福老师的前期努力是校园气象站前进发展值得借鉴与参考的特色之路。

十二、程孟岳(重庆市北碚区大磨滩小学，1975年创办校园气象站)

程孟岳，男，1924年5月出生，四川省南川区人，重庆市北碚区大磨滩小学教师。

大磨滩小学是一所乡村学校，坐落在重庆市北碚区歇马镇磨滩河畔，周边都是农作物种植区。当时学校的办学条件比较简陋，同时该地经常发生异常天气(主要是暴雨、雷电等)，农作物经常遭灾。

作为学校普通一员的程孟岳老师，却心系教育心系社会。为了改善学校的办学条件，同时也能为周边的农业生产提供服务，经过慎重的思考，决定创办一个校园气象站。1975年，在学校领导、区气象站、柑橘研究所的支持下，在学校的后山坡开始动建校园气象站。

建站伊始，一切都是空白，困难重重，但困难没有难倒程孟岳老师，他与本校的师生一起，自己动手平整场地，制作简易气象观测仪器，安装柑橘研究所无偿支援的气象设备。在经费极端匮缺的情况下，程孟岳老师捐献了自己准备用来修理房屋的300元维修费，修建了红领巾气象站办公室，添置了必要的工具与设备。经过一段时间的艰辛与努力，一座显得有些简陋的红领巾气象站终于建成，通过短期的规划与培训，很快地投入了常规运转。

根据学校和程孟岳老师一起确定的“育人于服务，服务于育人”办站理念，红领巾气象站开展了“常规气象观测”“结合课堂教学进行科学探究”“天气预报服务”3 项活动。由于学校领导的鼎力支持，辅导老师的认真负责，小气象员们的共同努力，大磨滩小学红领巾气象站在很短的时间内就做出了成绩。

学校中的优秀学生、学习积极分子日益增多，科技探究的小论文多次获奖；周边工厂、乡村的领导和群众频频给予好评。在办哨的 30 多年中，分别获得“红小兵气象哨奖”“少年儿童科技活动成果奖”“农业系统基层服务先进集体”等数十项光荣称号；1991 年重庆电视台专程来摄制专题片“我们是管天小哨兵”。1997 年创作了广播剧《磨滩河畔小哨兵》，播出后即获中国广播剧研究会银奖。期间，《重庆日报》《工人日报》《晚霞报》《重庆晚报》《中国老年报》《中国教育报》《中国气象报》等多次报道了红领巾气象站的先进事迹。2011 年还由气象出版社出版了本校师生编撰的校本教材《气象科技活动》。2012 年，大磨滩小学红领巾气象站还获得中国气象局、中国气象学会颁发的“全国气象科普教育基地——示范校园气象站”的称号。

作为创建人兼辅导员的程孟岳老师，多年获得市、区“优秀科技辅导员”奖，“气象哨工作特别奖”“科技兴农先进个人”奖等，1987 年、1988 年、1992 年还分别荣获“四川省优秀青少年科技辅导员”“老有所为精英奖”“全国关心下一代先进个人”等光荣称号。

大磨滩小学红领巾气象站建站已经有 30 多年的历史，在程孟岳老师之后还有多位辅导员的不懈努力，但不管路走多远山登多高，大磨滩小学红领巾气象站的第一步就是在程孟岳老师铺成的发展路上迈开的。

十三、邱良川（浙江省舟山市岱山县渔山小学，1979 年创办校园气象站）

邱良川，男，1956 年 12 月出生，浙江省岱山县人；1977 年 8 月毕业于舟山师范学校，现为浙江省岱山县秀山小学教师。

邱良川老师虽然是一位普通的教师，却是一位 30 多年执着追求痴心不改的“气象迷”，是校园气象站创办、建设、发展的功臣。

邱良川老师 1977 年师范学校毕业后，先被分配到县文教局工作，后向局领导提出申请，回到了岱山县最偏僻的小岛从事教育工作。

1979 年下半年，邱良川老师被分配到大西小学任教，在上到五年级常识课时，当时该课程中有气象知识的章节，课文中有关“毛发湿度计”“橡皮膜气压计”等气象仪器的自制方法，引起了他的兴趣。使邱良川老师顿生气象情结，心里便萌生了创办校园气象站的念想。

邱良川老师是一个执着的人，一旦有了念想便即刻动手。当时大西小学的教学仪器除了几块三角尺，一把圆规外，其他均一无所有，更不必说是气象仪器了。于是他主动与省、市、县气象部门联系，从省气象局购买了干湿球温度表和气压等自记仪，与一个六年级的学生一起，坐了两次船，化了两天多时间，向县气象局要来了一只百叶箱。市气象局除了在技术上进行指导外，还向学校赠送了几本资料，还从县文教局的教学仪器中调拨了一套风向风速仪。开始风向杆用的是两根毛竹捆绑在一起，后来县科协资助了 130 元钱，就买了两根白铁管子，就这样于 1979 年冬，海抱浪摇的渔山乡大西小学便有了自己的红领巾气象站。虽然其中还有很多曲折的故事，但邱良川老师从来没有在人前提起过。

1983年，邱良川老师分配到了渔山初中担任初中教师，红领巾气象站也随之迁到了渔山初中部。

1990年，邱良川老师被调到秀山小学任教，还担任了秀山中心小学的少先队总辅导员，他又在秀山中心小学的操场上竖起了高高的风向标，安装了洁白的百叶箱。通过几年的活动，秀山小学的红领巾气象站取得了显著成绩，引起了上级气象部门的关注，红领巾气象站也添置了许多现代化的气象观测仪器。

在漫长的创办红领巾气象站的过程中，邱良川老师只有一个目的，就是为偏隅海岛的学生们创建一个学科学、用科学的平台与载体。虽然红领巾气象站2次迁址，但3所学校的学生都分别得到受益。他们见识了书本上才有的气象站，参与了只有气象工作者才能从事的气象观测。同时他们还懂得学科学的道理，掌握了用科学的技术，激发出热爱科学的激情。通过气象科技活动，学生们的思维得到发展，素质得到提高，他们的小论文在国家及省、市县级报刊上发表、得奖。

秀山小学红领巾气象站也随着学生们崭露头角而名声远扬。2010年，该站获得了中国气象局局长郑国光博士的亲笔题词“观云测天，探索大气奥秘；刻苦学习，培养自身本领。祝秀山小学红领巾气象站越办越好！”2012年，该站在获得省、市、县气象科普教育基地以后，又被中国气象局、中国气象学会命名为“全国气象科普教育基地——示范校园气象站”的光荣称号。

纵观这个小小的海岛校园红领巾气象站的发展历史，从几件简陋的自制气象仪器起家，到现代化气象观测仪器装备的多重设备配置的校园气象站；从名不见经传的海岛校园气象站到“全国气象科普教育基地——示范校园气象站”。这种校园气象站装备上的飞跃进步，这种红领巾气象站的荣誉光环，人们应该不会忘记这位为校园气象站建设发展花了30多年艰辛和心血的铺路人——邱良川。

十四、沈作民(湖北省武汉市江汉区水塔小学，1979年创办校园气象站)

沈作民，男，(出生年月、籍贯不详)，湖北省武汉市人，原武汉市江汉区水塔小学教师。

1979年，湖北省武汉市江汉区水塔小学建起了一个小小的红领巾气象站，它的创办人兼辅导员是学校教自然课的沈作民老师。沈老师创办红领巾气象站的目的非常明确，就是“给孩子们开辟一块学科学、用科学的园地，培养他们长期系统观察自然事物的好习惯，激发儿童学科学的兴趣，训练他们坚韧不拔、坚持不懈的优良作风；养成实事求是、独立思考的科学态度”。6年的实践证明，沈作民老师的目标达到了。

到1986年，参加气象科技活动的50多位学生，几乎人人都在从不间断地写天气日记，几乎人人都会绘制春季和夏季气温变化、太阳高度、昼夜长短变化的曲线图。8岁小女孩张炜恒写的《武汉春季的秘密》一文发表在《少年科学报》上。六年级学生熊燕的科学小论文获武汉市一等奖、湖北省二等奖，全国“走向明天”少年科学写作比赛三等奖。1985年，他们参加全国“红领巾创造杯”比赛荣获集体金奖。他们的镜头上了武汉电视台的专题节目和全国转播的卫星教育电视节目。

水塔小学红领巾气象站取得的显著成绩远近闻名，六年中，不但接待了全国各省数批前来参观的自然课老师、科技辅导员；而且还接待了来自美国、法国、日本、加拿大和亚洲的十几个国家的朋友们。日本朋友曾伸出大拇指称赞水塔小学红领巾气象站的小气象员们说："了不起，中国未来的气象科学家！"

从红领巾气象站初创到硕果累累丰收，都是沈作民老师手把手地牵着孩子们的手走过来的。其实沈作民老师是一位体弱多病的教师，长年重病缠身，家庭经济也比较困难，但他却"只问耕耘，不问收获，公而忘私，勇于献身"，是一位一心只想着下一代成长的具有红烛精神的红领巾气象站铺路人和引路人。

第七章 校园气象科普教育的发展 (1991—2009年)

20世纪90年代初，随着世界全民教育的迅猛发展，我国政府也结合本国实际陆续制定了《九十年代中国儿童发展规划纲要》《中国教育改革和发展纲要》《关于深化教育改革全面推进素质教育的决定》。为了推动全民教育的发展，我国政府和人民为此付出了极大的努力，取得了全民教育的历史性成就。

1992年，在中国共产党第十四届全国代表大会上，江泽民同志指出："必须把经济建设转移到依靠科技进步和提高劳动者素质的轨道上来"。

1995年5月6日中共中央、国务院颁布的《关于加速科学技术进步的决定》，首次提出在全国实施科教兴国的战略的号召，又促进了校园气象站建设的进步和发展。

1999年6月15日，中共中央、国务院发布《关于深化教育改革全面推进素质教育的决定》明确指出，要"调整和改革课程体系、结构、内容，建立新的基础教育课程体系，试行国家课程、地方课程和学校课程"，由此拉开了我国构建"三级课程"体系改革的序幕。

进入21世纪，素质教育的实验指导思想更加明确，教育实验的内容已聚焦到新一轮基础教育课程改革上来。2001年，教育部颁布了《基础教育课程改革纲要(试行)》，从课程目标、课程内容、课程结构、课程实施、课程管理及课程评价诸方面，对本次课程改革做出了整体规划。

特别是2006年，国务院颁发了《全民科学素质行动计划纲要(2006—2010—2020年)》(以下简称《科学素质纲要》)，提出了全民科学素质行动计划在"十一五"期间的主要目标、任务与措施和到2020年的阶段性目标，提出今后15年，实施全民科学素质行动计划的方针是"政府推动，全民参与，提升素质，促进和谐"。

从总体看，新世纪前后教育实验的显著特征是追求一个"新"字，并已初步形成了由政府推动、理论研究者带动、广大中小学教师参与的课程与教学改革实验热潮，即通过新的课程教材体系，营造生命实践活动课堂，培养21世纪新人。

第一节 校园气象科普教育形式如繁花绽放

校园气象科普教育是从中小学地理课外活动的起步，经过漫长的历史时间，走到今天备受国家、政府部门重视关注，备受教育专家和教育部门领导青睐，备受广大中小学师生欢迎与热爱的重要地位和繁荣局面。

建立校园气象站只是开展校园气象科普教育迈开第一步的标志，要深入地开展和不断地发展，必须采取多种方式，多种渠道来完成。新世纪前后，我国的校园气象科普教育发展很快，呈现出繁花绽放的艳丽态势。归纳起来主要的有如下数种。

一、地面气象人工观测

地面气象人工观测是校园气象科普教育中最原始、最传统、最基础、也是使用最长久、最普遍、最优秀的教育活动形式。这种形式就是让学生亲自动手，使用一定的仪器，观察、测量相关的气象要素，并做好记录。

常规的地面气象人工观测需要每天进行 4 次，校园中的气象观测一般只需要两次就可以了。但也有一些学校进行每天 4 次的观测，如四川省兴文县大坝中心小学的红领巾气象哨就是如此，不过夜间 02 时的气象观测是老师观测的，其余 3 次都是学生观测。每天观测 3 次的学校也很多，但最普遍的校园气象站还是每天观测 2 次。

地面气象人工观测工作有严密的规章制度、严格的工作方法、恒定的判别标准，不变地循环重复，既严谨又枯燥。这项工作很容易令人生厌，但却是气象科学和气象服务最基础的工作，其中蕴含着无穷无尽的科学内涵。因此，持久不懈地坚持气象观测，可以增强学生的科学意识，树立正确的科学态度，传承闪光的科学精神，掌握严谨的科学技术。我国已经有许多校园气象站收获了人才培养成长的成果，并数十年不懈地坚持着。如湖南省洪江市幸福路小学红领巾气象站、四川省兴文县大坝中心小学红领巾气象哨都连续不断地坚持了 40 多年之久；重庆市北碚区大磨滩小学红领巾气象站、浙江省岱山县秀山小学红领巾气象站坚持了 30 多年；坚持 10～20 年的校园气象站就更多了。

二、地面气象自动观测

自动气象站是由电子设备或计算机控制的自动进行气象观测和资料收集传输的气象站。

国际上研制自动气象站是 20 世纪 50 年代初开始，到了 20 世纪 90 年代，自动气象站已经在许多发达国家得到了迅速发展，并建成了业务性自动观测网。我国在新世纪前后使用了自动气象站，并实现了组网。

自动气象站在校园中使用的历史并不久远。世界上最先把自动气象站引进校园的是我国台湾省的台北市政府教育局。其次是“香港联校气象网”。第三就是北京数字气象网。目前，世界各国和我国各地已经有相当多的中小学校园都引进安装了自动气象站，并以单站独立和集中组网两种形式活跃在中小学校园中。

与地面气象人工观测站相较，中小学校园中的自动气象站省略了人工观测这一环节，使学生失去了动手、科学实践、技能训练等机会。但在信息技术高度发展的今天，自动气象站以自己独特的身姿与方式，在中小学校园参与了学校中的科技教育和学生的科技活动。

(一)校园气象观测

自动气象站的校园观测,就是要求学校中的气象科技活动小组,按照定时观测规定的时间,每天定时将上位计算机上的相应数据进行记录,并将观测的数据进行统计处理,绘制成图表或编制成报表,形成资料供气象科技活动与科学探究使用。这与地面气象人工观测活动的后半部分程序是完全相同的。

(二)制作校园气象网页

每一个建有自动气象站的学校,都必须在自己学校的局域网上建立“校园气象网页”。网页设计的界面应该包括如下内容:气象站介绍、实时天气信息、气象资料查找、气象图表绘制、教学活动设计、气象科技活动、天气预报、气象资源、气象科普、友情链接等栏目。

中小学中的校园气象网页,可以是所在学校大网页中的一个栏目。该栏目点进去以后,又引申出上述内容版块。也可以是该学校气象频道的专门网页,网页中也包括上述内容版块。

(三)根据教科书内容进行探究

中小学不少学科中都有气象科学知识的教学内容,针对教学内容,可以进行若干探究活动。如语文学科中的《看云识天气》一文,在进行教学时,可以进行如下步骤的设计:(1)阐述意义引起动机;(2)提出问题形成探究;(3)网络搜索相关知识;(4)实际观测做好准备;(5)从校园自动气象站中获取气象数据,验证;(6)网络讨论总结反思,写成日志并上传作品,供大家分享。其他学科的相应教学内容也可以进行类似的探究。

(四)设计主题进行科学探究

气象科学有无穷无尽的主题可以供中小学生用来进行科学探究。但在实施探究活动之前必须事先对活动的主题进行设计。如“风”的探究。探究主题——风的变化原因;探究过程——在自动气象站的网页上截取风力变化比较显著的时间段,画出风力变化曲线图;同时在网页上从相同时间段中,找出影响风力变化的相关气象要素的变化情况,诸如气压、温度等,也画出其变化曲线图;将几个气象要素进行对比;得出结论——影响风力变化的原因是……

(五)进行网上气象科学实验

运用现代化信息技术工具,利用自动气象站提供的数据,在网络上.进行气象科学实验。如在自动气象站网页上制作单站天气预报,绘制台风发展、移动、登陆、消失路线图,绘制周、旬、月降水量曲线图或柱状图等。

除上述外,还可以在自动气象站的网页上进行无数种气象科技活动。

三、撰写天气日记

日记是一种形式活泼、手法多样、题材广泛、写作简便的应用文,是一项历史悠久、社会公认、学者推崇的高级学习活动,历史上许多文学家、科学家都有写日记的习惯。

如世界著名文学家托尔斯泰从 19 岁开始到 82 岁逝世,共写了 51 年日记。他每天深夜临睡前，总是以写日记来结束一天的生活。

我国著名文学家鲁迅先生从1912年5月5日开始到逝世前两天的1936年10月17日止，共写了近20年日记。

写日记就是把自己每天的所见、所闻、所做、所想、所感有重点地记录下来。但日记与天气有着与生俱来的渊源，每篇日记的开头除了填写时间外，还要写出当天的天气状况。

编写“天气日记”也和编写普通日记一样，只是把日记的内容改为记录每天的天气情况、所参与的气象科学活动和一切与气象科学有关的实验、考察、调查、观测及与之相关的所想、所感等。这对于科学学习、科学资料积累、科学研究等都有极其重要的作用。因此，它不但受到气象科学家的高度重视，而且也受到相关科学的科学家的青睐。

如中国现代气象学、地理学的奠基人——竺可桢先生。他从1913年起，至1974年2月6日临终的前一天，一生共写了60多年的天气日记，其间竟然一天未断，直到他去世前一天，还用颤抖的笔在日记本上记下了当天的气温、风力等数据，堪称古今中外历史第一人。

累科学垒土，积文化功德。竺可桢先生一生的天气日记就像一座高耸入云的科学润土，不但为他自己一生的科学研究立下了汗马功劳，而且还为后世的科学研究提供了无穷无尽的宝贵科学资料与数据。

又如英国著名的化学家、物理学家道尔顿。1787年3月24日，21岁的道尔顿写下了他平生第一篇天气日记。从此，他便一发不可收拾，一直坚持写了57年。直到1844年7月26日晚，他用颤抖的手写下了人生最后一篇天气日记，一生共写下了20多万篇。在他的天气日记中，有一项千篇一律的内容，就是当天当地的天气和物候记录。

道尔顿的科研题目是从气象学开始，进而研究大气物理学；从混合气体的扩散和分压的测定，发现了气体分压定律，引发了对物质结构本质的思考。他一生的研究成果和科学发现都源自于他长期的气象观测，在极大程度上得益于他持之以恒地编写天气日记所积累的大量宝贵资料。

除了竺可桢和道尔顿外，坚持一生或几十年编写天气日记的还有被誉为“近代气象科学泰斗之一”的瑞典气象学家贝吉隆博士。他的一生坚持不断地写天气日记，为他创立天气学中锋区的概念并用三维综合分析技术阐释气团学说和提出降水的冰核增长理论提供了极大的帮助。18世纪法国科学院院士莫林30年如一日地记载天气日记，为科学院的研究提供了大量可靠数据。院士杜阿梅尔从1754年起一直进行关于天气与植物现象关系的专项气象观测与记载。院士马卢安在1746—1754年曾进行过旨在弄清楚各种天气如何影响某些疾病疗程的观测与记载。

基于天气日记的重要作用，广大中小学在开展校园气象科普教育中，对学生提出了编写天气日记的要求。在长期的实践中，不但丰富了天气日记的内容，而且还发展了天气日记的形式。除了常规的描述性平面日记以外，还把现代科学技术融进天气日记，增添了瞬间静态天气日记、短时间动态天气日记和网络天气日记，也就是把摄影技术、摄像技术、网络技术与天气日记结合起来，使天气日记成为校园气象科普教育中的一种常规使用形式。

四、气象征文

气象征文就是学校、一级行政单位或部门向中小学生征集与气象相关作文的活动，是校园气象科普教育中比较常用的一种方式。这种方式虽然不常用，但往往会结合一定背景开展。如世界气象日征文、气象夏令营征文、气象与环保征文、气象与生活征文、我与气象征文等。这种征文的目的主要是增强学生的气象意识，丰富学生的气象知识，促进自主学习，训练想象思维，提高写作技巧。因此，气象征文为广大中小学或相关部门广泛采用、经常开展，成为校园气象科普教育的一种常用形式。

五、气象知识竞赛

气象知识竞赛是指以知识问答、知识比拼为主要内容，组织中小学生共同参与的活动，活动最终可以给予参赛者某种奖励。这是一种校园气象科普教育的方式，也是一种人才训练、培养和优秀人才发掘的过程。目前流行的气象知识竞赛有书面竞答和口头抢答两种方式。

气象知识竞赛是对学生横向纵向气象知识的全面考核。要想在竞赛中取得好的成绩，必须首先丰富自己的气象知识。丰富气象知识的方法很多，如阅读大量的气象科学知识普及书籍，上网搜索相关范围的气象知识，观看相关气象的视频，积极做好赛前准备。

在气象知识竞赛中获奖仅仅是一种追求目标，在追求的过程中比较深度地丰富中小学生的气象科学知识，才是气象知识竞赛要达到的真正目的，也是校园气象科普教育的最终目的。因此，气象知识竞赛也成了校园气象科普教育中使用频率比较高的方法。

六、气象科学探究

气象科学是一门以实验为基础的科学，它的知识阐述和理论建构是通过科学探究得出的，因此，在实施校园气象科普教育时，也给学生创设类似于科学家进行科学研究的环境，引导学生自己构建自己的知识体系，实践科学探究的基本过程和方法。

气象科学探究活动的意义就在于：通过科学探究，学生可以把气象知识与观察、推理、思维、技能结合起来，积极主动地获取新的知识、认识和启发；在探究活动中，学生可以通过参与做计划、讨论、收集资料、决策评价等过程，将所学的知识同其他多渠道获得的知识联系起来，把所学的知识应用到解决新的问题中去。

通过探究活动，学生能用变化与联系的观点分析气象科学的很多现象，并促进和增强对生活和自然界中气象现象的好奇心和探究欲，同时使学生了解科学探究的基本过程和方法，培养学生的科学探究能力，使学生获得进一步学习和发展所需要的知识，方法和技能。

气象科学探究是一种重要而有效的学习方式，因此多年来各地中小学普遍地开展，并取得许多显著的成绩，在国内教育界产生了较大的影响。

七、校本教材的开发与编撰

新世纪以前,我国已经有个别学校开发了气象科普校本教材,如浙江省德清县洛舍中心校就于1992年率先编写了《可桢业余气象学校教材》,虽然比较初级,但作为一种新生事物是非常值得褒扬的。

21世纪以来,气象科普校本教材陆续面世。特别是国家"三级课程"管理政策出台以后,气象科普校本教材的开发面世呈繁盛之势。根据笔者2012年的统计,全国有30所中小学开发了30部气象科普校本教材,其中由国家正规出版社出版的有7部,发行量最大的达到100多万册,一般的都在5000册左右。通过出版社正式出版,说明教材编撰的质量与水平已经达到一个新高度,发行量的巨大说明科普受众在剧增。

除上述外,还有很多校园气象科普教育的新方式,这里就不再赘述。

第二节　大型气象科技活动渐成气候

历来校园气象科普教育中的气象科技活动都是在校园中进行的,学校有多大,活动的规模也有多大。到了新世纪以后,气象科技活动的规模不断扩大,参与的学生人数越来越多,活动的内涵越来越深,关注的层次越来越高。

一、香港天文台组织的3次大型中小学生气象科技活动

香港天文台一贯关心中小学的气象科普教育,一直把它作为公众气象服务的一个重要组成部分。他们以科学的态度,积极努力探索中小学气象科普教育的新途径,深入研究开拓中小学气象科技活动的新课题、新领域、新创意。新世纪以来,他们协同香港相关单位发动香港的中小学组织举办指导了多次全港性的大型气象科技活动,为香港中小学的气象科普教育吹起了劲风掀起了巨浪,将香港中小学的气象科普教育推向一个又一个高潮。

(一)中学生酸雨观测活动

中学生酸雨观测活动是香港气象学会举办的大范围中学生气象科技活动。活动的时间是从2001年10月开始到2003年7月结束,历时22个月。

一、举办活动的缘由

香港是一个人口密集的城市,空气污染十分严重。排放在大气中的各种各样污染物严重地危害着香港民众的身体健康和生活环境。为了帮助公众提高环境保护意识,鼓励他们对改善目前的环境状况做出努力,共同解决空气质量日益恶化的问题。为此,香港气象学会决定举办一次大范围的酸雨观测活动,及时评估大气环境。活动在香港的中学开展,由中学的师生组成酸雨观测的机构,通过对降雨酸度的测量及其原因和影响程度的分析讨论,首先使学生和教师认知保护环境和改善环境的重要性及某些与空气质量相关问题。

二、举办活动的目的和目标

促进中学教师与学生之间对酸雨问题的理解，提高公众对环境保护的兴趣和认知度。

三、活动过程

本次大范围的酸雨观测活动是在香港气象学会的指导下完成的。

本次活动从2001年10月领取设备开始至2003年7月31日结束。整个活动时间是22个月。本次活动共有20所中学接受了邀请，提交了参与场地的程序，并参加了气象学会召开的活动介绍会，分别领取了统一制作的酸雨观测设备和相关材料。

参与学校的学生们将每天测量收集到的雨水的pH进行记录汇总，每一个月将资料提交给气象学会，气象学会经过核对后通过互联网发布。

四、总结分析

20所中学一起开展酸雨观测活动，工作了22个月，总共提交资料748份。从资料看，pH值最小是3、平均值是5.7、最大是7.2；大多数pH在5～6(占84%)，仅14%小于5,2%超过6，雨水酸性较大的出现在冬春两季，严格地说，香港存在酸雨问题，但不是很严重。

五、结论

活动的结果表明：用来学习香港酸雨时空变化的大范围的观测是成功的，通过活动，极大地提高了师生保护环境和改善环境的意识与认知度。特别是引起了香港社会各界的重视，为教育和提高人们的环境意识，成功地建立了学校、政府之间的联络渠道。

(二)中学生“天气日记”活动

“天气日记”活动是香港天文台和香港教育城联合举办的大型香港中学生气象科技活动。活动的时间是2005年5月17日—6月17日，除去双休日，实际活动的时间为24天；活动的对象是全港中一至中七的中学生；活动的目的是让同学们通过观察天气的变化，提高他们的气象知识及学习兴趣。整个活动过程共分7个步骤完成。

第一步：发出活动邀请信及宣传海报

第二步：报名

第三步：相关活动

第四步：活动启动仪式

第五步：活动过程

自2005年5月17日至6月17日止，参加“天气日记”活动的同学运用掌握的天气观测技术在每天下课后的统一规定时间内进行一次天气观测，以目测方式观察当时的云量、天空状况及降雨情况，并将观测所得资料及有关感想输入指定的网页内。观测步骤及资料记录的方法是：

(1)记录观测的日期和时间(月、日、时、分)；

(2)抬头观察天空，评估云量(1/8,2/8,3/8)；

(3)描述天空状况(天晴、多云、天阴等)；

(4)描述降雨情况(毛毛雨、微雨、雨、骤雨、雷雨等)；

(5)在观测员专区登入自己的“天气日记”网页，并输入观测资料；

(6)网页内设有观测后记栏目，观测员如有其他事项与感想，可填写在日记内，也可把该

日的天空状况拍摄下来,并把有关相片上载到日记内;

(7)数据输入完成后,可阅读网页内的“气象常识趣谈”以增进气象知识。

第六步:总结分析

(1)总结:本次活动报名的中学生有1509人,涉及300多所学校。本次活动共收到32 000多份观测资料和16 000多份观察后记,观测数据输入超过20次以上的有1105位同学。

(2)分析:资料分析显示,大部分观测员的记录均与天气雷达和卫星云图的资料符合,他们亦能观测得到各区较细微的云量变化,这显示观测员已能够掌握基本的天气观测技巧,他们做出的观测也具参考价值。从这些后记感想中,明显地反映出天气对学生心情的影响,同时可以看出,很多观测员认为本次活动对他们学习气象知识和随时留意身边的天气情况是大有裨益的。另外也反映出同学们对气象科学知识学习的浓厚兴趣和极大热情。

(3)结论:本次举办的“天气日记”活动相当成功,完全能达到预期的目的——透过观察天气的变化,提高他们的气象知识及学习兴趣。

第七步:颁奖

2005年11月5日,在香港天文台百周年纪念大楼举行了隆重的颁奖大会,表彰在“天气日记”活动中表现突出的学校和学生。

(三)中小学生“雨量计设计比赛”

“雨量计设计比赛”是香港大学和香港天文台合办的以比赛为形式的中小学生气象科技活动。

2006年初,香港大学工程学院计算器科学系、电机电子工程系和香港天文台拟联合举办一次全港性中小学生“雨量计设计比赛”。比赛的目的是为了加强香港中小学生对信息科技及气象的认识和关注。选择这个题材的理由是由于水是人类赖以生存的一个主要元素。无论古今中外,人们都希望认识降雨这个自然现象,而单单量度雨量却是一门学问。

本次比赛欢迎香港中小学自小学五年级至中学七年级等不同年级段所有学生参加。按所设计的雨量计种类,分为高级组和初级组。每组不得超过5名学生及1名导师,每校可出3组,每组只限递交1件作品,每件作品还需要文字报告。对参赛的作品共有8项要求,初级组的作品必须符合前5项要求,高级组的作品必须符合8项全部要求。即初级组的作品为人工操作仪器,高级组的作品为自动记录仪器。

由于名额所限,自接到邀请函之日起即可报名,参赛的表格必须由参赛学校的校长或导师填写。报名于2006年3月25日截止,共有16所中小学110多名师生参加比赛。

截至2006年8月12日13时,主办单位共收到20多件参赛作品,经过由香港大学、香港天文台和其他专家组成的专家评审团的精细认真的评审,分别评出了初、高级组的冠军、亚军、季军、最佳创意奖、最高准确奖、最优外观奖各1队,优异奖6队。合计得奖的集体18队,得奖的个人76人。

这次中小学生“雨量计设计比赛”在香港引起了热烈反响,受到了社会各界特别是新闻媒体的密切关注。香港明报新闻网、香港星岛环球网、《香港大公报》等都对这次中小学生“雨量计设计比赛”都进行了相关内容的报道。

二、365 天上海天气全记录活动

2006 年 3 月 23 日，在上海市气象局和上海市教育委员会的共同支持下，上海市青少年科技教育中心和上海市气象学会秘书处联合举办，开展了“365 天上海天气全记录”活动。活动邀请全市 17 个区 110 多所学校中小学生参与。活动时间为期一年，至 2007 年 3 月 23 日截止。以下是本次活动办法。

一、活动目的

为了让广大青少年了解和支持上海气象组织的活动，唤起人们对气象工作的重视和热爱。

二、活动组织单位

指导单位：上海市教育委员会、上海市气象局

主办单位：上海市青少年科技教育中心、上海市气象学会秘书处

三、活动对象

上海市各中小学在校学生

四、活动内容

参加学校中小学生在一年的时间内观察、记录上海的各种天气情况。学生可以采用绘画、照相、摄像、电脑动画、文字等形式，记录申城各种天气现象、气象景观，尤其是特殊天气情况，从我做起防灾减灾，完成一系列“上海天气视觉日记”。

五、活动要求

(1)记录天气情况要求真实，准确，实事求是，符合科学原理(把握准确性)。

(2)需要学生坚持做到每天认真记录，持之以恒，尤其是对特殊天气现象的准确把握。

(3)可以用各种形式进行天气实况的记录，如摄影、摄像、绘画、动漫、文字等，鼓励有创意和创新的作品。

(4)每张照片、每件摄像拍摄作品和每幅图画需取名，并可以加入一句感言或作品说明。

(5)电脑动画作品内容要与气象有关，不得加入夸张搞笑元素，播放时间 3～5 分钟。

(6)报名以学校为单位，每件记录作品均须提供作者真实的个人信息(包括学校、年级、姓名、指导老师等)。

六、参赛办法

七、奖励

参加本次活动的学生超过 1 万多人，活动于 2007 年 3 月 23 日完满结束，6 月 29 日举行活动总结庆祝大会，会上展示了 15 个区 56 所学校同学们的作品，其中灾害性天气成为了中小学生关注的热门题材。

“365 天上海天气全记录”活动是我国 21 世纪以来第一个超过万人的大型中小学生气象科技活动，是类似大型活动的良好的开端。

三、浙江省丽水市“气象杯”中小学生防灾减灾科普知识竞赛

为了在中小学中营造讲科学、爱科学、学科学、用科学的良好科普氛围，大力提高广大青

少年学生的科学素质和防灾减灾意识，丽水市气象学会2007年年初确定了5—9月在全市范围开展防灾减灾气象科普知识竞赛活动的计划。在丽水市气象学会的积极努力沟通联络下，市科协、市教育局同意3家联合主办，市气象学会承办，并各家拨出相应的活动经费以示支持。

2007年4月28日市教育局、市气象局、市科协联合下发了《关于开展“气象杯”丽水市中小学生防灾减灾科普知识竞赛活动的通知》文件（丽教基〔2007〕号），同时下发了“气象杯”丽水市中小学生防灾减灾科普知识竞赛活动方案。

本次“气象杯”丽水市中小学生防灾减灾科普知识竞赛活动分两个阶段进行：

第一阶段是全市中小学生防灾减灾科普知识书面竞赛，时间为2007年5—6月；

第二阶段为市区中小学生防灾减灾科普知识现场竞答，时间为2007年9—10月。

2007年5月15—30日，各地各校组织学生积极参加“气象杯”防灾减灾科普知识竞赛书面答题活动。

2007年10月14日，“气象杯”中小学生防灾减灾知识现场竞赛在丽水学院报告厅举行，来自丽水全市的17支代表队参加了本次竞赛。现场竞答竞赛共分3场，分小学、初中、高中3个组别进行，参加竞赛的各代表队都是从今年5月举办的“气象杯”全市中小学生防灾减灾科普知识书面竞赛中选拔出来的优胜队。

浙江省丽水市气象学会承办的“气象杯”中小学生防灾减灾知识现场竞赛是全国最大的一次大型中小学生气象科技活动，呈现出3个极为重要的特色。

(1)首先是做好各部门之间的联络协调工作，不但形成多部门联合发文，而且还被市科协立为重点科普项目，得到一定的经费支持。

(2)本次竞赛规模巨大。据统计，在2007年5月15—30日举行的本次竞赛第一阶段的书面知识竞赛活动中，丽水市辖各区县学校积极组织中小学生参加竞赛，据统计，该次活动参赛的中小学生达18万人之多，参赛覆盖率达到80%。这样规模的大型校园气象科普活动在目前全国范围内还是屈指可数的。

(3)本次竞赛规格、品位较高。在2007年10月14日举行的本次竞赛第二阶段的现场竞答赛，吸引了包括老师、学生、家长、媒体在内的4000多人前来观摩。特别是丽水市的副市长、市政协副主席、市科协主席、市气象局、市教育局等领导都亲临现场观摩，并发表重要讲话。这样规格与品位的大型校园气象科普活动也是为数不多的。

新世纪前后，我国如上述类似的大型中小学生气象科技活动还有很多，如大连市气象学会举办的“中小学生气象知识电视竞赛”、中国气象局和《中国气象报》联合举办的“气象知识竞赛”以及全国各省、市、县举办的“气象知识竞赛”等。这些竞赛接连不断地举行，形成了我国大型中小学生气象科技活动的新气象。

第三节　校园气象科普创作的繁盛

中小学校是青少年教育和未来人才培养的重要园地，因此，一直以来都备受各个领域专家的青睐和关注。尤其是新中国成立以来，由于党和政府的高度重视，我国中小学的教育发展非常迅猛。为了辅助青少年学生的快速成长，大批的科学家、教育家、文学家创作了大量的科普作品发行于社会，装备到中小学图书馆。在专家们的影响下，大批中小学教师、科普爱好者也创作了一批科普作品。在这些科普作品中，包含了一批专门为中小学生而创作的校园气象科普作品。这些作品在提高学科教育效果，拓宽学生的科学视野，培养学生的科学意识，传承科学精神，促进校园气象科普教育的发展等方面发挥了重大的作用。

一、校园气象科普创作的历史回眸

1999 年，正值中华人民共和国成立 50 周年之际，中国科普作家协会少儿专业委员会主持编选了一套《中国少儿科普创作 50 年精品文库》丛书（以下简称《文库》），该书从新中国成立 50 年中发表或出版的 1 亿多字的少儿科普作品中，遴选出 1200 多位作者的 500 多万字的作品，分成 10 个专题卷出版。

《文库》由中国科普作家协会少儿专业委员会主任王国忠、常务副主任郑延慧两位老师担任总主编。郑延慧老师在《文库》出版之际撰写了《跨越 50 年的少儿科普创作》一文，对新中国成立 50 年来我国少儿科普创作进行了回顾和概括性总结。郑延慧老师指出："少儿科普作品的创作、发表与出版，作为科学、技术、文化、教育事业的一个分支，必然与 50 年来我国在科学、技术、文化、教育事业所经历的曲折道路相一致。概括地说，少儿科普创作同样经历了三个高潮与两个低谷，走过一条坎坷曲折的道路。"

郑延慧老师概括的 3 个高潮与 2 个低谷是：

第一个高潮是 1956 年。1949 年新中国成立之初，我国的少儿科普作品在几乎是从一片荒芜的园地上起步，年出版少儿科普图书仅有 6 种，至 1952 年全国出版的总数才达到 198 种。但到了 1956 年，仅一年时间就骤升至 198 种。这样就形成了我国的少儿科普创作的高潮。这个高潮的形成，反映出为少儿科普写作的作者和负责编辑出版的编辑们，都抱着一个希望孩子们从小就接触科学、了解科学，使祖国迅速富强起来的愿望。

第二个高潮是 1980 年。随着 1978 年科学大会的召开，"科学技术是第一生产力"的提出和高考的恢复，刺激着少儿科普作品出版的攀升，到 1980 年上升到 276 种。这是因为我国面临着高科技迅猛发展的世界潮流，使少儿科普创作受到了前所未有的挑战，达到了出乎人们意料的繁荣局面，走上了少儿科普读物出版的又一个高峰。

第三个高潮是 21 世纪初的前几年。20 世纪 90 年代后，我国专业的少儿出版社已有 30 家，很多教育出版社、科技出版社、科普出版社也在出版数量可观的少儿科普读物；另外还有为少年儿童出版的刊物、报纸也已有百余种，这些报刊都辟有一定的专栏介绍科学知识。每年出版的少儿科普读物都在五六千种以上；发表在少儿报刊上的科普作品就更多了。这样就形成了我国少儿科普作品出版的再次高潮。

郑延慧老师把少儿科普作品出版的数量减少称之为低谷。她说 1957 年少儿科普出版开始走下坡路，这是第一个低谷。1966 年受"文化大革命"影响，1967—1969 年一跌到底，3

年连续的出版数为 0;1971—1977 年间,年出版数也仅 7～25 种,造成了我国少年儿童科普读物出版的第二个低谷。不过,其中的 20 世纪 60 年代初出版了一部既有生命力又有影响力的科普作品——《十万个为什么》。

郑延慧老师在编辑的过程中和其他编辑一起几乎阅遍了新中国成立 50 年来所有少年儿童科普作品,所以,郑延慧老师的概括和总结应该是最具权威性的。

从郑延慧老师和其他编辑的初步统计来看,入选《文库》的少年儿童科普作品数量还不到 50 年发表和出版总量的 1/20。纵览《文库》,其中也收录了不少的校园气象科普作品,可以想象,未被收录的作品则更多。其 50 年的发展规律也如郑延慧老师所概括与总结的那样,有高潮也有低谷。

跨入新世纪以后,校园气象科普作品的创作呈迅猛发展的势头,面世的作品数量猛增,作品的质量也在飞跃发展与提高。

二、校园气象科普作品的现状分析

由于党和国家的高度重视,我国气象科普创作比较繁荣。新中国成立以来,我国气象科普作品达数百部之多,其中专门为中小学生创作的科普作品也有数十部。根据笔者长期搜集的气象科普作品出版原著来分析,大约呈如下态势。

从不同的时间阶段所创作的气象科普作品数量来分析,二十世纪五六十年代,每 10 年为 2～3 部,可以说是起步阶段;七八十年代,每 10 年为 4～6 部,可以说是发展阶段;九十年代和进入二十一世纪,每 10 年都有 10 多部,可以说是繁荣阶段。这种情况有力地说明了我国中小学校园气象科普创作发展态势是乐观喜人的,这与国际上发展中国家相比,还是走在前面的。

从气象科普作品的编纂单位和作者个人的情况来看,有国家教育部、中国气象局、中国科协、团中央、地方气象局、中小学校等;从科普作品创作的作者个人来看,有教育专家、气象专家、科技工作者、科普作家和中小学教师等。这就说明国家相关部门已经比较重视,并具体参与落实实施;相关的专家、学者、作家、中小学教师等已经积极参与。虽然队伍不算庞大,但也称得上精干强悍。

从气象科普作品所表达的内容来看,可以分为 3 大类。

(1)传播普及气象科学知识,补充延伸中小学教科书课本内容。如《云和雨》《明天的科学》《下雨之前》《天气预报》《十万个为什么・气象》《了解风云的脾气》《中国孩子的疑问・天文气象篇》《孩子身边的自然百科・气象》《小学科学入门・天文气象》《趣味天文气象辞典》《趣味气象小百科》《中国学生地球学习百科・气象》《气象大观测》《少年气象学》等。这类作品大都是教育专家和气象科学专家所著,作为中小学生课外读物可以增加他们的气象科学知识,拓宽科学视野,提高气象意识。多年来,在中小学校园中曾发挥过巨大的作用。

(2)介绍校园气象站,推动中小学校园气象站建设与发展。如《我们的气象台》《气象台的日日夜夜》《小气象员》《红领巾气象站》《中小学校园气象站》等。这类作品的数量比较有限,主要是第一线的教师所著,基本上用于校园气象站的建设和气象观测活动的开展,同时也是一种经验的交流与借鉴，对我国中小学校园气象站建设与发展起到了很好的推动作用。

(3)配合学校“科技教育”，介绍气象科技活动。如《少年气象活动》《少年气象科技活动》《青少年科技活动全书·气象》《青少年气象科技活动》《中小学气象科技活动指南》《探索天地的奥秘》等。这类作品是各类专家所著，主要用于指导中小学生开展气象科技活动，多年来曾产生了极好的效果。

根据上述现状分析，从气象科普作品的逐年递增情况，可以看出我国中小学校园气象科普创作的发展态势；从参与的部门和创作人群情况，可以看出中小学校园气象科普创作被国家和专家所重视的程度；从作品的分类情况，可以看出我国中小学校园气象科普创作的广度和深度。

三、新时期校园气象科普创作的初步思考

从历史的角度看，上述先后诞生的校园气象科普作品，在不同的社会发展阶段曾经发挥过巨大的作用。然而，随着科学技术的进步和教育改革的不断深入发展，我国校园已经形成了一个崭新的教育格局与模式，因此对气象科普作品也有了新的更高要求。

(一)校园气象科普的新发展

校园气象科普走过了60多年的风雨征程，它像优质树苗在共和国的校园中生根长枝并逐渐成林。60多年来，它为新中国的人才培养立下了汗马功劳，在教育改革以后又被赋予崭新的使命。

(1)校园气象科普从最初的课本知识的延伸，气象知识传播，校园课外气象活动的开展上升为普及气象科学知识，提高师生气象意识，促进身体健康，保证生活和学习质量；掌握气象科学技术，学会和提高抗灾防灾的本领与能力，保障师生生命和国家财产安全。

(2)校园气象科学普及教育已经从单纯的科学知识传播中脱颖而出，把气象科普构筑成载体和平台，使学生的科学意识、科学精神、科学态度、科学观念、科学价值观等得以树立；使学生的科学思维、科学方法、科学行为、科学能力得以提高。

(3)随着社会的进步和科学技术的飞速发展，校园气象站从原先使用简易器具的简单观测发展成按照《地面气象观测规范》建设的地面气象人工观测站、地面气象自动观测站、地面气象综合观测站、大型校园地面气象观测站4大类型，呈现出适应现代教育和现代科技发展要求的格局态势。

(4)气象科技活动已经打破校园围墙，结合现代计算机和互联网的运用，从原始的课外活动、团队活动项目升华为科学实验、科学探究的方式。其类型模式的变化新颖，规模范围的拓展已经突破地区行政区划的界限，沟通协作的单位数量竟达数以百千计。

(二)校园气象科普创作的新思考

纵观60多年的校园气象科普创作，分析众多问世的校园气象科普作品，结合时代赋予校园气象科普的新使命，我们也应该对校园气象科普创作进行一番新的思考。

(1)校园气象科普创作是一个总体的概念，就气象科学而论，它有着多种不同的结构

件；就校园科普对象而论，也有年龄和学历段的不同；就气象科普的运用而论，更有方法方式的区别。因此，校园气象科普创作必须有一个统一长远的规划部署，使气象科学的所有构件、校园中不同学历段的科普对象、各种不同的气象科技活动都能够拥有相对的科普作品。

(2)从科学思想方面去考究，新时代的校园气象科普创作应该迅速跳出单纯气象科学知识传播的围墙，站在时代新视觉的高度，将科学意识、科学精神、科学态度作为创作的基点和贯穿作品的主干线，使作品既具备科学韵味，又具有时代风貌。

(3)从科学技术发展的角度去考究，校园气象科普创作应该首先攀登高峰，解剖尖端，俗化神秘。将现代化的高科技进行详尽肢解，然后呈现在青少年学生面前。如自动气象站、气象卫星、数值天气预报等。同时，气象科学是众多科学的交叉科学，在进行科普创作时，应该根据不同学历段的读者对象，将不同的科学和气象科学打包捆绑，制作成一种适合他们口味和文化水准的科学食粮。

(4)从语言表达方面去考究，应该在通俗化的基础上，尽可能运用新时代派生的语言词汇；在图文并茂的作品中，应该突破卡通、漫画的束缚；在谋篇布局方面也应该从传统套路中解放出来，使创作出来的科普作品既富有时代气息，又具备气象科学特色。

(三)繁荣校园气象科普创作的措施初探

中小学校园气象科普创作是我国新时期科普创作中的一个重要大板块。根据党中央新时期的教育方针和《全民素质行动计划纲要》的要求，必须迅速将它推向一个新的高潮。为此对中小学校园气象科普创作必须有一个系列新的措施。

1.构建校园气象科普创作行政领导机构

自2009年下半年开始，中国气象局公共气象服务中心专门成立了科普室，指派专人负责组织指导中小学校园的气象科普工作。但气象部门无权对中小学进行行政领导，只能对气象科普进行业务指导，对推动中小学校园气象科普创作往往是力不从心。如果教育部门的领导、国家有关青少年的领导机构能够联合组成一个统一的行政领导组织机构，有计划有步骤地具体实施，那么，我国中小学校园的气象科普创作迅速走向繁荣，短时期形成高潮就指日可待了。

2.组织校园气象科普创作队伍

教育科学和气象科学是两个截然不同的领域。虽然彼此间的互相交叉渗透已有悠久的历史，但毕竟隔行如隔山。因此要繁荣中小学校园的气象科普创作并推向新高潮，首先就要发动气象科学专家与教育科学专家联手；动员科普作家与中小学教师积极参与，共同组成一支专业的气象科普创作队伍；再由教育部门或气象部门负责牵头领导，有计划有步骤有目标有要求有措施地组织创作；并组织一定的财力投入，把气象科普创作的作品变为产品，通过特定的途径推向中小学校园；使中小学校园的气象科普创作在作品的质量上达到一定的高度；在普及的面积上达到一定的广度，在教育的效果上达到一定的深度。

3.加速校园气象科普创作人才的培养

笔者曾对目前面世的中小学校园气象科普作品的作者(集体编纂作者除外)资料进行了

解对比，发现他们的年龄大都在60岁以上，普遍地存在着年龄结构偏高的现象。到目前为止，暂时还没有发现比较年轻的作者。人们可以想象，在中小学校园气象科普创作相对繁荣的背后，还隐藏非常严重的后继乏人的危机。因此，加速对中小学校园气象科普创作人才的培养，已经是目前迫不及待的大事。呼吁相关领导机构对此予以密切关注、高度重视，并抓紧时间采取措施。

随着现代科学技术的飞速发展和高度发达，气象科学对各领域的交叉渗透日益加深。近年来，气象变化情况已成为政府部门行政决策、科学研究、科学试验、经济建设等不可或缺的参考要素。因此，气象科普创作也越来越显得更加重要。

校园是专门培养新时期现代化建设人才的基地，是气象科学普及教育的重要领地。为了满足新时期教育发展的需求，各有关部门应该形成统一的策划指挥联盟；各类专家学者积极踊跃参加，中小学教师也积极行动起来，同心协力，迅速把我国校园气象科普创作推向新高潮。

第四节　校园气象站的规模格局形成

气象站进入校园是20世纪30年代由竺可桢先生提出的，并率先在他任教的东南大学校园中创建。1924年2月又在青岛浮山的7所小学中建立了校园气象站，组织学生进行简单的气象观测。1925年1月在江苏省昆山县立初级中学也建立了校园气象站。从此以后，我国中小学的校园中也曾建立过不少气象站。

新中国成立后，党和政府非常重视中小学的气象科学教育与普及，因此，校园气象站犹如雨后春笋，在共和国的中小学校园中纷纷诞生。据上海市地方志办公室编撰的区县志《杨浦区志》第二十二编第二章第四节“中国少年先锋队”中记载：20世纪60—70年代，上海市杨浦区就有70%的中小学都曾建立过校园气象站。校园气象站不但在我国中小学的教育与教学中发挥巨大作用，而且还为我国社会主义科学人才的培养做出了辉煌贡献，并且在中小学的校园中形成了一道蔚为壮观的靓丽风景。

随着我国教育改革的不断深入和蓬勃发展，校园气象站作为进一步贯彻落实党中央、国务院“科教兴国”战略和对中小学生实施“科技教育”的载体与平台，它更是一展丰姿，充分展现了它独特的个性和多面体的三维作用。同时，经过半个多世纪的运转与发展，校园气象站的内在机制功能不断提高和完善，结构格局也不断更新发展。

一、地面气象人工观测站

地面气象人工观测站是气象工作的基础，是获取大气要素数据的基本场所，也是我国中小学中最早使用的传统校园气象站。校园地面气象人工观测站随着我国气象科学的发展而发展，随着国家社会经济的逐步发达而逐步完善。目前，我国中小学的校园气象站基本上形成由工作室、观测场、气象仪器构和气象活动室的现代格局。

气象观测场是安装室外气象仪器的专门场所，是进行室外气象观测的基础设施。中小学校园中的气象观测场既是学校开展气象科普教育活动的标志，也是学生进行气象科技活动的主要场所。按照中国气象局颁布的《地面气象观测规范》规定，气象观测场的面积有25米×25米和20米×16米两种规格，而且还要求四周200米以内不得有视程障碍物。根据中国气象局的要求，部分城市中心的学校比较难以做到，他们的用地比较紧张，且四周的障碍物特别多，尤其是近10年来高层建筑的崛起，极大程度地妨碍了校园气象站的建设。为了排除这种障碍，尽量满足中国气象局的要求，有些城市中心的学校根据校园的现有条件，采取缩小观测场的办法；有的学校采取分割观测场的方法来建站。这些方法在一定程度上减弱了外界对校园气象站的障碍，但还不能彻底解决问题的根本。

建站条件比较好的是郊区和乡镇的学校，这些学校用地比较宽松，周边环境也相对要好得多，所以建立校园气象站的条件要离《地面气象观测规范》的要求要相近得多。尤其是新规划的现代化学校，比现在的某些气象台站的条件还要好。

气象仪器是获取各大气要素的专门测量工具。气象台站所使用的仪器必须是国家气象主管机构指定的气象仪器生产厂家的产品，是按国家气象部门统一规定的标准进行生产供所有气象台站使用，使气象台站所获的气象要素数据呈标准化、统一化、规范化和法定效果，并随着气象科学的发展而发展。

校园气象站所使用的气象测量仪器经历了4个发展阶段逐步完善。

第一个阶段是20世纪50年代初，刚刚成立的共和国经济比较薄弱，因此广大师生采取自制的方法来解决。解决的方法是模仿气象台站的测量仪器，采用类似的材料进行制作。同时，教育专家不但介绍与出版国外校园自制气象仪器的书籍，也自行编撰类似书籍。如苏联科劳科里尼科夫的《自制气象仪器》、陆漱芬老师的《地理教学设备及教具制造》等。自制气象仪器解决了新中国成立初期校园气象站建设的难题。

第二个阶段是用旧仪器代替。到了20世纪50年代末，我国经济和气象科学的发展，对气象台站的部分仪器进行更新换代，很多地方把这些换下来的仪器支援了校园气象站的建设。特别是1958年“全国气象化”以后，部分校园气象站也加入了国家气象网络业务，气象部门还配给部分气象仪器，使校园气象站在装备上有了新的进步与发展。

第三个阶段是教学仪器的充实。1978年，国家教委颁布了新中国成立以来第一部《中小学教学仪器配备目录》，目录中对中小学地理课程中的气象仪器也做了规定要求。其后国内许多教学仪器生产厂家也批量生产气象仪器，虽然这些气象仪器与气象部门使用的仪器标准不统一，所获的观测数据也不准确，但对校园气象站的发展确实起到了推动作用。

第四个阶段是新世纪前后，教育的发展和气象科学的发展对校园气象站提出了全新的要求，特别是2003年中国气象局颁布了第4版《地面气象观测规范》后，极大地推动了校园气象站的发展。许多已建的校园气象站按照《地面气象观测规范》的规定更换仪器扩建观测场；许多新建的校园气象站基本上按《地面气象观测规范》的要求建设，在仪器的配备上都能够严格采用中国气象局许可的生产厂家的标准要求，在配备的数量上也不断发展，观测项目也不断增加，站场的选址、仪器的安装布局都按《地面气象观测规范》的要求执行。这样就使校园气象站贴近了气象科学，并形成了新时代的格局。

工作室是气象站的心脏部分，是整个气象站组织工作的基础，是室内仪器安装、气象数据处理，气象产品制作和气象资料档案存储的中心。一般建有校园气象站的单位都有气象工作室，其面积一般都在10～20平方米。多年来气象工作室也有所发展，最早的气象工作室是设在老师的办公室里，后来逐步独立。随着教育条件的改善，气象工作室的面积也逐步扩大，目前国内校园气象站中最大的工作室达到50多平方米。

气象科技活动室是专门为学生开展气象科技活动而开辟的活动场所，是21世纪前后诞生的新生事物。近10多年来发展非常迅速，刚诞生时只不过是一间教室，陈列部分旧的气象仪器、气象科普图片、气象科普书籍等。目前已经发展到对气象科技活动室进行精装修，除了上述资料器材以外，还添置一些智能互动的现代化仪器，使之成为学生走进气象、贴近气象、学习气象的新场所。如辽宁省鞍山市铁东区钢都小学、浙江省温州市瓯海区丽岙第二小学（以下简称丽岙二小）等，都建有这种经过精心装修的气象科技活动室。

地面气象人工观测站是中小学校园中建设历史最悠久，使用范围最广泛，也是气象科学教育要求最基本的基础设施。在90多年的运转中，曾为我国中小学的气象科学教育、课外兴趣活动、共青团少先队组织活动、气象科学探究等方面立下了汗马功劳。虽然它的发展参差不齐，但还是有许多单位做出了成绩、做出了贡献。如湖南省怀化市洪江区幸福路小学、浙江省德清县洛舍中心校等校园气象站都能被当地的气象部门定为该地区的气象观测点，所观测的气象数据允许输入气象部门的数据库。小气象员们的科学实验报告都能得到国家和省、市、县领导部门的承认与表彰。有的实验报告还被全国性的报纸杂志刊载，有的还被编入科普书籍，甚至教学参考书。

地面气象人工观测站是我国中小学中优秀的教育装备和不可多得的教学资源。它不但适合中小学完成教学大纲、新课程标准和课本规定要求的气象科学教学，而且还可以为气象科技活动提供平台，为素质教育提供载体，实在是功不可没。

但是，地面气象人工观测站也有其无法修正的局限：一是只能供为数不多的气象活动小组成员使用，无法承担气象科学普及和大面积学生群体共同参与活动；二是局限于单一的校内气象观测，无法与其他学校的校园气象站进行气象信息的交流与沟通；三是只能获取定时观测的气象要素数据，而无法获取其他任意时间的气象要素数据，如节假日、假期和夜间等时间的气象要素数据；四是所获的气象要素数据的意义只代表学校所在地的大气状况，而无法获取可以相互对比的数据，也就是说只有时间纵向数据而无时间横向数据；五是人工观测所产生的误差无法用科学的方法来订正。

二、地面气象自动观测站与校园气象网络

自动气象站是一种由电子设备或计算机控制的能够自动进行气象观测和资料收集传输的气象业务装备。国际上研制自动气象站是20世纪50年代初开始，到了50年代末，不少国家已经有了第一代自动气象站。60年代中期，第二代自动气象站已经能够适应各种比较严酷的气候条件。到70年代，第三代自动气象站大量采用集成电路等先进的电子元件，使自动气象站具有较强的数据处理、记录和传输能力，并逐步投入业务使用。到了90年代，自动气象站已经在许多发达国家得到了迅速发展，并建成了业务性气象自动观测网。我国研

制自动气象站起步虽然稍晚,但进度却很快,截至2003年,全国已经有1000多个台站使用了自动气象站,并实现了组网。目前,我国各地的气象部门已经相当普遍地将自动气象站投入到气象业务中使用。

自动气象站在气象业务中使用,迅速提高了我国气象台站分布的密度,突破了高山、海岛等条件恶劣及偏远地区对大气监控的局限;从根本上提高了我国大气监测的技术质量和天气预报的技术水平;极大程度地满足了在现代科学技术高度发展和人类文明高度发达情况下各行各业对气象服务的要求;发挥了人工不可替代的作用。

自动气象站的种类很多,但不管是那一种类型,它们的体系结构和工作原理都是大致相同的。配有终端微机的自动气象站,可以实时按设定的菜单将气象要素实测值显示在微机屏幕上。在定时观测时刻,数据采集器中的观测数据传输到微机进行计算处理后,按设定的菜单显示在微机屏幕上,并按统一的格式生成数据文件。同时,还可以按规定生成各种气象报告;对观测资料进一步加工处理后,生成全月数据文件,利用配备的打印机打印输出气象记录报表。

自动气象站在我国校园中使用的历史并不久远,但世界上却是我国最先把自动气象站引进中小学校园的。2003年12月,我国台湾省的台北市政府教育局率先在台北市12个区的60所中小学引进了美国 Davis Instrument 公司的 Vantage Pro Plus 整合套件机型的自动气象站,并组成了全球领先的微观气象网,总称为"台北校园气象台"。

2004年12月在香港天文台的指导和实际操作下,由香港顺德联谊总会翁祐中学发起,由香港特区30多所学校响应参加组成了校园气象网。这30多所中小学都统一安装了自动气象站,由香港天文台、香港城市大学大气实验室统一集中,每天收集各校地面气象自动观测站所获取的气象数据,通过专门网页公示。同时定时组织成员学校联合开展一系列气象科学探究活动。

2007年初,由北京市气象局、北京市气象科普馆牵头,组织海淀区8所中小学安装了自动气象站,组成了北京首张校园数字气象网;并编写了统一的气象科学普及教育校本教材,进行共同的气象科学普及教育与气象科技探究活动。近年,他们已经完成近20所中小学的建站工作;根据规划他们将以每年几十所校园自动气象站的增幅来扩大北京校园数字气象网,极力打造北京市现代化校园气象站的品牌。

目前,世界各国和我国各地已经有相当多的中小学校园都引进安装了自动气象站,并以单站独立和集中组网两种形式活跃在中小学校园中。

地面气象自动观测站能获取定时观测以外任意时间的气象数据,并长期存储保留。它不但可以获取时间纵向数据还可以获取时间横向数据;同时,所获取的气象要素数据比人工观测更准确更科学。通过网络可使各校之间进行沟通与交流,使长期禁锢在校园内的气象科技活动突破学校围墙,创设出更大的科学探究空间,而且还可以吸收更广泛的学生群体参与活动。

但是,地面气象自动观测站也有其不可避免的缺陷:自动观测代替了人工观测以后,导致"科技教育"中学生要人人动手实验的要求无法实施;减少了对学生进行科学技术技能训练的平台;失去了各项素质培养训练的优秀载体。

三、地面气象综合观测站

地面气象综合观测站是地面气象人工观测站和地面气象自动观测站并设的气象站。目前,世界各国和我国各地的各类气象台站都采用这种综合设置的方式建设,这种综合设置是气象科学发展的基本趋势。

地面气象人工观测站是定时气象观测站,它规定的观测时间是每天的 02 时、08 时、14 时、20 时。这个观测时间与中小学生的日常生活产生了很大的矛盾,一是 02 时、20 时的夜间观测,中小学学生是根本没有办法进行的,二是 08 时与 14 时的两次观测,虽然中小学学生可以进行观测,但却与上课时间相矛盾。许多中小学在开展气象科技活动时,将这两次观测的时间统一提前了 15 分钟或半个小时,这样虽然缓解了气象观测与学校上课在时间上的矛盾,但却给校园气象站的观测收据与气象部门发布的数据进行对比时造成了矛盾。地面气象人工观测站是定时气象观测所获取的只有规定时间的观测数据记录,而时间纵向的大气变化情况却无法获知。同时,校园中的地面气象人工观测站没有人员轮流值班,一旦仪器发生故障,就连定时观测的记录也会中断而无法补救。另外,所有的学校,一星期中有周末假日,一学期中有节假日,一学年中有寒暑假,节假日中的定时气象观测记录就无法连续记载。所有这些都是校园中地面气象人工观测站的弊端。

地面气象自动观测站的优点,首先是不需要安排人员常年值班;其次是有时间纵向的气象观测记录数据,可为校园气象科技活动提供任意时间的气象观测数据;最后,如果所使用的仪器是气象部门许可的制造商生产的产品,它所获取的数据还可以与气象台站发布的气象数据对比使用。地面气象自动观测站的这些优点恰好弥补了地面气象人工观测站的弊端。

地面气象综合观测站是在地面气象人工观测站和地面气象自动观测站的基础上创设出来的校园气象站新模式。它既能使地面气象人工观测站和地面气象自动观测站的长处得到优化,短处得到补充,又能为气象科学在中小学中的全面普及和吸收更多的学生群体参加气象科技活动提供广阔的科学空间与活动平台;同时,有效地弥补了地面气象人工观测站只限于少数人参与活动和地面气象自动观测站省略了学生动手训练环节的缺陷;为学校气象科学教育和气象科技活动闯出了一条新路,为我国校园气象站的发展创出了新方向。地面气象综合观测站的诞生是我国气象科学教育和气象科技活动深入发展的标志,是我国“科技教育”实施在技术与措施上创新的具体展示,是我国教育技术装备进步的实际展现。它将带动与促进其他学科科技教育与活动的共同进步与发展。目前,我国许多中小学建有地面气象综合观测站,如北京第十八中学的校园气象站、重庆市北碚区大磨滩小学的校园气象站、浙江省岱山县秀山小学的校园气象站、浙江省温州市第二十一中学气象站等。

四、大型校园气象站

大型校园气象站是由地面气象人工观测站、地面气象自动观测站和地面气象模拟观测站 3 种类型的气象观测站并设构成。

地面气象人工观测站是气象工作的基础。它自1653年诞生以来已经有着300多年的历史。在这300多年气象科学发展的历史进程中，它的功能与作用逐步完善，而今已经基本完备。而且它的场地选择、设备配置、安装方法、观测项目、观测技术等，都有一系列强制性的规定与标准。同时，它在我国校园中的应用已有90多年的历史，规模格局已经相当成熟。

自动气象站进入我国校园也有10多年的历史，10多年来，我国中小学对自动气象站的运用已经总结了比较丰富的经验。

地面气象模拟观测站是教育改革和“科技教育”的新生事物，是一种直观、科学的专门为气象科技教育而设计的教学装备。该站也采用标准的气象观测仪器与设备，模拟真实标准的地面气象人工观测站，将观测场按比例微缩在室内进行仪器安装布置的。它的仪器配置、安装技术都是严格按照《地面气象观测规范》规定的要求执行。所不同的就是，第一，放低风向杆的高度，老师或学生可以用手去转动风杯和风向标，第二，为方便教学，把百叶箱做成可以升降与可以任意方向旋转的形式。放低时，百叶箱的底部离地面只有20厘米，升高时，百叶箱底部离地面也有125厘米。这样就不会遮挡学生在教室中的视线。

大型校园气象站是一种集人工、自动和模拟于一体的气象科学教育设施，是教育改革、科技教育、科学普及、素质教育中的一种创新之举。目前，我国设有大型校园气象站的，有辽宁省大连市沙河口区中小学生科技中心和辽宁省鞍山市铁东区青少年科技中心等单位。他们创建的大型校园气象站在国内尚属首例。

地面气象人工观测站、地面气象自动观测站、地面气象综合观测站和大型校园气象站是我国校园气象站发展的四大台阶，基本上彰显了我国校园气象站的发展过程和目前现状。但从我国气象科学教育普及和“科技教育”实施的时代要求来看，地面气象人工观测站的进一步普及，地面气象自动观测站的推广，地面气象综合观测站的装备，大型校园气象站的建设发展应该成为我国校园气象站未来规模结构格局的总趋势和大方向。

第五节　气象校本课程开发锐势发展

我国中小学的气象科普教育有着悠久的历史，在中国气象局和中国气象学会等相关部门的长期支持与高度关注下，发展非常迅速。因此，气象科普校本课程开发的起步也比较早，20世纪90年代初就已经有相当完整的版本面世。自国家教育部“三级课程”管理制度出台后，前进发展的脚步迈得更快，新世纪以来出现了多枝竞秀的局面，形势非常喜人。

目前，我国气象科普校本课程所呈现的态势是：空间分布越来越广泛，面世版本的品质越来越高，发行数量越来越大，科普受众越来越普遍。尤其是近几年，国家与各省（自治区、直辖市）的气象、教育、科技、政府等部门一起联手，为气象科普校本课程的开发创设出巨大的发展空间和优越的环境条件，具备了持续深入发展的美好前景。

一、我国“三级课程”管理政策出台

长期以来，我国中小学的课程一直由国家教育部统一设置编撰，形成了“大一统”和“一刀切”的模式。由于我国是一个人口众多、地域辽阔的国家，各地的经济文化发展存在着巨大差异。这种“国家一统”的课程模式极难满足不同地区的教育和学生发展的需要。同时，国家课程变化的周期比较长，知识容易老化，很难适应我国社会、经济、科学的发展。1999年6月15日，中共中央、国务院发布《关于深化教育改革全面推进素质教育的决定》明确指出，要“调整和改革课程体系、结构、内容，建立新的基础教育课程体系，试行国家课程、地方课程和学校课程”，由此拉开了我国构建“三级课程”体系改革的序幕。进入新世纪后，随着基础教育课程改革发展步伐的加快，调整现行课程管理政策，实行“三级课程”管理，成为我国新一轮课程改革的基本思路。

校本课程是国家“三级课程”管理制度中的一项重要课程，是国家基础教育课程设置实验方案中的一个有机部分；是学校自行规划、设计、实施的课程。校本课程的开发是进一步落实中共中央国务院关于全面推进素质教育决定的需要，是培养多样化、个性化卓越人才的需要，同时也有助于建立合理的课程结构，有助于体现学校的教育教学特色，有助于学生身心和个性更加健康的发展。

当前，校本课程的开发与建设已经成为全国各地各级各类学校课程改革的热点，并先后开发出很多各种学科科目的校本课程，气象科普就是其中一个重要的科目。

二、气象课程的发展历史

自1902年我国中小学正式确定设置地理课程后，气象科学知识就被编入了教科书，在全国范围内进行常规的气象科普教育。1921年，竺可桢先生从美国完成学业回国，参与了中小学地理课程标准和地理教科书的编写。他不但将中小学地理课程标准进行了进一步的完善，而且还将地理教科书中的气象科学体系进行了梳理，同时将自己的研究成果融入了教科书，丰富了我国中小学的气象科普教育内容。特别是为中小学列出气象科学教育的仪器设备，为教科书设计出很多气象教育内容的课外作业和科技活动项目。1924年，竺可桢先生还把气象站引入了中小学校园，使我国的气象科普教育有了大跨度的发展。

新中国成立之初，我国学习苏联的教育经验，翻译了大量有关地理教育和气象科普教育的书籍，特别是参考使用了校园气象科普活动的模式，使我国的校园气象站有了跨越式的进步。教育改革深入发展后的20世纪90年代，我国的校园气象科普活动再度兴起，并引发了“气象科普校本课程”的诞生。

1992年，浙江省湖州市德清县洛舍中心校在创建校园气象站的同时，编撰了一部《可桢业余气象学校教材》。该书以倡导科学方法、弘扬科学精神、提高学生的全面素质为宗旨；以普及气象科学知识、补充和延伸课本知识为目的；以气象观测为中心内容，分章逐节进行排列，构成了课本的基本模式。

当这部教材问世的时候，国家还没有“三级课程”管理制度，所以它还不属于“校本课程”

的概念范畴。但它已经具备了国家“校本课程”的基本要素，走在了国家基础课程改革的前头。

国家出台了“三级课程”管理制度后，校本课程的开发在全国各地各级学校中形成了热点，他们在选择开发学科科目的时候，对气象科学项目特别青睐，因此，“气象科普校本课程”的开发也被推上了新舞台，新世纪以来，全国气象校本教材先后面世了30部。从面世的时间分布来看，新世纪前为1部，新世纪后为29部，这就清楚地表明：国家“三级课程”管理制度的确立，有力地促进了全国气象科普校本课程的发展。

三、气象校本课程教材开发的现状

据初步统计，我国气象科普校本教材面世的情况是：1992年1部，2004年2部，2005年2部，2006年5部，2007年2部，2008年4部，2009年4部，2010年6部，2011年4部，2012年1部，合计为30部36册。

（一）气象校本教材的空间分布

气象校本教材的空间分布表现了区域气象科普活动开展的状况，这30部气象科普校本教材的空间分布是：浙江9部，上海6部，江苏6部，北京3部，安徽2部，山东1部，湖南1部，天津1部，重庆1部。就区域而论，华东地区24部，华北地区4部，华中和西部地区各1部。这种空间分布状况表明，华东地区是全国气象科普教育开展得比较广泛而且比较活跃的地区。

（二）气象校本教材的印刷、装帧与出版

从面世的气象校本教材的概貌来看，已经完全没有了过去油印手册的痕迹，所有的气象校本教材都采用现代化的印刷技术，并且装帧得非常精致。其中有7部还经过国家或省级出版社正式出版。如浙江省温州市教育局编的《台风知识》，2007年1月由浙江教育出版社出版；安徽省气象局编的《安徽省小学生气象灾害防御教育读本》，2008年6月由气象出版社出版；浙江省宁波市鄞州区高桥镇中心小学编的《气象探秘》，2009年9月由现代教育出版社出版；北京市延庆二中编的《探寻万千气象》，2009年12月由北京师范大学出版社出版；湖南省长沙市第二十一中学编的《气象科技与防灾减灾》，2010年3月由湖南科学技术出版社出版；重庆市北碚区大磨滩小学编的《气象科技活动》，2011年4月由气象出版社出版；浙江省温州市瓯海区丽岙二小编的《小学气象科学普及教育读本》，2012年4月由气象出版社出版。印刷与装帧是编撰者对气象校本教材完美的要求，正式出版表明了开发者对气象校本教材内容与质量的追求，也表明了专家们对气象校本教材质量的认可与肯定。

（三）气象校本教材的发行量与科普受众

气象校本教材的使用有多种方式，一种是以气象小组活动的形式使用，这种情况最为普遍，但一般学校的气象小组仅为30～50人，所以气象校本教材每年发行30～50册就可以了；一种是以社团的形式使用，发行的数量也不会很多；一种是以学校为单位，选择一至多个年级段实施气象科学普及教育，使用这种形式，气象校本教材的发行量就相对大些，一般每

年可以发行500～1000册；还有一种是在一个地区或一个省份内实施统一的气象科普教育，这样气象校本教材的发行量就更大。

气象校本教材发行量的大小表明了科普受众的多寡。浙江省温州市教育局编撰的《台风知识》发行量达到了100多万册；安徽省气象局编撰的《安徽省小学生气象灾害防御教育读本》发行量达到90多万册。如此大规模的气象科普教育，如此多的科普受众，就目前全国来说确实是绝无仅有的。

（四）量体裁衣与分段教育

根据科普对象不同的年龄和学历，运用不同的表现方式，分别编撰不同层次的气象校本教材，是气象科普教育课程的一大进步，目前，国内已经出现这类版式的气象校本教材。如浙江省温州市教育局编撰的《台风知识》，就分为“小学”“初中”“高中”3个版本；上海市闸北区彭浦新村第四小学编撰的《老师伴我学气象》，分为第1册、第2册、第3册3个版本，分别供不同年级使用；浙江省温州市瓯海区丽岙二小编撰的《小学气象科学普及教育读本》，共3册，分别供三年级、四年级、五年级学生使用。这种“量体裁衣”的课程编撰方式和“分段教育”的科普教育措施，是符合常规教育规律的，所获取的科普效果应该比“一统”教育的效果要胜过一筹。

（五）气象校本教材的表达形式与内容涵盖

就气象校本教材的表达形式而言，图文并茂是所有面世的气象科普教育课程的共同特点，问答题、思考题和探究实验是这些课程的共同零件。图文并茂的教材能够使学生喜欢看、自愿看、常常看；有趣的问答题、思考题能够引发学生主动地去回答和思考，主动地去进行科学探究实验。这些都是校本教材要创造的动机和要引发的效果。

就气象校本教材开发的内容而言，“气象观测”是大部分“校本课程”的基本内容，但也出现很多各有侧重的现象。如浙江省温州市教育局编撰的《台风知识》，只介绍台风的形成、台风的危害和台风的抗御等，而不涉及其他；安徽省气象局编撰的《安徽省小学生气象灾害防御教育读本》，只介绍了13种灾害性天气及认识、防护等，没有涉及其他气象知识；还有一些侧重生活或本区域气候特点的课程，也能独树一帜。这些各有侧重的课程对学生的知识补充和延伸是用之不竭的源泉。

还有全面涵盖气象科学体系的课程，如浙江省温州市瓯海区丽岙二小编撰的《小学气象科学普及教育读本》，3册共18个单元，由大气的结构与分层、天气现象的形成与原理、气象观测、天气预报、气象灾害的发生与防御、现代大气探测技术、人工影响天气、气象谚语等构成。课程将课内、课外的气象知识进行有机串联，既能延伸小学阶段课本中的气象知识，又能对学生课外的气象知识进行补充。这种课程的有效实施，将会收到极佳的科普效果。

（六）气象科普教育课程已经引起各地、各部门领导的高度重视

气象科学是人们身边的科学，它与人们的关系越来越密切。因此，气象科普教育校本课程的开发也引起了气象、科技、教育、政府等部门领导的高度关注。浙江省岱山县秀山小学的气象校本教材《少年气象观测》，获得了该县县长的题词；重庆市北碚区大磨滩小学的《气

象科技活动》,获得了重庆市气象局局长和北碚区副区长作序。题词作序不但体现了各级各界领导对气象科普的关心和关注,特别是极大程度地提高了气象科普教育校本教材的品位和分量。

四、气象科普校本课程开发的前景

新中国成立以来,中国气象学会一直是我国中小学气象科学普及教育的支持者、组织者和指导者,该会还在其章程中对其做出了具体规定。

2009年7月,中国气象局公共气象服务中心对全国校园气象站进行了调查;2010年3月,中国气象局指派专家到全国各地进行考察;2010年12月9日,中国气象局在北京召开"全国部分省市推进校园气象站工作经验交流会"。继后,浙江省气象学会于2011年11月2日,在杭州召开"浙江省校园气象科普教育经验交流会";2011年12月6日,上海市科协在上海宝山区召开"上海市中小学气象科技教育创新学术论坛";2012年3月31日,深圳市科协在深圳市西部华侨城召开"两岸四地校园气象科普教育论坛"。2012年5月27日,浙江省气象学会在温州市召开了"浙江省校园气象科普协会成立、浙江省气象科普基地授牌和温州市丽岙二小校本课程首发仪式"的大会。在中国气象局的牵头和推动、在各地相关部门积极响应和共同努力下,全国校园气象科普教育的高潮正在酝酿和形成之中,气象校本课程的开发也正在全国各地逐步铺开。

2011年1月12日,由温州市气象局、温州市气象学会牵头主办,为温州市瓯海区丽岙二小的气象校本教材的开发,在温州召开了一次"校园气象科普校本教材编写研讨会"。会议邀请了中国气象学会、中国气象局公共气象服务中心、浙江省气象学会、气象出版社领导,温州市教育研究院专家、省内同行学校代表参加,一起为丽岙二小的课程开发与教材编写出谋划策。

会议以后丽岙二小即安排学校老师进行具体编写,中国气象局公共气象服务中心专家还帮助具体策划编写内容和编排目录;在编写过程中,中国气象学会、中国气象局公共气象服务中心、浙江省气象学会的领导还亲自帮学校审稿,温州市气象局的专家还在科学技术上进行把关。经过上述各方的长期支持与关注及学校自己近一年时间的不懈努力,终于编写完成一套3册的《小学气象科学普及教育读本》校本教材。这本教材由气象出版社出版,并获得了中国气象局局长郑国光的题词,获得了中国气象局副局长许小峰作序。他们的题词与作序是国家气象部门高层领导对校园气象科普持续发展的倾心和对成长中下一代的关爱;更是对气象科普校本教材开发最具体的关心与支持。

综上所述,我国气象校本课程开发所具备的条件和优势是:厚重的基础——有几十个可供参考和借鉴的样板与模式;巨大的支撑——有中国气象局等相关部门强大的技术支持与能力资助;强力的保障——有国家"三级课程"制度政策引导与鼓励。在这样的环境与氛围中,我国的校园气象科普教育课程开发的前景是前途光明、大有作为。

校园气象科普教育课程的开发,是一项长远的历史任务,也是社会、经济、教育、科技发展的必然产物。虽然已经有参考与借鉴,但还须研发创新;虽然有中国气象局等相关部门的鼎力支持,但路必须我们自己走,必须主动、积极地去认真从事和刻苦钻研;国家"三级课程"

制度政策已经为“校本课程”开发创造出灿烂美丽的春天，我们应该抓紧时机，抓紧时间去努力去奋斗。

第六节　校园气象科普网络的诞生及运行

互联网的用途极广，网络教育就是其中一项最重要的用途。网络教育指的是在网络环境下，以现代教育思想和学习理念为指导，充分发挥网络的各种教育功能和丰富的网络教育资源优势，向教育者和学习者提供的一种网络教学服务，这种服务体现于用数字化技术传递内容，开展以学习者为中心的非面授教育活动。

在网络教育中，校园气象科普教育网络就是其中非常重要的分支。校园气象科普教育网络是指专门用来进行气象科普教育和开展气象科技活动的现代网络系统。该网络的使用既是校园气象科普教育一种与时俱进的崭新手段，更是校园气象科普教育大进步、大发展的标志。

一、我国校园气象科普教育网络的诞生与发展

我国校园气象科普教育网络诞生与发展历史并不久远，但却有着深厚的历史渊源、时代发展和科学发达的环境背景。首先是中小学课本中气象科普教育内容的历史积淀，其次是校园气象站建设和校园气象科技活动的长期经验积累；其三是校园气象科普教育的飞速发展；其四是自动气象站进入气象部门的业务运转。在这样的历史背景与环境条件下，我国的校园气象科普教育和气象科技活动便萌发了突破校园围墙的动力，因而也孕育了我国校园气象科普教育网络。按照时间的顺序，可以纵观我国校园气象科普教育网络诞生与发展的历程。

（一）GLOBE计划在我国

1994年4月22日，当网络刚刚兴起的时候，在全球范围内发起了一个旨在“有益于环境的全球性观测与学习计划”（简称“GLOBE计划”）。该计划的核心是为中小学校提供一套能够观测学校内环境的观测设备，以观测当地的气温、大气压、降水等等气象要素，并通过互联网把数据发送到处理中心。1996年4月22日，北京师范大学附属实验中学等4所学校率先加入该计划，到2000年4月，我国已经有56所学校成为GLOBE计划会员单位。

（二）台北市校园气象台

2003年12月，饱受台风暴雨等气象灾害侵袭的台湾地区，为了普及气象科学知识，从小培养学生防灾减灾意识，探究掌握大气变化规律，在台北市教育局的统一筹划下率先将自动气象观测仪器引入校园。在台北市教育局所辖的60所中小学内统一安装了地面气象自动观测仪器，并组成全球领先的微观气象测候网——“台北市校园气象台”，数据化记录台北市长期的气候变化，提供学校本位及在地性探索，并开展系列校园气象科普教育和气象科技活动，这是我国校园气象科普教育网络诞生之始。此后，我国校园气象科普教育网络便开始快

速向前发展。

（三）香港联校气象网

2004年，我国香港地区的学校，由顺德联谊总会翁祐中学牵头，组织了30多所中小学建立了校园自动气象站。2007年，由香港天文台、香港理工大学应用物理系及香港联校气象网合力筹建了社区天气资讯网络（Co-WIN），这是继“台北市校园气象台”后的第二个校园气象科普教育网络。

（四）中小学校园气象站网

2005年10月，浙江省温州市第十四中学任咏夏老师为探索校园气象科普教育，前往香港天文台和顺德联谊总会翁祐中学访问学习，回来后即着手筹备建立“校园气象科普教育”网络，并于2006年6月12日个人出资在“中国教育装备”网上注册购买空间，创建了一个“中小学校园气象站”网站。网站运转数年，每年都有数万点击率。这是我国第一个也是唯一一个由个人出资建立的校园气象科普教育网络。

2010年，“中小学校园气象站”网迁址到浙江省岱山县秀山小学，由该校的网络管理员兼校园气象科普教育辅导员邱良川老师负责硬件的管理和信息维护。

（五）北京气象科普网

2007年初，由北京市气象局牵头，在北京市海淀区8所中小学安装了校园自动气象站，并把这些自动站的数据统一传输到“北京气象科普网”上，这就在客观上形成了一张微观的气象网。

（六）岱山校园气象信息网

2007年年底，浙江省岱山县秀山小学红领巾气象站增添了一套自动气象站。自动气象站可以收集10多个气象要素，这些数据通过“校园气象信息网”同步传送到网上，为全校师生及其他气象爱好者研究气象提供了准确翔实的气象数据。

（七）无锡校园气象网

2009年，江苏省无锡市教育局电化教育馆在创建“感知生长”和“感知中国”传感网络的同时，为了便于探究植物生长与气象条件的关系，在全市20多所中小学安装了自动气象站，并把各校的气象数据集中发送到“果实网”上供大家分享。

（八）校园气象网

2011年7月，中国气象局公共气象服务中心为推进全国校园气象科普教育的进一步发展，为全国中小学的气象科普教育提供平台创设窗口，创办了“校园气象网”。这是我国第一个由国家政府部门设立的全国性的校园气象科普教育网络。

（九）浙江省校园气象网

2012年5月，浙江省气象学会为推动全省校园气象科普教育的迅速发展，将邱良川老师管理的“中小学校园气象站”进行收编，易名为“浙江省校园气象网”，作为于该月成立的“浙江省气象学会校园气象协会”的公网。这是我国首家省级单位政府部门设立的校园气象科普教育网络。

二、校园气象科普教育网络的分类与作用

我国迅速发展起来的校园气象科普教育网络，就其功能而论，可以分成很多种类，各种不同类型的网络，在校园气象科普教育中能够发挥各种不同的作用。

（一）校园气象观测网

校园气象观测网是由数台自动气象观测仪器与上位计算机链接而成的网络。该网主要由具备自动气象仪器的学校，把自动气象站采集的气象要素数据，通过计算机的处理，并运用软件把数据通过记录、输送、存储、统计、整理等功能，实时地在网站上显示。它可以为课堂教学、科学探究、科技活动以及学习研究提供历史或实时测量数据。它的作用就是为成员单位存储和提高教学与科技活动所需要的历史气象要素数据和实时观测资料。如“台北市校园气象台”和“香港联校气象网”等，都具有这种功能作用。

（二）校园气象科普教育网

校园气象科普教育网是一个独立的校园气象科普教育载体与平台。它既不具备观测、记录气象要素的功能，也不与任何一台计算机链接。它就像互联网上的一部电子出版物，承载着气象科普教育内容，展示在无限的空间，任意地方的任何一台计算机都可以翻开它的书页，览尽它的内容资料。它不但有常见的文字资料，还有图片、视频等多种媒体信息。它的作用就是为从事校园气象科普教育的单位提供最新信息和深度探究的结果，交流各学校在校园气象科普领域所开展的经验与方法。如“校园气象网”“中小学校园气象网”等。

（三）校园气象科普栏目

校园气象科普栏目是某学校或教育机构开辟在自己单位网页上的一个窗口。说是一个栏目，打开它却是一个完整的网页。它的内容是记载本校或本单位气象科普教育的总体态势，目的是宣传、彰显本单位的发展状况和成绩，同时可以展示学校的教育成果和学生的科技作品，这些既是对自己的鞭策与鼓励，也可以与兄弟单位进行交流切磋。如浙江省岱山县秀山小学的校园气象信息网。

目前，我国校园气象科普教育网络大致可以分为上述3大类，虽然还可以进行细分，但都已经包罗在上述3大类之中了。

三、校园气象科普教育网络的发展思路

校园气象科普教育网络是一种不可捉摸的可视电子科普出版物，是色彩斑斓、涵盖海量的传媒。它在校园气象科普教育中所发挥的作用，是任何静态平面或立体媒体所不能替代的。

首先，相对于传统的平面媒体来说，网络科普的一大特点是它的时效性。它没有地域和时间的限制，可以把即时发生的事件通过网络的发布，迅速传递到世界各地。特别是关系到人们生活与生命财产的气象灾害性事件，人们可以通过网络气象信息站，随时了解当地乃至世界各地的天气情况，便于及时地安排工作与生活。在灾害性天气即将发生时，可以迅速做

出应对措施。

但当前我国的这种自动气象站分布还不平衡，人们对解读天气网站中气象信息的能力还有所局限，这就需要我们在这方面有所投入，加大气象科学技术普及的力度和速度。

其次，网络科普的另一个特点是传播的广泛性。据官方不完全统计，到2012年底，我国现有网民5.64亿，其数量可以与电视观众相媲美，而网络的信息的涵盖量却是电视节目也无法比拟的。特别是青少年人群的上网比例又远远高于普通的人群，而校园气象的科普又集中在青少年这一人群中。综上所述，我国现阶段的校园气象宣传网络还只是凤毛麟角，仅有的几家屈指可数。由此可见，大力发展校园气象科普宣传的网站，让广大在校的青少年学生更多地了解气象知识，宣传和推广气象知识，还有待于有关部门进一步去开拓发展。

最后，网络科普有别于其他科普手段的最明显特点是互动参与。而这一特点也正好符合了当代广大青少年不愿意被动接受外来的信息，勇于个性张扬，积极表现的生理特征。通过网络的反馈和双边互动，又能够及时地了解和掌握气象科普的成绩与效果。而现在网络上那种参与性的知识竞赛、征文比赛、网络调查类的网站又少得可怜。作为科普工作者，如果能够多增加一些这种参与性强的网站，无疑会受到广大网民更多的欢迎和光顾。

纵观我国校园气象站有着悠久的历史，运用互联网这一工具，我们也已经与时俱进，跟上了历史的潮流，在宣传和普及校园气象知识方面迈出了可喜的一步。但也毋庸置疑，我们所做的还仅仅是开始，发展的步子还不平衡，普及覆盖的面积还比较狭窄，宣传的形式也不够丰富。这也给以后的行动留下了一个发展的空间，有待于我们去进一步努力填补。

第七节　校园气象科普教育理论研究萌芽

理论是指人们对自然、社会现象，按照已知的知识或者认知，经由一般化与演绎推理等方法，进行合乎逻辑的推论性总结。这种推论性总结的形成并不是凭某个人在短时内的苦思冥想就能够完成，而是要若干人在长时间内(数年或数十年)经过不懈的努力和深入的反复研究才能形成的具有一定专业知识的智力成果。而且这种智力成果的获得都必须在研究对象产生成长相对成熟的条件下研究获得。

研究得出的理论性智力成果，可以在全世界范围内，或至少在一个国家范围内具有普遍适用性，即对人们的行为具有指导作用。它的重要性就在于，可以让人们通过正确性要求的约束，去审视一个思想、一个方案的可行性及其后果，以便于选择最佳的方案。

我国校园气象科普教育活动产生于20世纪之初，发展于20世纪50年代，成熟于20世纪70年代，于是也引发了人们对我国校园气象科普教育活动的理论研究。

对于我国校园气象科普教育的理论研究，早在20世纪70年代前就已经有人涉足，但研究得比较肤浅，到了20世纪70年代后，随着我国校园气象科普教育的深入发展，理论研究也步步深入，逐步形成了专门课题，许多单位与个人都纷纷投入研究，并形成了多方面的总结性、指导性成果。

一、上海市气象局的初期研究

上海市是我国校园气象科普教育开展得比较早的地区，早在20世纪70年代初期就比较普遍，而且许多学校都做出了成绩，因此也引起了许多部门和专家的关注。

1975年5月，上海市气象局编写了一部指导中小学开展校园气象科普教育的书籍——《少年气象活动》。该书共4章，其第3章题为“学校怎样开展气象活动”，又分为“关于气象观测”“关于天气预报”“向群众学习看天、管天经验”3节。

“关于气象观测”一节分别叙述了因地制宜设置观测场地、勤俭节约筹办观测仪器、认真坚持进行气象观测3项内容，综合性地论述了根据学校的具体情况和环境条件来设置观测场的大小，置办气象观测仪器，并强调了要连续不断地坚持进行气象观测的必要性和重要性，从理论上阐明了气象观测的意义。

“关于天气预报”一节引导学生从“听、看、资、商”4个方面入手学习天气预报。听，即收听天气预报广播，及时记录并绘制天气形势图；看，即是看天象、物象变化，从这些变化中判断出天气变化的趋势，并从中总结出规律性的经验；资，即是积累和分析气象资料，从中找出天气预报的依据；商，就是会商天气，和气象台的业务人员、老农民一起对当前的天气做出共同的判断。

“向群众学习看天、管天经验”一节主要向学生提出向有经验的农民学习天象、物象、看风等技术，这在当时气象科学还没有像今天一样发达的情况下，还是相当有现实意义的。

综上所述，该书“学校怎样开展气象活动”一章虽然在理论归纳总结方面相对薄弱一些，但已经有科学意识、科学精神、科学方法等方面的渗透与引导，这对当时校园气象科普教育的深入发展起到了一定的推动作用。

二、中国科协青少年工作部和团中央宣传部的研究

中国科协和团中央是关注青少年成长的上级单位，早在20世纪80年代初期，中国科协青少年工作部和团中央宣传部就组织专家对青少年科技活动进行专门研究。1985年6月，他们编辑出版了一套《青少年科技活动全书》，该书共10个分册，其中专立了气象分册。

气象分册共10章，开篇的第一章就是校园气象科普教育理论研究的新成果。

第一章共分：开展气象科技活动的意义、气象科技活动的特点、开展气象科技活动的条件、气象科技活动的内容、怎样开展青少年气象科技活动五节。

“开展气象科技活动的意义”一节，概述气象与人们的生活、生产关系十分密切，指出中小学课本中含有一定的气象科学知识，但内容很有限；首次提出了气象科技活动是中小学课堂教学的延伸与补充，对培养青少年的科学素质，发现科技人才幼苗等具有重要的意义。

“气象科技活动的特点”一节，先提出气象科技活动必须在课外进行，不能影响青少年正常的学习生活，自愿参加，重视操作能力的培养和理论联系实际的训练四项原则；接着归纳

了观测工作的连续性、积累资料的长期性、使用资料的比较性、判断天气的综合性、发布预报的时间性5大特点。

"开展气象科技活动的条件"一节，讲述了开展气象科技活动的硬件条件，如观测场、气象仪器、气象观测工具、记录簿、统计图表等；并对不同年级段的学生提出了不同的要求。

"气象科技活动的内容"一节对青少年气象科技活动给出了相当丰富的内容，归纳起来大约为如下3大类。

(1)进行气象观测，积累气象资料，包括：常规资料、特殊资料、农业气象资料、专门气象资料4类资料的积累；

(2)发布单站天气补充预报，为生产和人民生活服务，包括：短期预报、天气旬报、节气预报、农忙季节预报、灾害性天气预报5类；

(3)开展农业气象观测，首先阐述农业气象观测的细致性、科学性、实用性，接着提出了6项农业气象观测指标。

"怎样开展青少年气象科技活动"一节，详细地介绍了组织活动小组、制订活动计划和日常活动内容3方面的方法。其中特别强调了日常活动的6个参考内容。(1)举办辅导讲座；(2)组织分组值班(观测)；(3)开展预报服务；(4)开辟宣传阵地；(5)整理气象资料；(6)开展农业气象活动等。

从"概论"所述的内容看，专家们对校园气象科普教育已经有比较深入的研究，并且得出了推论性成果。

(1)概括了气象科技活动的教育作用，并升华到传播科学精神、提高素质、培养人才的高度，肯定了现实意义。

(2)归纳了气象科技活动的5大特点，从理论上阐述了该活动的长期性、复杂性、科学性，及其气象科学理论要与实践相结合的原则。

(3)拓展了气象科技活动的内容，突破该活动只停留在观测上的瓶颈，提出了气象科普教育活动与农业生产相结合的先进思想。

(4)总结了中小学开展气象科技活动的基本方法，列出了多种开展活动的途径与渠道。

中国科协青少年工作部和团中央宣传部所组织的专家对中小学气象科技活动的研究，首次从理论上给予认可肯定；首次梳理出特点；首次扩充活动内容；首次给出开展活动的具体方法，为推动和发展我国校园气象科普教育做出了理论上的贡献。

三、中学教师王洪鑫的研究

1985年11月，著名气象科普专家王奉安老师创作了《青少年气象科技活动》一书。该书不但多处涉及校园气象科普教育的理论，还特意收录了四川省平昌县西兴中学有指导校园气象科普教育丰富经验的王洪鑫老师撰写的《开展学校气象科技活动的浅见》一文。

《开展学校气象科技活动的浅见》是一篇校园气象科普教育活动的理论研究文章。该文分为3部分，每部分设有分段小标题，分别论述了校园气象科普教育的作用、过程和方法3方面内容。

关于校园气象科普教育的作用，该文结合党的教育方针和实现四个现代化的实际需要出发，从4个方面进行了比较深入的论述。

(1)可以培养学生的科学兴趣、宏伟志向和远大理想，寓理想、道德教育于生动活泼、丰富多彩的活动中，能够起到其他教育方式所替代不了的作用。

(2)可以巩固和加深学生课堂上所学到的基础知识，丰富和开辟他们的知识领域，因为我们开展的各种活动，都离不开课堂上所学的基础知识。

(3)可以培养学生的观察、思维、分析问题和解决问题的能力。进行科学实验必须善于细致、周密地观察，能够从复杂纷纭的事物中找出规律性的东西，从一些容易被人忽视的细小变化中获得重大发现，从亲自参加的观测实践获得的第一手资料中，找到正确的科学答案。

(4)可以培养青少年学生实事求是的科学作风，严谨细致的治学态度，坚韧不拔的毅力和勇于创新的精神。

王洪鑫老师在论述了校园气象科普教育的4方面作用后，还提出了一系列措施，让社会都来关心和支持校园气象科普教育活动，使更多的人都能够认识到开展校园气象科普教育活动对于培养人才的重要意义。

关于校园气象科普教育活动开展的过程，王洪鑫老师论述得比较简略，主要是号召青少年学生树立自力更生的态度，勤俭节约、克服困难来解决开展活动的各种困难，还特别呼吁当地的相关部门一起来支援和支持青少年开展校园气象科普教育活动。

文章的第3部分是论述校园气象科普教育活动的组织和活动形式，组织学生总结了以下4条：

(1)学校要成立气象科技活动领导小组，指派老师兼管组织管理、活动安排、器材准备、技术指导等工作；

(2)建立青少年气象站，作为气象科技活动的基地；

(3)成立气象科技活动组，分小组并推选小组长；

(4)编制活动计划，做出时间安排。

关于活动，王洪鑫老师提出了10种参考方式：

(1)举办科普知识讲座；

(2)组织学生与科学家、科技工作者座谈；

(3)组织学生参观学习；

(4)组织观看科教影片；

(5)设立“气象科学爱好者信箱”；

(6)办墙报、板报、小报；

(7)举办少年科学讨论会；

(8)举办科技游艺活动；

(9)举办科技作品展览；

(10)组织气象野营或夏令营。

王洪鑫老师是四川省平昌县西兴中学红领巾气象站的创始人和首任辅导员，从1972年

1月建站到1985年，已经有13年开展活动的经验。他的理论论述来自于他13年的经历、体会和心得的总结，是来自实践又指导实践的理论。同时，他的理论论述又以本校和湖南省桃江县伍家洲中学为实例加以论证，强化了他的理论论述的科学性、实用性和指导意义。

四、中学教师任咏夏的研究

任咏夏是一位普通的中学语文教师，既不学地理也不教科学，更没有从事校园气象科普教育活动的实际经历和经验，但他却有极深的校园气象科普教育情结。

20世纪70年代初期，他曾在海军气象站工作，后到普通中学担任语文教师。由于中小学的语文课本中编有多篇与气象有关的课文，这对从事过气象工作的任咏夏老师来说，讲起课来既轻松又生动，学生听起来也津津有味。同时他还回忆起自己中学时代地理课程的气象活动对自己的影响，于是引发了对校园气象科普教育进行研究的念想。

从2002年开始，他怀揣学校的介绍信，行程数万里，走访了20多个省（自治区、直辖市）的近百所校园气象站，获取了大量校园气象科普教育的第一手资料，经过认真的分析研究，撰成了论文数10篇，2006年编著了《中小学校园气象站》一书，在中国科学技术出版社出版；2009年编著了《中小学气象科技活动指南》一书，由气象出版社出版。2012年9月，又承接了全国教育科学“十二五”规划教育部重点课题“中国教育技术装备发展史研究”中的专题“我国校园气象科普教育发展史”的研究。

任咏夏老师的研究有多方面的成果，归纳起来可以分为如下几大类。

（1）校园气象科普教育史类研究。如《我国古代对青少年的气象科普教育》《我国古代蒙学课本中的气象知识》等。

（2）气象科普教育的辐射研究。如《经、史、子、集中的气象科学知识》《我国古代兵书上的气象科学知识》《气象知识与中小学各科》等。

（3）校园气象科普教育设施的研究。如《我国校园气象站的规模格局》《自动气象站在中小学校园中的运用》《校园气象站的建设与运用》《校园气象站——素质教育的优秀载体》《建造在“风口浪尖”的中国台风博物馆》《北极阁——底蕴深厚的气象城中阁》等。

（4）校园气象科普教育活动形式的研究。如《校园气象站的规划思路》《香港中小学生气象科技活动剪影》《天气日记的功劳》《中小学气象科技活动的思考》《竺可桢与天气日记》等。

（5）校园气象科普教育的典型研究。如《竺可桢中学的气象科学教育》《校园气象奇葩——大连沙河口气象站》《国外一些国家中小学的气象科普教育》《心系农业的红领巾气象站》《蚊子与天气》等。

（6）校园气象防灾减灾教育研究。如《浅谈中小学校园的气象灾害与防减对策》等。

（7）校园气象科普教育的拓展研究。如《浅谈我国中小学校园中的气象科普创作》《浅谈中小学气象校本教材的开发》等。

（8）校园气象科普教育网络建设研究。如《北京首张校园气象科技活动网》《我国校园气象科普教育网络建设研究》等。

根据多年的研究，任咏夏老师曾对校园气象科普教育理论进行了两次归纳总结。

2005年7月，任咏夏老师对自己的研究进行了首次总结，并于2006年4月由中国科学技术出版社出版了《中小学校园气象站》一书。全书共5章,分别从学科教育、校园气象站建设、地面气象观测与天气预报、校园气象科技活动实例等方面进行了理论概括。

2008年8月,任咏夏老师在《中小学校园气象站》一书的基础上,综合了2005年以后的研究,并对基础理论进行了一次升华,从青少年气象科技活动角度,撰写了《中小学气象科技活动指南》一书,由气象出版社出版。该书共8章,从8个方面对校园气象科技活动进行了探索与总结,形成了校园气象科普教育活动的基础理论。

从任咏夏老师对校园气象科普教育的研究内容来看,已经能够从多个角度形成不同的结论;但从理论研究的深度来考究,还没有形成系统的理论体系,因此,只能算作校园气象科普教育理论研究起步阶段的萌芽。

校园气象科普教育经过100多年的运转,已经比较成熟地在校园中形成单独的门类,并在学校教育中发挥着一定的作用。因此,对校园气象科普教育进行理论研究也是事物发展到一定程度的必然。对校园气象科普教育进行理论研究的目的在于对过去的历史实践进行归纳性总结,然后运用理论性规律予以升华,形成独门理论,再用来指导今后的实践。

我国校园气象科普教育经过数次高潮已经形成强势发展的趋势,要探究和指导今后的发展方向和规律,必须尽快地对其进行进一步的深入研究,为促进和推动我国校园气象科普教育的高速发展做出更大的努力。

第八章 校园气象科普教育的现时态势(2009—2012年)

2009—2012年是中国气象局对全国校园气象科普教育强力推动与促进的4年。在这4年中,中国气象局将校园气象科普作为气象科普“四进”(进校园、进社区、进企事业单位、进农村)内容之一,列入了全国各级气象部门的日常工作考核项目。

中国气象局首先在公共气象服务中心成立科普评价室,与中国气象学会科普部联手,采取了一系列行之有效的方法与措施,对校园气象科普教育进行了强力推进,在较短的时间内取得了显著的成效。

第一节 我国历届高考试卷中气象知识测试命题的变化趋势

普通高校招生考试是国家用来控制和保证高等教育招生质量和水平的宏观调控手段,又是中等教育和高等教育相衔接的一个环节,也是青年学子闯关夺隘敲开高等学府大门的重要途径。

地理是中小学阶段的必修课程,因此也列入了每年普通高校招生必考科目。作为地理课程中重要教学内容之一的“气象科学知识”,在历届全国高考的地理试卷中也占有相当分量的比重。

新中国成立60多年来,从1951年开始建立全国统一招生的高考制度,至1966年“文化大革命”开始时中断共进行了15届高考。1978年恢复高考制度至2011年,高考又进行了34届。在历届的高考中,不管是地理课程单科独考,还是地理纳入文科综合考试,高考的命题专家们总是想方设法,为气象科学知识的考查安排一席之地。

一、气象科学知识考查题目在历届高考地理试卷中的比重

根据粗略统计:1952—1953年,全国统一高考地理试卷满分为50分,其中大气科学知识考查题目是10~11分,约占全卷比分的20%。1954—1998年,全国统一高考地理试卷满分为100分,其中大气科学知识考查题目在高考地理试卷中所占的比分,最少的是9分,最多的是50多分;一般都在15~35分。按全卷总分比较,大气科学知识考查题目一般所占的比例在15%~30%。1999年以后,全国统一将地理纳入高考文科综合考试,试卷满分为150分,其中大气科学知识考查题目在全卷中占20分左右。按全卷总分比较,大气科学知识考查题目一般所占的比例在13%左右。

从高考文科综合命题的题数来看,对大气科学知识考查的分值呈上升的趋势。2009

年，全国文科综合Ⅰ卷为3题；全国文科综合Ⅱ卷为2题；天津卷为2题；重庆卷为1题；福建卷为2题；山东卷为2题；浙江卷为2题；四川卷为3题；广东卷为2题；海南卷为3题；上海卷为3题。2010年，上海卷为2题；海南卷为2题；江苏卷为2题；山东卷为1题；北京卷为1题；全国文科综合Ⅱ卷为3题；新课标文科综合卷为3题；四川卷为4题；安徽卷为1题；广东卷为2题；重庆卷为1题；福建卷为1题；浙江卷为2题。2011年，全国文科综合Ⅰ卷为3题；北京卷为1题；天津卷为2题；四川卷为2题；广东卷为1题；福建卷为3题；江苏卷为4题；安徽卷为1题。虽然上述各种版本命题的数量不等，但所占的分值却相差不大。如2010年，全国文科综合Ⅰ卷卷共有3题，分值为36分，而安徽卷仅1题，分值却为30分。

命题的分值是体现内容分量的要素，在各种版本的试卷中，大气科学考查命题的分值，最少的是23分，最多的是40分，平均值为30分左右。一份文科综合试卷的总分一般是150分，这样计算，气象科学知识的考查分量基本上在20%左右。分值变化在高考试卷中所呈现的态势充分表达了大气科学在中学阶段教育的重要程度。

中学阶段地理课程内容是由15个部分组成，其中大气环境和地球上的水两部分是专门叙述气象科学知识的，而其他部分也渗透着相应的气象科学知识。总的来说，气象科学知识教育内容在整个地理课程中的比重是15%左右。从课程设置的内容分量和高考测试题目的比重看来，高考命题专家对气象科学知识的考查是予以高度重视的。

分值是数据，数据却能反映内容。从气象科学知识考查题目在高考试卷中所占的比重看，高考命题专家和地理教科书编撰专家的思路是一致的。这就说明气象科学知识是中小学阶段学生必须学习和掌握的一个知识重点，也是历届高考都必须考查的重要内容之一。特别显示了我国新课改后气象科学知识在中小学阶段教育、学习和掌握的重要程度。

二、气象科学知识考查命题的内容覆盖面

从历年高考气象科学知识考查题目的命题情况来看，虽然说不上面面俱到，但其内容基本上涵盖了整个气象科学体系的各个部分。从下面的摘录中可见一斑。

(一)考查大气结构与组成的命题

如：1992年全国地理卷第14题

关于大气垂直分层的叙述正确的是(　　)。

A. 平流层下部冷，上部由于臭氧吸收太阳紫外辐射，气温迅速上升

B. 太阳辐射经过电离层时，紫外辐射被全部吸收

C. 中间层气温随高度增加而增加，下冷上热，气流平稳

D. 电离层中的氧原子吸收了太阳紫外辐射

(二)考查大气运动的命题

如：1991年全国地理卷第11题

形成地形雨、锋面雨和对流雨的共同必要条件是(　　)。

A. 空气中有足够的水汽

B. 空气中有足够的凝结核

C. 空气的水平运动

D. 导致空气做上升运动的力

(三)考查水循环的命题

如:1985 年全国地理卷第 4 题

下图(图略)是地球上的水循环示意图,请在图中再画出六个箭头,完成水循环的全过程。(3 分)

(四)考查大气的热能和温度的命题

如:1985 年全国地理卷第 5 题

下图(图略)是 6 月 22 日太阳照射地球的状况,读图并回答:(5 分)

(1)这一天太阳直射________线。

(2)在图中画出一条直线表示出黄道面的位置。

(3)图中有一处的画法有错误,请改正。

(4)如果黄赤交角减小,寒带、温带、热带的范围大小将会发生什么变化?

(五)考查气候和气候系统的命题

如:1952 年全国地理卷第 3 题

简述中国季风的成因及季风和中国气候的关系。

1953 年全国地理卷第 3 题

根据下表扼要指出我国西北地区总的气候特点。

		喀什	迪化	敦煌	兰州	银川
温度	1月	−5.6	−15.0	−6.3	−6.8	−9.7
(℃)	7月	26.7	22.2	27.3	22.7	23.3
年降水量(毫米)		86	137	32	308	148

注:迪化即乌鲁木齐。

(六)考查大气降水和气温的命题

如:1978 年全国地理卷

(1)结合你学过的地理知识,简要回答:(15 分)

① 我国冬、夏季气温分布的特点怎样?

② 我国降水的地区分布和季节变化怎样?

③ 我国气温和降水的特点为农业生产提供了哪些有利条件?

(七)考查人类与环境的命题

如:1987 年全国地理卷第 17 题

酸雨是日益严重的世界环境问题之一,形成酸雨的主要空气污染物是(　　)。

(A)臭氧　　(B)二氧化碳

(C)硫氧化合物和氮氧化合物　　(D)一氧化碳

1987 年全国地理卷第 18 题

有些科学家担心大气污染物的继续增加，将使地球平均温度明显升高，从而造成灾难性的后果，以“温室效应”引起地球大气平均温度升高的主要污染物是(　　)。

(A)二氧化碳　　(B)一氧化碳

(C)二氧化硫　　(D)三氧化硫

三、高考地理试卷中气象科学知识考查题目的命题走势

自1999年全国普通高校统一招生考试采用文、理综合试卷以来，目前已经形成3个全国卷，近20个省(自治区、直辖市)卷的版本。虽然试卷的版本众多，但气象科学知识考查题目在各版本中所呈现的态势基本相似。试以近3年各种版本文科综合试卷为例分析概况。

(一)始终如一地强调对气象科学知识的重点考查

命题是科目知识考查的载体，它既能反映科目知识的主干和概貌，而且还能反映科目的原理和规律。因此命题的数量体现了考查内容的含量，命题重复出现的次数体现了考查内容的重点。

新中国成立后，我国的《全日制中学地理教学大纲(草案)》共有1956年、1963年、1986年、1992年4个版本，每个版本都把“天气和气候”列为独立内容。根据大纲的精神，中学的地理教科书也都有独立的“天气和气候”教育内容章节。

根据大纲的要求和教科书的教学内容，历届高考试卷也把“大气科学”作为考查的重要内容；就命题数量而论，从新中国成立初的1题扩展到4题之多；从命题表述的文字数量来看，从新中国成立初的几十字，发展到目前的数百乃至一千多字；从命题的表现形式来看，从单纯的文字表达发展到图文并茂；从题型来看，从简单的填充、问答发展到是非判断、选择、改错、名词解释、简述、综合等，虽然命题类型不断变化，但大气科学的知识点考查却在不变中；从考查的目标来看，从单纯传统的知识结构考查，发展到对考生智力和学习能力的考查。

1999年我国进行课程改革和高考制度改革以后，高考试卷中大气科学考查内容的分量，在和其他地理知识的对比“天平”上又增加了“砝码”。很多省份高考试卷中“大气科学”分值都在24～26分，占整卷内容的16%～17.3%；2010年的全国文科综合Ⅰ卷将“大气科学知识”命题的分值提高到36分，占全卷的内容的24%；2010年的全国文科综合Ⅱ卷甚至提高到40分，占全卷的内容的26.7%。这样就突现了“大气科学知识”是高考中重点考查的知识。

另外，在各种版本试卷中，对锋面、低压、高压、日照、降水、气温等天气系统的知识点考查都曾高频率地重复出现。这也同样说明“大气科学知识”在高考中的重要性。

(二)将社会关注的热点问题融入试题

多年来，“全球气候变暖”不但成为科学家科学研究的新课题，而且还引起世界各国首脑的高度关注，成为各国社会的热点问题。我国高考试卷的命题专家及时地把国际社会共同关注的热点问题融入试卷。如：

1. 2009年广东文科综合第37题

气候变化与异常直接影响人类的生产和生活。引起全球气候变化与异常的原因不可能是(　　)。

A. 太阳黑子增多　　　　　　　　　　B. 地球自转线的纬度差异

C. 大气环流的多年变化　　　　　　　　D. 人类活动强度的增大

2. 2010年上海文科综合第15题

气候变暖对全球生态环境和社会经济产生影响。下列现象与气候变暖有关的是(　　)。

①中低纬度沿海地区台风减少　　　　②冰川融化加速,海平面上升

③我国东北水稻种植向北推进　　　　④青藏高寒区农作物播种推迟

A. ①②　　　B. ③④　　　C. ①④　　　D. ②③

3. 2011年江苏文科综合第1题

1992—2003年格陵兰冰原面积不断缩小,反映了(　　)。

A. 地壳活动加剧　　　　　　　　　　B. 日地距离缩短

C. 黄赤交角变大　　　　　　　　　　D. 全球气候变暖

在全国和各省(自治区、直辖市)高考文科综合试卷中,类似的命题还有很多。

(三)让科学与客观实际链接,使命题贴近生活

为了提醒青少年关注现实生活,倡导新课标学习理念,命题专家们试图通过知识和能力的考察,使考生将生活中的科学回归课程,并从中找出科学的思想与理念,用科学方法去分析、阐释和评价客观实际的诸多问题,真正做到学以致用。因此,高考试卷中便设计了许多气象科学与生活实际关系的命题。如:

1. 2010年上海文科综合第14题

今年4月中旬,受强冷空气的持续影响,本该是春暖花开的我国北方地区却出现了“倒春寒”,暴雪降温严重影响了当地人们的生活与工作,下列反映这次强冷空气的天气系统示意图(图共4幅,略)是(　　)。

2. 2010年江苏文科综合第11题

中国2010年上海世博会于5月1日正式开园,会期184天。图7(略)为我国东部地区一般年份夏季风进退及锋面位置示意图。图中关于世博会期间影响上海的天气系统及上海天气特点的叙述,正确的是(　　)。

A. 5月和7月主要受冷锋影响,狂风暴雨

B. 6月和10月主要受暖锋影响,阴雨连绵

C. 7月和8月主要受副高控制,高温少雨

D. 9月和10月主要受反气旋控制,寒冷干燥

3. 2010年安徽文科综合第24题

《安徽省应对气候变化方案》提出,安徽省应对气候变化面临巨大挑战,必须加快推进产业结构优化升级,转变经济发展方式。下图表示1962—2007年安徽省年平均气温变化。

气候变化对安徽省地理环境的影响有(　　)。

A. 各地植物的生长期缩短

B. 低温冻害损失减少

C. 极端天气事件增多

D. 天然湿地面积扩大

(四)设计危险天气过程命题,关注人类生存发展

注重以现实生活为背景,引领考生在解决实际问题的过程中深入理解知识,强调科学、技术和社会的相互关系,倡导新课改的基本理念。近3年高考试卷中,设置了一系列气象灾害的命题,在解题的过程中引导考生关注人类的生存发展问题。如:

1. 2009年上海文科综合第6题

下面四图(图略)中,与澳大利亚发生的热带风暴对应的天气系统示意图是(　　)。

2. 2010年全国文科综合Ⅱ卷第(1)~(3)题

图1(图略)是2010年3月中旬发生在我国的沙尘暴的一幅遥感影像。图中色调白浅云层被卷到控制的沙尘和陆地表面。读图完成1~3题。

(1)该沙尘暴发生地位于(　　)。

A. 副极地低压带　　B. 西风带　　C. 副热带高压带　　D. 东北信风带

(2)导致该沙尘暴的天气系统是(　　)。

A. 反气旋、冷锋　　B. 反气旋、暖锋　　C. 气旋、冷锋　　D. 气旋、暖锋

(3)影像中部显示的是该沙尘暴的(　　)。

A. 中心区,沙尘扬升　　B. 边缘区,沙尘扩散

C. 中心区,沙尘沉降　　D. 边缘区,沙尘沉降

此外,高考命题中涉及气象灾害的还有不少,涉及的灾种有台风、暴雨、干旱、雪灾等。

(五)把校园气象站和校园气象科技活动推上高考平台

气象站在校园中的应用和校园气象科技活动的开展已有数十年的历史,对学生的课程学习和全面素质提高发挥了很好的作用。因此,不但得到教育专家的认可,还被命题专家推上高考平台。如:

1. 2009年天津文科综合第10题

读某日08时地面天气图和文字信息(图略),某气象小组学生探讨天气图中A→B天气的空间变化。在学生绘制的图中,接近A→B天气实际状况的是(　　)。

2. 2010年重庆文科综合第7题

图3(略)为四位同学分别绘制的某局部海域8月份表面气温图,读图回答乙地所属气候类型发布范围最广的大洲是(　　)。

A. 亚洲　　B. 非洲　　C. 欧洲　　D. 南美洲

此类命题在新中国成立后历届高考命题中曾多次出现。

普通高等学校招生考试是我国举国上下最为关注的一件大事。它是一种以书面形式且具统一性、组织性和竞争性的社会大型考试。考试的目的是为了考查和确定考生是否具备升入更高一级学校学习所应具备的知识和能力,尤其是侧重考查考生所具有的潜在学习能力。

长期以来,我国高考具有选拔人才和评价知识与能力的作用,因此与中学的基础教育形成了既互相依存又相互制约的关系。

随着我国地理课程改革的深入发展,“学习身边的地理”“学习对生活有用的地理”等理念,已经被越来越多的人所接受。气象科学是人们身边的科学,它与人们的关系最为密切,

因此，在今后的学习与高考中所处的地位将越来越重要。

第二节　区域性校园气象科普教育经验交流会的兴起

为了推动和促进我国校园气象科普教育的迅速发展，中国气象局公共气象服务中心科普评价室联手中国气象学会科普部，进行科学的规划部署，采取了一系列行之有效的措施，召开经验交流会就是其中一项有力的措施。

经验交流会是某一级组织围绕一个专门的主题召集确定范围的基层具体工作人员进行经验交流的会议。经验交流会对于与会的基层工作者来说，可以取长补短更加完善大家的工作流程与效率；对于组织会议的领导者来说，可以从广大基层工作者的经验交流过程中，发现亮点得到启发，以利推动和促进某项专门工作的开展。因此，中国气象局公共气象服务中心科普评价室联手中国气象学会科普部，召开了多次多种形式的校园气象科普教育经验交流会，对推动和促进我国校园气象科普教育的发展，起到了极佳的作用与效果。

一、部分省市推进校园气象站工作经验交流会

要推动一个事业的发展，就要掌握这个事业的基本概况。2009 年 7 月，中国气象局公共气象服务中心为了了解和掌握全国校园气象科普教育的概况，下发了关于全国“校园气象站”状况的调查通知，在全国各省、市、县气象局的大力支持下，经过数月的努力，于 2009 年底统计汇总了全国已有 1000 多个校园气象站的基本概况。2010 年春，中国气象局公共气象服务中心和中国气象学会科普部分别派出数名资深气象专家，深入到数省的数十个校园气象站进行深度考察，获得了第一手资料。在调查和考察的基础上，便酝酿了召开一次全国局部的校园气象科普教育经验交流会。

2010 年 11 月 23 日，中国气象局公共气象服务中心向北京、上海、浙江、安徽、河南、湖南、重庆、四川、贵州、云南、陕西、甘肃省（直辖市）、大连市气象局，以及中国气象报社、气象出版社、中国气象学会秘书处、华风集团等单位发出了关于召开《部分省市推进校园气象站工作经验交流会》的通知，并确定了参会的具体代表与人数。

校园气象站工作经验交流会代表名额表

单位/省份	气象部门代表	邀请学校代表
中国气象局	办公室（人数自定）	
	科技与气候变化司（人数自定）	
	公共气象服务中心（人数自定）	
	中国气象报社 1 人	
	气象出版社 1 人	
	中国气象学会秘书处（人数自定）	
	华风集团 1 人	

续表

单位/省份	气象部门代表	邀请学校代表
北京市	北京市气象局 2 人	北京理工大学附属中学 1 人
上海市	上海市气象局 2 人	上海市普陀区恒德小学 1 人
浙江省	浙江省气象局 2 人	浙江省温州市瓯海区丽岙第二小学 1 人
		浙江省湖州市德清县洛舍中心校 1 人
		浙江省舟山市岱山县秀山小学 1 人
		浙江省温州市任咏夏老师
安徽省	安徽省气象局 2 人	安徽省铜陵市望江亭小学 1 人
河南省	河南省气象局 2 人	
湖南省	湖南省气象局 2 人	湖南省浏阳市青少年素质教育培训中心 1 人
重庆市	重庆市气象局 2 人	
贵州省	贵州省气象局 2 人	
云南省	云南省气象局 2 人	
陕西省	陕西省气象局 2 人	
甘肃省	甘肃省气象局 2 人	
大连市	大连市气象局 1 人	大连市沙河口区中小学生科技中心 1 人
四川省	四川省成都市气象局 1 人	

本次会议的内容有 4 项：

(1)中国气象局公共气象服务中心介绍全国“校园气象站”调查、考察概况；

(2)北京、上海、浙江、安徽、湖南、大连的中小学教师代表、浙江温州任咏夏老师等介绍“校园气象站”建设及活动开展的经验；

(3)北京、湖南、大连、上海嘉定、浙江温州、浙江德清县、安徽铜陵等省市县气象局介绍推进“校园气象站”建设经验；

(4)研讨“校园气象站”如何建设和推进各项活动的深入开展。

本次会议共有 30 多位代表发言，代表们就多年来如何开展校园气象科普教育的经验向大会做了精彩的汇报，其中不乏促进与推动校园气象科普教育深入发展的创新举措。如上海市恒德小学发明“气象棋”，让学生在轻松的娱乐中获取气象知识；湖南省气象学会与学校签订气象科普教育协议，制定共同目标，阐明双方职责，使学校的气象科普教育活动长期、持久、逐步地深入开展起来；安徽省铜陵市气象局与铜陵市教育局签订协议，双方就发展本市校园气象站建设、深入开展校园气象科普教育活动做出了具体的近期规划。这类经验对推动与促进全国各地中小学的校园气象科普教育确实是难能可贵的借鉴。

全国校园气象科普教育至 2012 年已有近百年的历史。百年来，各校的气象科普教育活动一直都是各自为政，几乎没有彼此相互交流。像这样由国家级单位牵头组织，全国多省、市的代表走到一起进行交流尚属首例。因此，本次经验交流会深受广大中小学的欢迎与支持，很多人誉称其是一个“里程碑”式的会议。本次会议为推动与促进我国校园气象科普教育的深入发展发挥了巨大的作用。

二、浙江省校园气象科普经验交流会

在全国“部分省市推进校园气象站工作经验交流会”的启发、影响和推动下，2011 年 11 月 18 日，由浙江省气象学会主办的“浙江省校园气象科普经验交流会”在杭州召开。出席会议的有：浙江省气象局、中国气象学会科普部、浙江省科协、浙江省教育厅、中国气象局公共气象服务中心等单位领导、11 个市级气象学会秘书长，以及省内已建有校园气象站的 42 所中小学的 60 多位代表出席了会议。

与会的各市气象学会领导和中小学共 18 位代表分别介绍了各自开展校园气象科普的先进经验。在校园气象科普教育的特色策略，校园气象科技探究实践，校园气象站的建设与管理，校园气象科普校本教材的开发与编写，校园气象科普文化的建设，大型气象科普活动的策划与实施，气象局与政府、教育局、科协等部门的横向联系与协作等方面展现了浙江省校园气象科普的现时风貌与今后可持续发展的锐势。

从这次会议中获知，浙江省很多学校的校园气象科普教育实践中采取了多种特色教育策略。如：德清县洛舍中心校实施的是“面上普及，点上深化”策略。面上普及是积极营造校园气象科普氛围，点上深化就是组建了“识天社”，开展课外气象科技主题探究活动，近年来已经成功地完成了数十个课题的探究，取得了丰硕的成果。

温州市丽岙二小推行的是“依托一个平台，建立一门学科，借助系列活动”策略。该校把校园气象站作为气象科普教育与活动的依托平台；设计 6 个专题进行全面教育；借助气象专题班会、气象征文、气象文艺节目演出、气象演讲比赛等系列活动，让气象科学普及到全校三年级以上的所有学生。

校园气象科技探究是学生借助气象科学为载体，进行一系列科学精神培养、科学方法运用、科学技能训练，达到全面素质提升的实践活动。通过科技探究获益的学校已经很多，这次参加会议的湖州市爱山小学也在校园气象科技探究实践中起步。

从参加会议交流的发言中获知，开展校园气象科技探究实践活动的学校还有上虞市沥东小学、平湖市乍浦小学、海宁市马桥中心小学、杭州市长河小学、丽水市莲都小学、平阳县鳌江八中、杭州市留下小学、宁波市鄞州区高桥镇中心小学等学校。

校园气象站是中小学开展气象科普活动的优秀载体与平台，也是中小学开展校园气象科普活动必须具备的硬件设施。它的建设、运转和管理对校园气象科普活动来说也是至关重要的一环。绍兴市蕺山中心小学有关校园气象站的管理理念、方法、制度等经验，是非常值得广大开展校园气象科普教育的中小学借鉴和仿效的。

“崇尚科学，以人为本”是蕺山中心小学对校园气象站管理的理念。在这个理念的主导下，出台了 3 个对学生进行管理的规章制度——《观测员职责》《蕺麓气象站轮流值日制度》《蕺麓气象站兴趣小组考核与奖励制度》，这些制度对学生的自我省悟、成绩肯定和参与活动的信心树立是相当有效的方法。在对老师的管理上，该校的做法也是独具特色。他们出台了《红领巾气象站指导老师职责》和把指导老师工作补贴纳入《学校绩效工资考核条例》的方法，既对老师的工作提出了具体要求，也对老师的额外工作予以认可与肯定。另外，该校对校园气象站硬件的保障和保护也非常重视，出台了《蕺麓气象站设备维护制度》。这个制度以科学严谨理念，对校园中的现代教育技术装备设施予以高度珍视，有效地保证了校园气象站的正常运转，为校园气象科普教育扫除障碍铺平道路。

校园气象科普文化建设也是浙江省的一大特色。在参加会议的40多所中小学中，已经有多所学校重视气象科普文化的建设。如：德清县洛舍中心校在开辟气象科普长廊的基础上，又建设了“气象学校展室”；舟山市沈家门小学在气象科普教育的同时，还建有气象预报台、气象科普网站、科普图书室、气象科技活动室。岱山县秀山小学的气象科普活动室的内容更加丰富，不但有气象科普知识宣传、气象科技活动资料，而且有中国气象局领导和浙江省气象局领导的题词。温州市丽岙二小除了在校内布置了气象信息专栏，每个班级以二十四节气命名，除每班建立气象角外，还建有气象活动室。室内设置了6个主题的气象科普内容。舟山市气象科普实践基地的气象科普文化建设很具特色，并分为室外、室内两大块。此外，海宁市马桥中心小学的“蓝天一号气象哨歌”、科普剧、气象科普朗诵诗，丽水市莲都小学的气象宣传小队行动等，也都属于校园气象文化建设的范畴。

浙江省校园气象科普经验交流会的胜利召开，给浙江省校园气象科普教育的持续发展注入活力；各位代表的经验介绍犹如金银出库，给各地校园气象科普提供了珍贵的借鉴，并为浙江省校园气象科普描绘了一幅前瞻性的发展蓝图。

浙江省校园气象科普经验交流会是一次全省性的推动校园气象科普发展的盛会，是省级气象局、气象学会召开全省校园气象科普经验交流会的首例，浙江省气象学会在筹备会议的前期曾经付出了很多的心血和艰辛。通过参会代表的交流取得了宝贵的经验，产生了良好的效果，将对浙江省校园气象科普的可持续发展起到重大的关键作用。

三、上海中小学气象科技教学创新学术论坛

上海中小学气象科技教学创新学术论坛的全称是：上海市科协第九届学术年会宝山分会暨上海中小学气象科技教学创新学术论坛。

本次论坛由上海市气象学会和宝山区人民政府主办，上海市宝山区气象局、教育局和科协承办，宝山区青少年科学技术指导站、宝山区中小学气象科技教育创新联合体和区委党校协办，于2011年12月6日举行。

论坛的时间为半天，分为4个阶段：

第1阶段为开幕式(包括致辞、观看“宝山区中小学气象科技教育创新联合体”专题片、颁奖)；

第2阶段为报告会，共有4位专家学者为论坛做了学术报告；

第3阶段为互动交流，共有6位专家在台前就座，回答与会人员的问题；

第4阶段为专家点评。

论坛的4个阶段分别由不同背景的4位主持人主持。各位主持人风格各异，十分自然有趣。

论坛各阶段连接顺畅，过渡自然，会场气氛极佳。论坛交流的几篇报告无套话空话和人为拔高，紧扣主题，条理清晰，内容丰富，实实在在，富有指导性意义。

本次论坛虽然只有短短的半天时间，但对校园气象科普教育却有了更深层次的探索，这

对指导和推动上海地区的校园气象科普教育深入发展起到了很大作用。

四、深圳“两岸四地校园气象科普教育论坛”

受“部分省市推进校园气象站工作经验交流会”的启发与影响，2012年初，深圳市气象减灾学会向中国气象局公共气象服务中心科普室提出协助筹备“两岸四地校园气象科普教育论坛”的请求，公服中心科普室便指派一位高级工程师专门协助筹备本次论坛。经过数月的筹备，于2012年3月15日向全国各省(自治区、直辖市)气象局、气象学会发出邀请，定于2012年3月31日—4月3日，在深圳市盐田区大梅沙东部华侨城茵特拉根会议中心召开。

本次会议由深圳市科学技术协会主办，由深圳市气象减灾学会、深圳市教育学会、深圳大学物理学院、深圳市仪器仪表学会承办；台湾气象学会、香港气象学会、澳门气象局、上海市气象学会、浙江省气象学会协办。同时还取得中国科学技术协会、中国气象学会、中国气象局公共气象服务中心等单位的支持，以及深圳市气象服务有限公司的赞助。

本次论坛组织机构单位领导和嘉宾30人；部分省市气象教育领导专家计25人、香港2人、澳门2人、台湾4人、深圳各区教育局和科协领导36人；深圳本地各中小学校校长1人，共计70人(以科技特色学校为主)；部分科技社团、科普教育基地代表10人；总计与会代表人数为150人左右。

本次论坛的主题为：神奇的大自然，多彩的校园气象科普实践课堂，该主题通过专题报告和各地校园气象安全教育、环境教育方面的成功经验交流来深化明确，并且通过互动讨论的方式，探讨海峡两岸暨香港、澳门如何携手推进校园气象科普教育；探讨校园气象站网建设及校园气象实践活动；探讨校园气象校本课程开发；探讨校园气象科普队伍建设、校园气象科普可持续发展机制等论题，从实际和理论两方面来陈述我国校园气象科普教育的现状、展望我国校园气象科普教育的未来发展趋势。

本次论坛特别邀请我国著名气象频道主持人宋英杰先生主持；特别邀请中国科学院院士、著名气象科学家陈联寿先生做特邀专题报告——《给地球看病》。

深圳“两岸四地校园气象科普教育论坛”虽然只有3天时间，却聚集了国内校园气象科普教育的精英，对我国校园气象科普教育的现状做了深层次的生动描述，对我国校园气象科普教育的未来发展提出了很好的建议。

经验交流会是一种经验总结、交流推广的会议。会议的本身还蕴含着巨大的启发作用和影响力，它对特定的主题工作具有极大的促进、推动作用。我国近3年校园气象科普教育的迅速发展，应该说中国气象局公共气象服务中心召开的“部分省市推进校园气象站工作经验交流会”是一个光辉的起点。这次会议以后，不但引发了浙江、上海、深圳等地的经验交流会，而且各次会议中所交流的经验和亮点的推广及交互使用，对我国校园气象科普教育产生了巨大的推动作用。这些从浙江、上海等地近年来校园气象科普教育蓬勃发展的事实中，可以获取无数有力的佐证。

因此，可以说中国气象局公共气象服务中心召开的“部分省市推进校园气象站工作经验交流会”，是我国校园气象科普教育第7次高潮形成的里程碑。

第三节　区域性校园气象科普组织的形成

社会组织是为了实现特定的目标而有意识地组合起来的社会群体，它只是指人类的组织形式中的一部分，是人们为了特定目的而组建的稳定的合作形式。

社会组织既是人类自身的一种人群聚合体，又是人类所创造的一种物质工具。任何一种组织都有其特定的组织目标。所谓组织目标是指组织在一定时间和空间内要争取实现的目的和结果，或者说是组织通过自身的努力去追求的某种事实未来状态。组织目标是组织的灵魂，是组织开展活动的依据和动力，它代表着一个组织的未来和发展方向。

随着社会文明的进步和现代科学的飞速发展，社会组织也在不断地迅猛发展。据有关部门统计，截至 2011 年 6 月 14 日，我国正式登记的社会组织有 45 万个，备案的社会组织有 25 万个，实际存在的有 300 万左右。这些组织几乎覆盖了社会的各个方面：科技、教育、文化、卫生、劳动、民政、体育、环保、法律、慈善等公益领域及中介、工商服务，初步形成体系。6 万多个行业协会就联系企业会员 2000 多万人，4 万多个学术团体联系专家学者 500 多万人，专业协会联系 1000 多万人。

现代社会是一个高度组织化的社会。组织的普遍存在提高了人们的社会活动效率，延伸和扩展了人类自身的能力。

在这么多的社会组织中，唯独没有校园气象科普教育方面的组织。到了 2009 年以后，有关校园气象科普教育的社会组织才应运而生。

一、上海市宝山区中小学气象科技教育创新联合体

上海市宝山区是一个有着开展校园气象科普教育优良传统的地区，早在二十世纪五六十年代，就有很多学校在开展校园气象科普教育活动，而且还取得比较显著的成绩。如罗店中学、红旗中学等。到了 21 世纪以后，宝山区校园气象科普教育发展的形势更加喜人，因而也引起了相关部门的高度关注。

2010 年 6 月，由上海市宝山区气象局和区教育局、区科协、区少科站及区内 9 所中小学发起，成立了“宝山区中小学气象科技教育创新联合体”（以下简称“联合体”）。

“联合体”在组织形式方面很有特色，它有 3 方面的群体参与组成。

一是“校长委员会”，也就是成员单位的校长参与了该组织的领导。历史的经验告诉我们，开展校园气象科普教育，如果得不到校长的支持，都是无法坚持和发展的。“联合体”组织不但取得校长的鼎力支持，而且还让校长亲自参与到领导班子里，这使校园气象科普教育活动的长期持续开展和全面扩张得到了保证。

二是“专家委员会”，气象与教育是两个不同的领域，因此，请气象专家参与校园气象科普教育，在技术上予以强大的支持，使各种校园气象科普教育活动深入地开展起来。这在我国台湾、香港等地已有成功的先例。

三是“教研组”，由数名具有较强教学和科研能力的教师组成。校园气象科普教育也是

一门课程，在开展的过程中也必须做出系列规划部署和实施的方法步骤。“教研组”即是完成规划和实施步骤的具体人员。

由于“联合体”由上述3大类人员参与组成，所以能够在开展学生气象观测实践教学的基础上，初步形成了一套覆盖全学段的（包括幼儿园）阶梯式气象科普特色课程。“联合体”的每所学校根据自身教学特点，形成了各具特色的气象文化，如高境镇第四中学的二十四节气，罗店中学的气象名人文化、虎林路第三小学的太阳光气象站等。

“联合体”在宝山区气象部门的指导下，通过学生气象观测实践、自制气象小仪器、学生探究小论文和防灾减灾七巧板比赛等丰富多彩的气象科普教学活动，把以气象科普教育为重点的气象科技教学推向纵深，丰富了教学内涵、拓展了学生视野、创新了学校气象科普理念，初步实现了气象科普教育社会资源的共享，开创了学校气象科普新模式。

“联合体”以学生气象科技启蒙教育和社会防灾减灾为主线，确立了“内外联合、上下联动、资源共享、可持续发展”思路，为实现上海宝山气象科普工作常态化、社会化、品牌化的发展目标奠定了坚实基础。

二、浙江省气象学会校园气象协会

有史以来，校园气象科普教育和校园气象站活动都是局限于校园围墙之内，基本上都处于一种“自拉自唱”的状态，环境与信息的瓶颈极大地限制了校园气象科普教育和校园气象站活动的发展。

2011年11月18日，在杭州召开了“浙江省校园气象科普教育经验交流会”上，很多单位的代表都提出希望建立一个全省性的“校园气象科普教育组织”，统一领导全省的校园气象科普教育，同时也使全省开展校园气象科普教育的单位有一个自己的“家”。

浙江省气象学会根据代表们的提议，经过慎重的思考、探索、调查和精心的筹划，于2012年5月28日上午在温州红太阳宾馆会议大厅举行了隆重的成立仪式。与会的有中国气象局公共气象服务中心、中国气象学会科普部、浙江省气象局、浙江省气象学会、温州市气象局、温州市气象学会、温州市教育局、瓯海区教育局、瓯海区科学技术协会、浙江省各地区学校代表。

浙江省气象学会校园气象协会由浙江省气象学会担任理事长，设副理事长12个单位，理事单位42个，下设3个工作委员会。浙江省气象学会校园气象协会是全国第一个省一级由政府部门领导掌控的合法的民间社团组织。

协会成立以后，立即对成员单位进行统一管理、引领与指导，并做出组织规划部署，2012年5月28日—2013年06月30日，共完成了命名“浙江省气象科普教育基地”、为《小学气象科普教育读本》举行首发式、构建浙江省校园气象科普教育网络、举办“校园气象科普教育辅导员培训班”、承担教育部“十二五”重点教科研课题、打造校园气象科普教育品牌、与兄弟省份气象学会进行横向沟通联络7项重点工作。

（一）命名“浙江省气象科普教育基地”

命名“气象科普教育基地”是对一个学校气象科普教育成绩的认可与肯定，也是一种鞭策与鼓励。2012年4月，浙江省气象局、浙江省气象学会印发了《浙江省校园气象科普教育基地管理办法》，提出了评选“校园气象科普教育基地”的五大条件。2012 年 5 月初，浙江省气象局、浙江省气象学会又下发了《关于开展第一批浙江省校园气象科普教育基地认定工作的通知》，要求省内数十家开展气象科普教育的学校进行申报。浙江省气象学会通过调查、了解与考核，再进行均衡比对，筛选出 16 家单位予以认定，并于 2012 年 5 月 28 日宣布授牌。

命名“校园气象科普教育基地”是对校园气象科普教育和校园气象站建设进行规范管理的一种手段，也是促进校园气象科普教育和校园气象站建设上规模上档次的一种方法与措施，因此，也能在一定程度上推动浙江全省校园气象科普教育和校园气象站建设的发展。

命名省一级的“校园气象科普教育基地”是全国首例，新中国成立 60 年来尚无先例或同例，浙江省气象局和气象学会命名“浙江省校园气象科普教育基地”的举措开了全国的先河，走出了第一步。

浙江省气象局和浙江省气象学会命名“浙江省校园气象科普教育基地”的举措在全国产生了良好的影响，并为“全国气象科普教育基地——示范校园气象站”的评选打下了坚实的基础。因此，在 2012 年 8 月，中国气象局和中国气象学会“全国气象科普教育基地——示范校园气象站”的评选过程中，全国评出 26 个单位，浙江省有 8 个单位喜获“全国气象科普教育基地——示范校园气象站”的殊荣。

2013 年 5 月，浙江省气象局和浙江省气象学会又命名了 6 家“浙江省校园气象科普教育基地”。

（二）为“小学气象科普教育读本”举行首发式

气象科普校本教材既是国家“三级课程”管理的产物，也是校园气象科普教育的工具。2011 年，在中国气象学会、中国气象局公共气象服务中心、浙江省气象学会等单位的共同策划和大力支持下，温州市瓯海区丽岙二小经过近一年的努力，开发出一套 3 册供小学三、四、五年级学生学习的《小学气象科学普及教育读本》。该校本教材喜获中国气象局局长郑国光题词，中国气象局副局长许小峰作序，由气象出版社出版。

气象校本教材作为科普的工具，它既是气象科普知识的载体，也是学生打开科学殿堂的钥匙。该教材的出版问世，既标志着浙江省校园气象科普教育翻开新的一页，也反映了其深入扩展的态势。

为使浙江省校园气象科普教育更深入地开展，鼓励已经开展校园气象科普教育的学校努力开发气象校本教材，浙江省气象学会于 2012 年 5 月 28 日，在温州市举行了该书隆重的首发式。

（三）构建浙江省校园气象科普教育网络

2012 年 5 月，浙江省气象学会为推动全省校园气象科普教育的迅速发展，将邱良川老师管理的“中小学校园气象站”进行收编，易名为“中小学校园气象网”，作为于该月成立的“浙江省气象学会校园气象协会”的公网。这是我国首家省级单位政府部门设立的校园气象科普教育网络。

浙江省“中小学校园气象网”由浙江省气象学会校园气象协会主办，由舟山市岱山县秀山小学承办，自2012年5月正式开始运行。

目前，全国建立的校园气象科普教育网络而且运转比较正常的仅“台北市校园气象台”“香港联校气象网”、中国气象局的“校园气象网”等，而浙江省气象学会校园气象协会的“中小学校园气象网”作为全国省一级的校园气象科普教育网络，是覆盖最全面、网页内容最丰富、信息传播最迅速、网内活动最活跃的网络之一。这个网络的建立，对推动浙江省校园气象科普教育的发展起到了不可替代的作用。

(四)举办“校园气象科普教育辅导员培训班”

气象科学的体系结构是怎样的？校园气象科普要普及哪些内容？开展校园气象科技活动要掌握哪些技术？校园气象科技活动有哪些方法与方式？怎样编写气象校本教材？这些都是校园气象科普教育辅导员所困惑的问题，也是抑制校园气象科普教育发展的重要因素。为了解决上述问题，浙江省气象学会校园气象协会决定举办一期全省性的校园气象科普教育辅导员培训班。

2012年6月19日，浙江省气象学会校园气象协会定于2012年8月14—17日在宁波举行，邀请有丰富教学经验的专家、老师授课。

通过学习和讨论，逐渐解开了广大辅导员们的长期困惑，初步清晰了校园气象科普教育的基本思路，同时也基本掌握了气象观测与记录的技术。

校园气象科普教育辅导员培训班对繁荣与发展浙江省的校园气象科普教育起到了很好的作用。

(五)承担教育部“十二五”重点教科研课题

2012年8月25日，浙江省气象学会校园气象协会承担了全国教育科学“十二五”规划DCA110188课题教育部重点课题“教育技术装备发展史研究”的分课题——“我国校园气象科普教育发展史研究”的研究任务。

本分课题共分为8个子课题，分别由相关的中小学和部门承担完成。

本课题属拓荒课题，国际与国内尚无类似研究。为教育部门和气象部门联手推进校园气象科普教育的发展，提供理论依据和实际参考。

课题研究是提升各中小学气象科普教育辅导员素养和技能的极好措施与方法，因此，在本课题的研究过程中，已经有数位老师的论文在教育部刊物《中国教育技术装备》杂志上发表。

本课题横跨教育与气象两大领域，同时又与国家社会各历史时期的政治、经济密切相关，做好本课题的研究，不但可以以史为鉴发展未来，而且还可以根据历史规律寻求校园气象科普教育发展的空间和通道，特别是本课题研究填补了相关史学研究的空白。

(六)打造校园气象科普教育品牌

2012年5月，浙江省气象学会校园气象协会命名了16个省一级的“气象科普教育基地”，2012年8月，浙江省又有8个单位喜获中国气象局、中国气象学会命名的“全国气象科普教育基地——示范校园气象站”的殊荣。

全国和省级“气象科普教育基地”的命名，说明了浙江省校园气象科普教育已经初具规模。但浙江省气象学会校园气象协会并没有感到沾沾自喜，更没有感到满足，而是感到应该在这个基础上更进一步。因此，浙江省气象学会校园气象协会设想在浙江省内打造一块或数块在全国有影响的校园气象科普教育学校。

2012年10月12日，浙江省气象学会校园气象协会理事长俞善贤、秘书长任咏夏、副理事长邱良川一行3人，前往上虞市竺可桢中学考察，一起考察的还有绍兴市气象局、上虞市气象局、上虞市教育局、东关街道等单位的领导。

品牌打造是在提升浙江省内全国、省级校园气象科普教育基地质量与品位的基础上，综合全国现有校园气象科普教育态势的总体特点，努力突出既有全国独有特色又有区域性特点的校园气象科普教育示范结合体。

品牌的打造是校园气象科普教育的一种进步与发展，是一种超越性探索的研究结晶。

(七)与兄弟省份的校园气象科普教育单位进行横向沟通联络

为了浙江省校园气象科普教育的快速发展，浙江省气象学会校园气象协会曾先后多次派员前往全国各地参观学习，博采众家之长，以丰自己之翼。

2012年10月10日，协会指派秘书长任咏夏和副理事长邱良川老师，前往江苏省无锡市电化教育馆进行拜访学习。

2012年10月29日，任咏夏老师和邱良川老师前往四川省宜宾市兴文县大坝小学参观学习。

广西是具有传统校园气象科普教育的省区，为了学习广西壮族自治区校园气象科普教育的经验，协会派秘书长任咏夏老师远赴广西考察调研。

此外，2013年，任咏夏老师还分别到湖北、甘肃、陕西等省参观学习。

考察学习是一种自我进步、自我提高、自我完善、自我发展的举措。通过上述多次的参观学习，学到了不少的先进经验，得到了不少的启发，也引发了很多的思考。

校园气象科普教育组织的成立，打破了学校的围墙，结束了校园气象科普教育历来“自拉自唱”的局面；为开展校园气象科普教育活动的学校建立相互沟通的平台，互相取长补短共同进步发展。

第四节　全国性校园气象科普宣传平台的建立

随着我国科普事业的高速发展，各种科普宣传平台相继出台，不但品种繁多，而且数量不断增加。就品种而言，有报纸、杂志、网站、电视、广播等，其中报纸、杂志、网站有专门的科普平台，而电视、广播中却只有科普频道或栏目。不过，从总体上说，我国全国性的科普平台还是比较繁荣的。

据“科普期刊在科普工作中的功能分析”课题组在2002年的调查统计，我国(未包括港、澳、台)目前正式出版的科普期刊有379种(其中有10种是少数民族文字期刊：哈萨克文4种、蒙古文2种、维吾尔文4种)，可见数量是比较可观的。

关于科普类的报纸，虽然没有人进行认真的统计，但也不下百种，科普类的网站较之报纸要多一些，数量应有数百家。

据不完全统计，在众多的全国性科普宣传平台中，专门从事气象科普宣传的杂志和网站各有近 40 多家；报纸数家。其中也有专门从事校园气象科普教育的全国性平台，现择其影响较大的作简单介绍。

一、《气象知识》杂志

《气象知识》是中国气象局主管，中国气象局气象宣传与科普中心和中国气象学会主办的国家级期刊。该杂志创刊于 1981 年(国内邮发代号 2-482，国外发行代号 BM430)，是我国唯一一本国内外公开发行的级别最高的、最权威的、专门普及气象科学的彩色期刊。

《气象知识》是以气象科学为主线，从科学、文化、自然、历史以及人们日常生活等方面，面向全社会所有的公众，描述气象现象，揭示科学原理，阐述天气变化规律，传播气象科学知识与技术，以达到让公众了解气象，关注气象，掌握气象，利用气象，警示与气象防实减灾和提高公众的气象意识等目的。经过 30 多年的发展和积累，《气象知识》已成为有较大较广泛社会影响力的科技类杂志，成为“科学严谨、通俗易懂、知识趣味相结合”的精品期刊。

《气象知识》一直秉承宣传普及气象知识、弘扬科学文化、反对和破除封建迷信的办刊宗旨，紧紧围绕气候变化以及防灾减灾等内容，积极编发百姓关注和喜爱的文章。杂志开设“本期视点”“气候变化”“防灾减灾”“谈天说地”“校园百叶窗”“专家论坛”等几十个栏目，办刊风格活泼，贴近实际，贴近生活，贴近公众，吸引了大批读者。

1997 年，《气象知识》获中国科协、新闻出版总署、中宣部颁发的全国优秀科普期刊二等奖。2001 年，被新闻出版总署列入中国期刊方阵，荣膺“双百期刊”称号。2008 年与 2009 年，连续两年入选新闻出版总署“农家书屋重点报纸期刊推荐目录”。

《气象知识》是我国最早关注校园气象科普教育的全国性气象科普传播平台。自创刊的第 1 期开始，就刊发有关校园气象科普教育的文章；自 1982 年第 2 期开始分栏设目以来，先后设立了多个有关校园气象科普教育的专门栏目。

1983 年第 5 期先设《中学生学气象》和《教学辅导》两个栏目，一是介绍典型的校园气象科普教育和气象科技活动案例，二是运用通俗的语言向青少年学生介绍一些相关的气象科学知识。

1984 年第 5 期，增设《科普育幼苗》栏目，介绍了当时比较典型的“红领巾气象哨”。

1987 年第 1 期，专设《青少年气象园地》栏目，介绍系列校园气象科技活动事例和红领巾气象小组活动。

1988 年第 1 期有增设《教与学》栏目，既刊发有关青少年气象科技活动的文章，又编辑辅导专供青少年气象学习的资料。

1995 年第 1 期后设“求知园地”；1999 年改为《校园百叶箱》至今。

《气象知识》还特别关心青少年的成长，两年来曾组织刊发了许多有关高考的文章。如：

1981 年第 1 期上，编辑部就汇集刊出了 1979 年和 1980 年全国高等学校统考的地理试卷中有关气象的试题及其答案。

1984年第2期，又刊出1981年至1983年全国高考地理试卷中有关气象的试题及其答案。

1985年第3期刊登了《谈高考地理课气候问题复习应注意的几个问题》。

1986年第2期和第3期分别刊登了《怎样复习今年高考地理课中的气象内容(一)、(二)》。

1987年第2期刊登了《高考中有关气候试题的特点及复习时应注意的问题》；第3期刊登了《1986年高考地理气象题简析》。

1989年第3期刊登了《评讲高考试题，导向迎考复习》。

1992年第3期刊登了《如何复习中国气候》。

1993年第3期刊登了《一道高考气候试题错解的启示》。

2004年，除了《校园百叶箱》栏目外，还分别在第1期和第2期中辟出《高考园地》栏目，刊登了《"全球变暖"试题及其答案分析点津》和《备战高考，关注环境热点话题》。

2005年第4期刊登了《从今年高考试题看中学气象知识题目的解答方法》。

2012年第3期刊登了《我国历届高考试卷中气象知识测试命题的变化趋势》。

2009年以后，《气象知识》与校园气象科普教育贴得更近，不但其中的《校园百叶箱》栏目逐步增容，而且从2011年开始，每年增出一期《气象知识(校园专刊)》，专门刊登中小学生有关气象科普学习的科技论文、绘画、天气日记、诗歌、摄影、剪纸等作品，为广大师生构筑了高端的展示、交流、训练平台。

综上所述，《气象知识》与我国校园气象科普教育不但有着悠久的历史渊源，而且对推动和促进校园气象科普教育的发展做出了巨大的贡献。同时，随着刊物本身的发展与积累，不但成为全国公众气象科普影响最大的杂志，而且还成为目前国内最大、最常规、最稳定的校园气象科普教育传播交流平台。

二、校园气象网

在网络高度发达与广泛运用的时代，各种全国性的网络平台应运而生，其中有关气象科普的网络也有数十个，唯独没有关于校园气象科普教育的网络专门平台。

2011年7月，中国气象局公共气象服务中心为推进全国校园气象科普教育的进一步发展，为全国中小学的气象科普教育提供平台创设窗口，创办了校园气象网。这是我国第一个全国性的校园气象科普教育网络。

校园气象网是第一个国家级校园气象站专项网站，由中国气象局气象宣传与科普中心《气象知识》编辑部创建管理。网站下设"校园资讯""校园作品""科技实践""气象常识""专题活动"与"校园台站"6个频道。全面反映现有"校园气象站"的生动实践，并为广大师生提供专家与资源支持。本网站为各校园气象站师生之间互动交流提供网络平台，也为进一步推动校园气象站工作提供一个资源集中、互动有序的基地。

"校园资讯"是反映全国校园气象科普教育和气象科技活动动态的栏目，由于"校园气象网"的主办单位与全国开展气象科普教育的中小学建立了广泛的联系和常规的密切沟通，因此全国各地的动态都能够及时迅速地在该栏目中得到反映。

“校园作品”是发表中小学学生有关气象科普教育和气象科技活动心得、体会、感悟、收获等的文章。这些文章既反映了全国各地开展气象科技活动的情况，也能够获知中小学学生在气象科普教育中各方面素质得到提高的信息。

“科技实践”栏目下设“创新方案”“天气日记”“科技小论文”3 个小栏目，也就是通过 3 种形式反映我国中小学开展气象科技活动的深度和广度。

“气象常识”是向广大师生普及气象科学知识的栏目，该栏目从“基本知识”“防灾减灾”“气候变化”“气候资源”“气象与生活”及“其他”6 个方面，对气象科学体系进行最通俗的基础传播。

“专题活动”是通报全国性大型专题活动的信息，如“5・12”防灾减灾日活动、国家气象体验之旅、流动气象科普万里行活动等。

“校园台站”栏目是全国校园气象站的专门园地，专题反映全国各地校园台站建设与运转动态，是全国校园气象科普教育标志性栏目。

上述 6 个频道全面反映现有“校园气象站”的活动实践，并为广大师生提供专家与资源支持。本网站为各校园气象站师生之间互动交流提供网络平台，也为进一步推动校园气象站工作提供一个资源集中、互动有序的基地。

从栏目的设置和内容选刊的情况看，“校园气象网”既能及时迅速地传递全国各地的信息，又能全面反映全国校园气象科普教育的动态，而且还具有其特有的深度、广度和高度。

另外，“校园气象网”不是一个孤立的网络，为了能使我国的校园气象科普教育得到更加广泛的传播，让关注校园气象科普教育的公众了解和掌握更多的信息与动态，“校园气象网”还与许多国家级气象科普传播媒介进行了广泛的链接。特别是 2012 年初，还与中国数字科技馆建立了联盟。

中国数字科技馆是由中国科协、教育部、中国科学院共同建设的一个基于互联网传播的国家级公益性科普服务平台。中国数字科技馆以激发公众科学兴趣、提高公众科学素质为己任，面向全体公众，特别是青少年群体，搭建一个网络科普园地。在中国数字科技馆这个平台上，公众能够增长科学知识，体验科学过程，激发创意灵感，了解科技动态，分享丰富的科普资源。

“校园气象网”与中国数字科技馆建立联盟以后，校园气象网将采用独立域名——数字气象科技馆，作为中国数字科技馆的一个重要频道运行，双方将携手共同打造面向中小学气象科技实践的网上平台，面向全国中小学生开展一系列气象科普教育活动。

数字气象科技馆的主要内容包括防灾减灾分馆及其 21 个子馆、科学体验游戏、气象科普影视节目和独立科普网站等。数字气象科技馆还将进行气象科普教育活动，例如，组织放映《变暖的地球》《2012》等与气象有关的电影，开展“国家气象体验之旅”及“小博士工作站”等活动。

综上所述，可以说“校园气象网”是一个优秀的全国性校园气象科普教育专题传播平台。

三、《中国气象报》

《中国气象报》是中国气象局主办的中国气象行业报，是气象新闻宣传的主力军，宣传气象文化、普及气象知识的重要平台。该报于1989年4月5日正式创刊，其宗旨和任务是：以正确的舆论导向，忠实地宣传党的路线方针政策；立足行业，面向社会，宣传优质的气象服务特别是决策服务及其巨大效益、迅速发展的气象现代化建设、蓬蓬勃勃的精神文明建设和改革开放的重大成就，大力普及气象科学技术，为气象工作服务社会、社会了解和应用气象发挥了纽带和桥梁作用。

《中国气象报》每周五期，即每周一、二、三、四、五出版。每期共有要闻、综合、科技、副刊4版。主要版块的栏目如下。

要闻版：焦点话题、百家言、头条新闻、一周天气预报、省部领导与气象、上周要闻等栏目。

新闻服务版：专题报道、气象与农情展望、地县领导谈气象、人生火花、夕阳红、戏说气象经济、经济信息等栏目。

科技教育版：农业气象利用技术、科普之窗、农家须知、气象与健康、气象万千、每月气候等栏目。

副刊：品味斋、灯下漫笔、小小说、科普看台等栏目。

此外，《中国气象报》还负责编辑、出版、发行《中国气象报通讯》《中国气象报内参》《气象网络舆情》等内部刊物，形成了“一报三网两内参”的基本业务格局。

《中国气象报》在全国设有35个记者站，新闻渠道宽广迅速；同时，采编手段极为现代化。可以说，《中国气象报》是我国最大最健全的全国性气象宣传业务平台。

在这个全国最大最健全的全国性气象宣传业务平台中，有第3版（科技教育版）的“科普之窗”和第4版（副刊）的“科普看台”两个栏目，自2009年以后专门开辟了“校园气象科普教育”宣传窗口，定期刊登校园气象科普教育和校园气象科技活动的信息与文章，经过数年的打造，现也成为最权威的全国性校园气象科普教育宣传平台之一。

第五节 “国家气象体验之旅”的社会效应

“国家气象体验之旅”是中国气象局公共气象服务中心与中国气象学会秘书处联合主办的暑期中小学生大型气象科普教育体验活动，2011年首次组织。活动以“体验科学、激发兴趣”为宗旨，面向全国中小学生开展，以实地参观科技馆、气象台站为主要内容。

一、2011年“国家气象体验之旅——北京行”

2011年8月8日，来自北京、上海、浙江、内蒙古等近10省（自治区、直辖市）的百余名师生及气象科普工作者云集在北京中国气象局大院，参加“国家气象体验之旅——北京行”暨校园气象科普发展座谈会。

2011年8月9日，在中国气象局的会议大厅举行了隆重的启动仪式，中国气象局办公室副主任郭丽琴，中国气象局公共气象服务中心主任孙健、副主任潘进军，中国气象报社副社长杨晋辉，教育部基础教育一司校园安全处副处长高君，中国气象学会秘书处常务副秘书长冯雪竹出席了启动仪式并发表讲话。

郭丽琴在讲话中指出，气象科学具有学科交叉性强、实践性强、操作性强等特点，是培养青少年"爱科学、学科学、用科学"的一把金钥匙。她希望气象部门与教育部门加强沟通，密切合作，共同开创气象科普进校园工作的新局面；希望国家级科普业务单位与中小学校实现有效互动，推进气象科普进校园有序有力开展；希望加强省市气象部门、学校、教育部门间的联动，在更广泛的范围内推动校园气象科普教育工作。

孙健表示，公共气象服务中心将突出抓好3个方面的工作，以不断加大面向未成年人的气象科普力度。一是打造"《气象知识》杂志、校园气象站、校园气象网、国家气象体验之旅"四位一体的校园气象科普教育平台；二是研究开发更多更新的校园气象科普资源，繁荣面向未成年人的气象科普作品出版；三是不断提升气象科普馆的科普水平和效益。

高君谈到，教育部非常重视面向中小学生的气象科普宣传工作，希望教育部与中国气象局进一步完善合作机制，健全联合预警机制，进一步做好中小学生气象灾害防范知识教育工作，构建校园气象科普全方位体系。

冯雪竹希望，"国家气象体验之旅"将打造成响亮的品牌，取得更多更大的成绩。

本次活动为期2天，共有7个项目。

第1个项目是：校园气象科普发展座谈会。会上，中国气象局公共气象服务中心科普评价室主任邵俊年，从着力推动校园气象科普工作、部分校园气象站建设经验、推进校园气象科普工作的思考3个方面做了报告。此外，浙江、上海、重庆、内蒙古、安徽等地的中小学和气象部门分别介绍与交流了各地开展校园气象科普教育的经验与体会。同时，与会领导向各位校园气象科普教育工作者颁发了《气象知识》通讯员证书。

第2个项目是：参观中央气象台。中央气象台是全国天气预报的国家级中心，也是世界气象组织亚洲区域气象中心、核污染扩散紧急响应中心。通过工作人员的介绍，同学们了解了中央气象台的主要业务工作，对每天收看收听到的气象预报数据的来源及天气预报制作流程等有了直观的认识。

第3个项目是：参观中国气象科技展厅。中国气象科技展厅充分体现了"公共气象、安全气象、资源气象"的发展理念，在对历史回顾和弘扬悠久气象文化的基础上，紧扣世界科学技术发展脉搏，展示新中国成立以来特别是改革开放以来中国气象现代化建设的成就。同学们在参观的过程中，学习了前沿气象知识，了解了我国气象科技实力，对气象科学产生了浓厚的兴趣。

第4个项目是：参观华风演播室。华风集团是中国气象局面向公众提供气象服务的一个重要窗口，它承担着国家级气象灾害预警媒体发布、媒体公众气象服务、气象影视科普宣传等职责。通过两位主持人的详细介绍，大家了解了天气预报的制作流程，并有机会亲身体验了天气预报的录制过程。

第5个项目是：参观南郊观象台。同学们在南郊观象台工作人员的带领下，仔细地了解了气象观测场中架设的各种气象监测仪器，并亲自尝试读取仪器的数据，真实地感受气象观测，对气象知识产生极大的兴趣。

第6个项目是：参观北京天文馆。天文与气象是分工不同却关系密切的两个学科，同学们通过参观、听取讲解和亲自体验天文观测，懂得了天文与气象的密切关系。

第7个项目是：参观中国科学技术馆。中国科学技术馆是我国唯一的国家级综合性科技馆；是实施科教兴国战略和提高全民族科学文化素养的基础科普设施。中国科学技术馆的主要教育形式为展览教育，通过科学性、知识性、趣味性相结合的展览内容和参与互动的形式，反映科学原理及技术应用，鼓励公众动手探索实践。通过参观学习，使同学们在科学知识方面得到普及教育，在科学思想、科学方法和科学精神等方面得到培养与提高。

"国家气象体验之旅——北京行"是中国气象局公共气象服务中心与中国气象学会秘书处联合主办的全国性的大型青少年气象科普活动。该活动以《气象知识》(校园气象专刊)为依托，以气象科普进校园为目标，通过亲身体验的方式，达到使中小学学生全面素质得到提高的目的。

二、2012年"国家气象体验之旅——河南行"与"北京行"

在2011年的成功基础上，2012年的"国家气象体验之旅"分为"河南行"和"北京行"两大部分。

2012年7月18日早晨，以"体验气象科技，感受中原文化，学习气象知识，提升科学素质"为主题的"国家气象体验之旅——河南行"，在河南省气象局大院举行了隆重的启动仪式。来自北京、河南、重庆、四川等10多所学校的50多名师生参加了本次活动。

在启动仪式上，河南省气象局领导为仪式剪彩，中国气象局公共气象服务中心副主任潘进军发表了讲话，他指出：中国气象局历来高度重视气象科普工作，积极贯彻落实《全民科学素质行动纲要》确立的各项任务，大力推动气象科普进校园、进课堂，努力使广大青少年学习气象科技知识，增强防灾减灾和应对气候变化意识和能力，积极推进气象科普工作业务化、常态化、社会化和品牌化发展。同时，郑州市纬三路小学的学生作为学生代表也在启动仪式上做了发言。

本次活动从观摩"全国天气会商"开始，省气象台的首席预报员给同学们详细地介绍了天气预报的制作过程和河南省天气气候的基本情况，这是给参加本次活动的师生所上的第一堂别开生面的气象课，使师生们了解了气象部门如何对天气系统进行"会诊"的全过程。

在气象影视制作中心，师生们了解了天气预报的制作过程，还特别亲身体验了一次天气播报的感受。

在人工影响天气中心，师生们听讲了人工增雨的流程，观看了人工影响天气的先进设备，感受到了现代科学技术的威力。

在郑州市气象观测站里，师生们亲历了高空天气观测的过程；在农业气象实验站里揭开了气象为农业服务的面纱。

此外，厚重的中原文化和别开生面的气象科普文化晚会，在所有参加本次活动的师生们心灵上留下了永远不可磨灭的记忆。

“国家气象体验之旅——北京行”以“体验气象科技，感受首都文化，学习防灾知识，提升科学素质”为主题，于2012年8月9日在北京拉开序幕。中国气象局副局长许小峰出席启动仪式并宣布“2012国家气象体验之旅——北京行”活动正式启动！中国科技馆党委书记殷浩、中国气象局公共气象服务中心主任孙健、中国气象局办公室副主任王世恩及教育部基础教育司有关领导等参加启动仪式。启动仪式由中国气象局办公室主任余勇主持。

启动仪式后，来自北京、内蒙古、江苏、上海、浙江、安徽、河南、宁夏、山西等地的70余名师生先后参观了中国气象科技展厅、华风影视集团、中央气象台、北京市南郊观象台和中国科技馆，体验最先进的科普设施，探索科学奥秘。

2012年“国家气象体验之旅——河南行和北京行”是2011年首届活动的深入与发展，具有下列突出的特点。

(1)首次做出探索性的大胆推广尝试

2011年的首届“国家气象体验之旅”已经取得成功的经验，作为一个高层次、大规模的校园气象科普教育活动，在我国科普领域营造了极好的社会影响，得到了社会的广泛认可与赞扬。中国气象局为了将活动逐步推向全国，于是便以“国家气象体验之旅——河南行”的形式走出北京、走向地方，并由河南省气象局主办。这是中国气象局为推动全国各地校园气象科普教育的首次尝试，也是为实现校园气象科普向业务化、常态化、社会化和品牌化发展的大胆探索。

(2)内容丰富形式活泼

本次活动除了参观相关气象业务单位外，还加入了当地文化的体验，极大程度地丰富了活动的内容；特别是本次还设计了互动性活动，如“气象科普文化晚会”等，活跃了活动的形式与过程。

三、“国家气象体验之旅”的社会效应

“国家气象体验之旅”是中国气象局、中国气象局公共气象服务中心创办的又一全国性大型校园气象科普教育活动。该活动形成的特点非常突出。

(1)引起高层领导和社会各界共同关注

“国家气象体验之旅”虽然是我国校园气象科普教育中新创的活动，但却引起中国气象局高层和社会各界领导的关注。如2012年“国家气象体验之旅——北京行”，中国气象局副局长许小峰亲临启动仪式并宣布活动启动；中国气象局公共气象服务中心主任孙健、副主任潘进军，中国科技馆党委书记殷浩，河南省气象局局长王建国、副局长孙景兰，教育部基础教育司代表、中国科协科普部代表、河南省科协代表等各级领导分别出席活动并致辞。一个中小学生的活动却引起中国气象局高层领导和社会各界共同关注，这在我国校园气象科普教育发展史上尚属首例。

(2)引导中小学生进入气象科学的神秘殿堂

气象虽然是人们身边的科学，但现代气象科学对中小学生来说却是高悬空中的神秘殿

堂。而“国家气象体验之旅”把现代气象科学的神秘大门打开，引领着中小学生步入其中，亲自体验，让普通学生的科学梦想变为实际亲历。如国家级的天气预报中心——中央气象台、华风演播室、全国性的天气会商、高空大气探测、人工影响天气等。这些对于一个普通的中小学生来说在之前是遥不可及的，但参加了“国家气象体验之旅”活动后，这些神秘都变为人生永远铭刻心灵的记忆，这也说明“国家气象体验之旅”的神来手笔和独具的特殊功能。

(3)引起众多社会媒体的共同关注

“国家气象体验之旅”虽然只有短短的两天时间，但活动开展前，中国天气网、校园气象网提前上线“预热”。活动期间，校园气象网微博、《气象知识》微博现场报道内容直播。同时，新华网、人民网、中国科技网、腾讯网、中国天气网、中国气象频道网、中国气象网、《中国科技报》《中国教育报》《科技日报》《大众科技报》《中国气象报》、中国气象频道、河南省电视台等20多家国家级、省级的媒体相继进行了报道，这在新闻界也是空前的。

“国家气象体验之旅”的突出特点和特殊功能，不但产生了极好的社会效应，而且也让参与活动的中小学生大开眼界，体验了气象科学的神奇和奥妙，留下了终生难以磨灭的印象。

黑龙江省哈尔滨市师范附小五年(9)班的李冉同学说：“气象是什么？气象是一扇门，打开它，就会发现另一个神奇的大千世界；气象是一把钥匙，使用它，就会了解天空、掌握自然。气象是一层雾，让你总想穿过它，看透它；气象是一个百宝箱，越打不开就越想打开它。是的，气象就是这么神秘，就是这么令人神往。这就是气象，这就是我神奇的气象之旅。”

河南省实验学校鑫苑外国语小学刘水和老师说：“国家气象体验之旅是科技传播之旅，是文化体验之旅，是学习交流之旅。这次国家气象体验之旅——河南行，不仅丰富了我的气象科普知识，拓宽了我的科学教学途径，更结识了许多优秀的科学教学老师，结识了气象科普专家，弥补了我在小学对天气知识教学的不足。”这些发自肺腑的感言，只有亲身参加“国家气象体验之旅”体验的人才能发出。

“国家气象体验之旅”是我国校园气象科普教育的创新活动，是推动校园气象科普教育纵深发展的科学创举。它不同于夏令营，不同于参观游览观光，它是实实在在的科学体验，是真真切切的高端科学文化普及的最新通道。由于它的突出特点，才会产生神奇的社会效应；由于它的特殊功能，才会有师生们深刻的肺腑感言。

第六节　全国气象科普教育基地的评审与命名

科普工作者、科普手段和科普对象是科普过程的三大要素。其中科普工作者和科普对象的人是科普活动的主体，充分发挥他们的能动作用，是有效地进行科普活动的核心问题；同时，尽量采用先进的多种媒体系统以丰富科普手段，是提高科普效率的重要途径，也就是说科普过程的基础设施是实施科普的重要构件。

中国气象局和中国气象学会深谙气象科普之道，历来就重视对气象科普基础设施的建设，其中评选与命名“全国气象科普教育基地”就是一项重要措施。

“全国气象科普教育基地”既是我国气象科普教育的重要基础设施，也是我国大众科普设施中的重要组成部分。它是开展气象科普工作的重要阵地，肩负着提高社会公众气象科学素质的历史使命。

一、首次命名“全国气象科普教育基地”

全国气象科普教育基地是以气象台站，科研、业务单位和气象科普场馆为中心的气象科普群体，内容涵盖了天气气候、气象卫星、雷达接收、电视天气预报制作等多分支学科，具体内容丰富、形式多样、涉及面广、科普效果明显等特点。全国气象科普教育基地在向公众展示普及气象科学知识方面发挥了巨大作用。

2003年元月，中国气象局、中国气象学会联合开展了“全国气象科普教育基地”的创建命名工作。2003年1月2日，中国气象局、中国气象学会发出了“气发〔2003〕3号”文件，公布了关于命名“全国气象科普教育基地”的决定。决定指出：为深入学习贯彻党的十六大精神和“三个代表”重要思想，认真贯彻落实《中华人民共和国科学技术普及法》，充分利用气象行业科普资源，推动全国气象科普工作的深入开展，中国气象局、中国气象学会决定，命名中央气象台等47家单位为首批“全国气象科普教育基地”。

希望被命名的“全国气象科普教育基地”再接再厉，在普及科学知识，倡导科学方法，传播科学思想，弘扬科学精神方面发挥典型示范作用，并不断充实科普内容，进一步扩大气象科技的社会影响，为实现全面建设小康社会的宏伟目标做出新贡献。

二、学校首次出现在“全国气象科普教育基地”名单中

2008年10月28日下午，中国气象局、中国气象学会联合组织的第二批全国气象科普教育基地评审会在京召开。本次评审委员会由中国气象局科技司、中国气象局办公室和中国气象学会科普工作委员会部分委员共同组成。评委会本着公正、公平、公开的原则，按照《全国气象科普教育基地标准》和《全国气象科普教育基地管理办法》，对全国气象行业推荐申报的33个单位的申报材料进行了认真审阅并逐一进行讨论，最终确定第二批全国气象科普教育基地名单，待上报中国气象局、中国气象学会批准后，将在11月召开的第三次全国气象科普工作会议上命名授牌。

在此前的2008年7月，辽宁省大连市沙河口区中小学生科技活动中心，将创建全国最先进的大型校园气象站及运转情况向中国气象学会科普部汇报，引起了科普部部长吴建忠先生的极大关注。2008年8月，吴建忠先生在完成了“全国青少年气象夏令营”活动之后，不顾旅途劳顿，亲赴大连市沙河口区中小学生科技活动中心进行实地考察。在考察中发现，该中心的气象科普教育确实具有特色，校园气象站的建设也凸显了现代气象科学的特点，于是让他们通过大连市气象学会填表上报。

辽宁省大连市沙河口区中小学生科技活动中心的气象科普教育活动，获得了评审委员会和专家们的认可与好评，并被评选为“全国气象科普教育基地”。这是学校首次入选“全国气象科普教育基地”，既表达了中国气象局和中国气象学会对校园气象科普教育的重视，也表明了该中心的气象科普教育确有其过人的独到之处。因此，辽宁省和大连市的许多媒体

称：大连市沙河口区中小学生科技活动中心创全国之最。

第二批全国气象科普教育基地评审共评出了32个，2008年11月16日，在第三次全国气象科普工作会议上命名授牌。

三、"全国气象科普教育基地——示范校园气象站"应运而生

为进一步贯彻落实《全民科学素质行动计划纲要》，推进全国气象科普教育基地的健康发展，中国气象局、中国气象学会于2012年5月开展了第三批"全国气象科普教育基地"的认定工作。并下发了(中气函〔2012〕510号)《关于开展第三批"全国气象科普教育基地"认定工作的通知》(以下简称《通知》)。《通知》特别指出：鉴于多年来我国校园气象站在面向青少年开展气象科普教育、提高青少年综合科学素质方面发挥了重要作用，此次认定工作将把开展气象科普活动的中小学校校园气象站列入认定范围，命名名称为：全国气象科普教育基地——示范校园气象站。

命名"全国气象科普教育基地——示范校园气象站"是对一个学校气象科普教育成绩的认可与肯定，是对校园气象科普教育和校园气象站建设进行规范管理的一种手段，也是促进校园气象科普教育和校园气象站建设上规模上档次的一种方法与措施。

2012年9月，中国气象局、中国气象学会组织开展了第三批"全国气象科普教育基地"的认定工作。经各地气象局、气象学会推荐，中国气象局、中国气象学会评审和公示等程序，中国气象局、中国气象学会决定命名北京市观象台等35个单位为"全国气象科普教育基地"，命名河北邯郸市复兴区赵王城学校等26个学校为"全国气象科普教育基地——示范校园气象站"。命名的有效期为2012—2016年。

根据中国气象局、中国气象学会关于命名第三批全国气象科普教育基地的通知要求(中气函〔2012〕510号)，各单位要加强对全国气象科普教育基地的管理，并为其开展气象科普工作提供便利条件。希望被命名的全国气象科普教育基地不断完善科普条件，加大科普活动组织力度，全面提升科普服务能力，充分发挥科普基础设施作用，为全民科学素质建设做出更大贡献。

2012年10月24日，中国气象局、中国气象学会下发了《关于命名第三批全国气象科普教育基地的通知》，并公布了"全国气象科普教育基地"的名单(详见附录九)。

经过3次评审认定，"全国气象科普教育基地"已有119个，其中2010年单独授予北京理工大学附属中学为"全国气象科普教育基地"，这样学校单位共计2个；全国气象科普教育基地——示范校园气象站26个。

学校单位进入"全国气象科普教育基地"的行列，标志着我国校园气象科普教育已经发展到一个新的高度，也标志着我国气象部门对我国校园气象科普教育发展的具体引领、指导和管理。

第七节　时任中国气象局局长郑国光的3次题词

题词，是一种礼仪类的应用文体，是题写者为了给人、物或事做出评价、寄予厚望、留作

纪念而题写的文字。题词不但传达了题写者对人、物或事的积极肯定态度，还能推进精神文明建设。

2010—2012 年的 3 年时间内，中国气象局局长郑国光连续为我国校园气象科普教育题写了 3 副题词。作为国家的高级官员，郑国光局长的题词表达了他对校园气象科普教育的高度重视，对祖国未来人才成长的期待；作为气象科学家，郑国光博士的题词传递了他对气象科学普及、科学精神、科学思想、科学文化传播的热忱和努力；作为长辈，郑国光博士的题词表达了他对晚辈的呵护、关爱、奖掖和勉励。

一、给秀山小学红领巾气象站题词

秀山是浙江省舟山市岱山县所辖的一个水抱浪摇的小岛，陆地面积只有 24 平方千米，岛上人口仅万余。生活在小岛上的居民世世代代饱受气象灾害之苦。出生和生长在海岛的邱良川老师，从小就对气象有着浓厚的兴趣和特殊的爱好。1979 年，他师范毕业以后即来到渔山小岛上任教。刚踏上教师的岗位，他就创办了渔山小学红领巾气象站，以圆他“像科学家那样工作”的毕生梦想。2005 年，邱良川老师调到秀山小学任教，他便把红领巾气象站也带到秀山小学，全校仅有 100 余学生的秀山小学，有一半以上的学生都成了他的小气象员。素有丰富建站办站经验的邱老师经过数年的运转，很快取得显著的成绩，受到省、市、县有关部门的表彰。2010 年世界气象日的主题是：“世界气象组织——致力于人类安全和福祉的 60 年”，为了向那些为全球气象事业做出不懈努力的气象工作者表示感谢与敬意，并激发学生从小热爱气象科普，邱良川老师组织每个学生给全国各省（自治区、直辖市）气象局领导写信，当时五年级的郑璐同学写了一封信给郑国光局长。信中表达了秀山小学的小气象员向全国气象工作者的节日问候和敬意，并希望各级气象部门多关注和支持校园气象站，鼓励小气象员们的科学热情。于是一封承载着少年梦想与愿望的汇报信就飞向了北京。

时任中国气象局局长郑国光手持这封充满稚气和童真的汇报信感慨万千，于是欣然命笔题写了“观云测天，探索大气奥秘，刻苦学习，培养自身本领！祝秀山小学红领巾气象站越办越好！”的题词。写完这幅题词以后，他还感到意犹未尽，于是又补写了“我也曾经是中学气象哨哨长”这句话，还用括号表示强调说明。

题词通过省、市、县气象部门领导亲自送到秀山小学师生的手中，秀山小学立即沸腾起来。大家反复仔细品读着题词，逐步深入地理解其中的意味和真谛。

“观云测天，探索大气奥秘，刻苦学习，培养自身本领！”这句话告诉大家：在科学与文明高度发达的当今社会，每个人都必须学习掌握一定的本领与技术，要掌握技术提高本领，就必须刻苦努力学习；红领巾气象站是科技教育优秀的载体与平台，校园气象科普教育是传播科学知识、树立科学思想、传递科学精神、训练科学思维、掌握科学技术的桥梁与通途。希望大家再接再厉继续努力，

“祝秀山小学红领巾气象站越办越好！”这句专题祝贺，其中既包含了中国气象部门最高领导对红领巾气象站的深切感情，也传递了气象部门对校园气象科普教育事业深入发展的殷切期待与厚望！

郑局长强调的“我也曾经是中学气象哨哨长”这句话，是一个气象科学家蕴藏在心底数

十年的气象情结。他告诉全国的青少年，校园气象站活动是最能锻炼和培养人的；他自己从参与学校的气象科技活动开始，到爱上了气象科学，最终成为气象科学家的亲身经历就是强有力的佐证。

郑国光局长的题词虽然只是为秀山小学红领巾气象站题写，但其在全国的影响却是很大的，对我国校园气象站建设和校园气象科普教育的发展，无疑是一种强有力的推动力！

二、给深圳“两岸四地校园气象科普教育论坛”题词

自从2010年11月中国气象局公共气象服务中心在北京组织召开了“部分省市推进校园气象站工作经验交流会”以后，全国各地的校园气象科普教育便形成了一股热潮。

2011年11月，浙江省召开了“校园气象科普教育经验交流会”，2011年12月，上海市宝山区召开校园气象科普教育论坛。

2012年初，深圳市科学技术协会等单位即与中国气象局公共气象服务中心联络，表达酝酿召开上述类似会议，请求得到支持与帮助的意愿。于是，中国气象局公共气象服务中心便与他们共同策划、筹备。经过一番艰苦的筹措，于2012年3月15日向全国各省(自治区、直辖市)气象局、气象学会发出邀请，定于2012年3月31日—4月3日，在深圳市盐田区大梅沙东部华侨城茵特拉根会议中心召开。

会议由深圳市科学技术协会主办，由深圳市气象减灾学会、深圳市教育学会、深圳大学物理学院、深圳市仪器仪表学会承办；台湾气象学会、香港气象学会、澳门气象局、上海市气象学会、浙江省气象学会协办。同时还取得中国科学技术协会、中国气象学会、中国气象局公共气象服务中心等单位的支持，以及深圳市气象服务有限公司的赞助。

会议邀请了我国著名的气象频道主持人宋英杰主持，著名的气象科学家陈联寿院士出席会议。

会议开幕前，大会组委会为了提升会议的品位扩大影响力，向中国气象局局长郑国光博士提出题词的请求。一贯重视、支持校园气象科普教育并为其做过多方面努力的郑国光博士便题写了“普及气象科学知识，促进人与自然和谐”。

正当大会开幕之际，现代科学的鸿雁传来了国家气象部门最高领导的题词，组委会除了使用大屏幕打出题词手迹外，还将题词进行大量复制，与会者人手得到一份珍藏。整个会场顿时沸腾起来，与会者人人手捧题词细读深品，纷纷从中感受题词的科学理念和对校园气象科普教育的巨大推力，同时也使大家感到：我国国家气象部门最高领导的心时刻牵动着校园气象科普教育深入发展的每一步，甚至每一个细节。

气象科学是人类最早最古老的科学，气象观测是人类最早的科学活动，在所有的科学中，气象科学是与人类关系最密切的科学之一。气象科学是在人类与自然的相处中萌发、酝酿、诞生的，气象科学促进了人类的进步发展，人类的进步发展也促进了气象科学的发展与发达。人类与自然的和谐相处促进了气象科学的发展，气象科学的发达也促进了人类与自然的和谐相处。郑国光博士的题词就是强调了这个科学道理，希望人们了解、熟悉、掌握气象科学的知识与技术，防、抗、减自然灾害对人类的侵袭。

为校园气象科普教育论坛题词就是告诉与会者，气象科普工作必须从青少年抓起。气

象科普作为平台与载体，可以在提高学生的全面素质教育上发挥极大作用，有时还可以改变他们的一生；同时对青少年进行气象科普教育，还可以起到向家长和社会辐射的作用。另外，长期以来，气象灾害对学校的危害极为严重，做好对青少年学生的气象科普教育工作，对校园的防灾减灾，保障学校师生生命安全和学校财产安全等方面都有巨大作用。

短短的16个字，饱含着国家气象部门最高领导对青少年的深情厚谊，饱含着他（他们）对下一代的关怀、爱护及期待，可见这16个字是多么的弥足珍贵。

三、给温州市瓯海区丽岙二小校本教材题词

2010年12月9日，温州市瓯海区丽岙二小应邀参加了中国气象局在北京召开的部分省市推进校园气象站工作经验交流会。会议期间，中国气象局领导的讲话和兄弟单位的经验介绍，给了他们很大的启发和鼓舞。会议结束后，他们便开始酝酿要编写一套校园气象科普校本教材，并邀请中国气象局公共气象服务中心、中国气象学会、浙江省气象学会等单位帮助共同策划。

2011年1月12日，由温州市气象局、温州市气象学会牵头主办，召开了一次校园气象科普校本教材编写研讨会，并邀请了中国气象学会、中国气象局公共气象服务中心、浙江省气象学会、气象出版社领导，温州市教育研究院专家、省内同行学校代表参加，一起为教材的编写排兵布阵。领导的指示明确了我们的方向，专家的指导理清了他们的思路，兄弟学校的经验给了他们借鉴。

会议以后，学校即安排学校老师进行具体编写，中国气象局公共气象服务中心专家还帮助他们具体策划编写内容和编排目录。在编写过程中，中国气象学会、中国气象局公共气象服务中心、浙江省气象学会的领导还亲自帮他们审稿；温州市气象局的专家还为他们在科学技术上进行把关。经过上述各方的长期支持与关注及他们自己近一年时间的不懈努力，终于编写完成这套《小学气象科学普及教育读本》校本教材。

教材共18个单元分为3册，按照气象科学的完整体系，由浅入深循序渐进，分别由三、四、五年级学生用一年时间，采用规定课时教学与实践相结合的形式完成。教材的使用和教学的实施，可为我校校园气象科普的持续发展和学生全面素质的提升发挥一定的作用。

编写教材时，他们在参考学习兄弟学校经验的基础上，尽量努力争取有所突破，并做如下几方面的尝试。

加大教材知识含量。他们将课内、课外的气象知识进行有机串联，尽量使3册教材的内容涵盖气象科学的基本体系；这样既能延伸小学阶段课本中的气象知识，又能对学生课外的气象知识进行补充。

拓宽教材辐射面。教材在叙述气象科学体系知识的同时，尽量与不同的学科与领域进行沟通联系，争取使学生在学习气象科学知识的同时，还能够获得气象科学技术应用的相关知识。

做到图文并茂。在编写过程中，他们尽量运用简洁、精炼、通俗、易懂、童趣的语言进行叙述，同时采用大量优美的卡通图片进行形象表达，尽可能达到充分诱发学生阅读欲望和学

习兴趣的效果。

刻意构筑探究空间。探索的旅程不在于发现新大陆，而在于培养新视角。他们在教材中主观刻意地构筑了许多思维想象空间，为学生的探索耕耘创设了多片新田园。

尝试设计悬念。“悬念”是小说、戏曲、影视等作品的一种表现技法，是吸引读者观众兴趣的重要艺术手段。在教材中我们尝试设计了部分悬念，意在刺激学生学习兴趣和诱导学生深入高层探究。

教材编写初稿脱稿后，在聘请气象科学家审稿的同时，特向中国气象局局长郑国光博士请求为教材题词。在教材即将付梓出版之前，温州市瓯海区丽岙二小收到了郑国光博士的题词——普及校园气象科学知识，提升学生适应自然能力！

题词开宗明义直接点击校园气象科普教育大业，特别指出以普及气象科学知识为手段，以提高学生适应自然能力为目标。

大家都知道，“普及校园气象科学知识”并不是单纯的科学知识传播，其中包括了极其复杂的内容，如科学学科知识的学习，科学技能的熟练与掌握，科学态度的树立，科学精神的传承，科学思维的训练、科学实践探究等；“提升学生适应自然能力”也不是单单应对气象灾害的努力，其中还包括提升身体体魄、情感意识、观察力、注意力、思维力、想象力、基础知识和应用知识、个体意识调节等能力。总而言之，题词的思想包括了校园气象科普教育的过程和目标。

从时任中国气象局局长郑国光博士3年来为我国校园气象科普教育所题写的3副题词可以看出：

(1)党和国家对我国校园气象科普教育已经予以高度重视；

(2)校园气象科普教育应该采取多方法、多渠道、多角度开展实施；

(3)希望青少年努力学习，掌握本领，茁壮成长！

参考文献

阿·斯·布敦,1955.怎样建立学校地理园[M].宇文金,译.北京:人民教育出版社.

常初芳,1999.国际科技教育进展[M].北京:科学出版社.

陈尔寿,2000.中国中小学地理教育大事记(一)[J].地理教学(2):12-15.

拉洛克,1956.学校里的地理小组[M].王家驹,译.北京:人民教育出版社.

陆漱芬,1954.地理教学设备及教具制造[M].北京:地图出版社.

璩鑫圭,1990.中国近代教育史资料汇编·鸦片战争时期教育[M].上海:上海教育出版社.

璩鑫圭,1991.中国近代教育史资料汇编·学制演变[M].上海:上海教育出版社.

任咏夏,2006.中小学校园气象站[M].北京:中国科学技术出版社.

任咏夏,2009.中小学气象科技活动指南[M].北京:气象出版社.

《上海青年志》编纂委员会,2002.上海青年志[M].上海:上海社会科学院出版社.

王爱静,2001.乡土地理教学研究[M].北京:北京师范大学出版社.

王奉安,1985.青少年气象科技活动[M].北京:气象出版社.

王伦信,2007.中国近代中小学科学教育史[M].北京:科学普及出版社.

杨尧,2000.中国近现代中小学地理教育史[M].西安:陕西人民教育出版社.

中国科协青少年工作部,团中央宣传部,1985.青少年气象科技活动全书·气象分册[M].北京:中国青年出版社.

中国气象学会,2008.中国气象学会史[M].上海:上海交通大学出版社.

周振玲,范恩源,2003.中学地理活动课指导[M].天津:天津科学技术出版社.

竺可桢,2004.竺可桢全集[M].上海:上海科技教育出版社.

附录一　分课题立项批准通知书

全国教育科学"十二五"规划教育部重点课题

中国教育技术装备发展史研究

分课题立项批准通知书

浙江省气象学会校园气象协会：

经审议，批准您会任咏夏、俞善贤、林方曜、邱良川、陈可伟、程昌春、黎作民、赵鸣强等八位同志为全国教育科学"十二五"规划教育部重点课题《中国教育技术装备发展史研究（课题批准号：DCA110188）》下《我国校园气象科普教育发展史研究》分课题的负责人和主要参与者。请您接通知后，根据《全国教育科学规划课题管理办法》有关规定，尽快展开研究，将实施方案和阶段性成果及时报告总课题组。并按照《分课题管理办法》，加强课题研究管理，保证课题科学、规范、有效地开展，取得预期成果。

全国教育科学十二五规划课题

中国教育技术装备发展史研究总课题组

2012年7月10日

附录二 结题报告

全国教育科学“十二五”规划教育部重点课题
“中国教育技术装备发展史研究”专题研究

“我国校园气象科普教育发展史”专题研究
结 题 报 告

任咏夏

一、前言

“我国校园气象科普教育发展史”是全国教育科学“十二五”规划教育部重点课题“中国教育技术装备发展史研究”中的一项专题研究。从2012年9月13日批准开始入手，至2013年07月16日止，历时10个月零3天。这是我国教育史上第一个将校园气象科普教育单独建项，从史学角度进行专题研究的课题。本课题的研究成果对指导、推动和深入发展我国校园气象科普教育将发挥巨大作用。

1.课题提出的背景

我从事校园气象科普教育的研究已经有10多年的历史了，10多年来曾在各种杂志上发表相关论文数十篇，出版个人专著二部；自2009年起连续参加了第十六届、第十七届、第十八届、第十九届全国科普理论研讨会交流；还受邀参加中国气象学会举办的2009年第三届气象科普论坛和2011年第四届气象科普论坛；受邀参加了2010年11月中国气象局公共气象服务中心与中国气象学会联合举办的全国“部分省市校园气象站工作经验交流会”，2011年12月浙江省气象学会举办的“浙江省校园气象科普教育经验交流会”和2012年3月由深圳市科协举办的“两岸四地校园气象科普教育论坛”等会议。2012年5月，浙江省成立了“浙江省气象学会校园气象协会”，被选为秘书长。在多年的研究中也积累了一些心得，虽然也涉及一些校园气象科普教育的历史问题，但涉猎十分肤浅，因此对其发展史的研究一直有着浓厚的兴趣。

2011年7月22日，由中国教育装备行业协会(以下简称“中行协”)主持和策划的专题研究性重大项目——“中国教育技术装备发展史研究”，上报申请国家教育部研究课题，获全国教育科学规划领导小组正式批复，并列入全国教育科学“十二五”规划重点课题。课题获准立项后，中行协即由专家、教授和中行协领导组成主课题组，于2011年11月1日在京举行开题报告会，会后向全国征集分课题和子课题。

在获悉“中国教育技术装备发展史研究”向全国征集分课题和子课题的信息后，我便于2012年8月25日即向主课题组提出“我国校园气象科普教育发展史”专题研究的申请。在总课题组领导和专家的鼎力关怀和支持下，于2012年9月13日获准批复。

2.课题研究的目的与意义

气象与人类的生产、生活密切相关，自人类在地球上诞生以来就与气象结下不解之缘。因此，气象科普在遥远的原始时代就开始萌生，到了有史以后的封建时代，就有对青少年进行气象科普教育的记录，近代学校诞生以后即有了校园气象科普教育。

然而，校园气象科普教育只是整个学校教育的组成部分，它的发展进步是深受国家教育制度和教育机制及现状的制约，因此，我国校园气象科普教育在新中国成立前(指1949年10月1日前)的前进脚步是非常缓慢的。

新中国成立后，党和国家非常重视教育，也非常重视全国中小学的校园气象科普教育，因此，60多年来掀起了6次高潮，而且还从单纯的气象科学知识的普及与传播，发展成为一种传承科学精神，树立科学态度，训练科学思维，掌握科学方法与技能的整体和平台，甚至发展成为一种特色的学科教育。

但是，历来的校园气象科普教育都是在学校围墙之内进行的，各校都是自拉自唱各自为政，而且没有沟通交流的平台，相互之间没有学习借鉴方式与机会；特别是没有网络的时代，校园气象科普教育的各种信息不能互相传递；同时由于学生和老师的流动，没有进行较好的总结与提高，所以，我国校园气象科普教育处处瓶颈，进步与发展受到极大的限制。

为了帮助学校突破各种瓶颈，促进和推动我国校园气象科普教育的快速进步与发展，于是申请了本课题的研究。本课题的成果可以作为开展校园气象科普教育的学校的借鉴，引导和启发他们开辟蹊径闯出新路，以此来开拓我国校园气象科普教育的新局面。

二、课题研究的一般过程

本课题的研究分为：内容构思、计划分工、资料收集、综合分析、加工提炼、谋篇布局、任务时间安排、成果归纳、撰写成章、修改定稿等过程。

1.课题研究的计划与分工

我们在接到专题研究的批准书以后，即在杭州召开研究专题开题报告会，会后派员赴京参加主课题召开的分课题、子课题研究中期汇报会。会后，我们又将“我国校园气象科普教育发展史研究”分课题分设8个子课题，并做了如下分工。

专题研究由任咏夏老师担任总负责人，并负责专题研究和承担全部撰稿工作；子课题的承担分别是：

(1)我国校园气象站建设与发展史研究，由温州市第十四中学赵明强老师负责牵头承担；

(2)我国校园气象科技活动发展史研究，由湖州市爱山小学黎作民老师负责牵头承担；

(3)我国校园气象科技探究实验发展史研究，由金华市浦江县杭坪小学程昌春老师牵头承担；

(4)我国校园气象科普校本课程开发发展史研究，由宁波市鄞州区高桥小学陈可伟老师牵头承担；

(5)我国校园气象科普网络建设发展史研究，由舟山市岱山县秀山小学邱良川老师牵头承担；

(6)我国校园气象科普管理指导发展史研究，由中国气象学会科普部林方曜老师牵头承担；

(7)我国校园气象科普推进宣传发展史研究，由中国气象局公共气象服务中心科普评价室康文瑛老师牵头承担；

(8)我国校园气象科普队伍组织建设发展史研究，由浙江省气象学会俞善贤老师牵头承担。

根据专题研究的整个计划，要求各子课题必须在2013年5月之前完成，课题研究的成果先撰写成论文的形式，在《中国教育技术装备》杂志上发表，然后写成结题报告按时上交给专题组进行审核，再由总课题组结集成书。

2.课题研究的理论依据

本课题的研究是以新中国成立60多年来各个历史阶段我国校园气象科普教育发展为线索，以国家教育部的《地理教学大纲》和《地理课程标准》为经，以各历史阶段的中小学教科书为纬，以《中国教育通史》《中国教育史纲》《中国古代教育史》《中国近代教育史》《中国气象史》《中国近代中小学地理教育史》《中华人民共和国气象法规汇编》、全国各省(自治区、直辖市)《气象志》《教育志》以及各种教育、科技类杂志所刊登的有关校园气象科普教育的文章和各省气象局档案室馆藏资料等为参考文献，以数百个校园气象站的活动为实际案例，描绘出一幅我国校园气象科普教育发展历史的蓝图；反映出我国教育事业的发展，教育技术装备的发展，并从理论上进行归纳、总结和提升。

3.课题研究的内容确定与章节安排

研究历史首先要通读《史》书，于是我们先阅读了多个版本的《中国通史》，认真研究了多位史学专家对中国历史的分段，然后做出自己的判断。接着研究《中国教育通史》《中国古代教育史》《中国近代教育史》《中国古代教育史纲》和《中国近现代中小学地理教育史》等，确定中国教育历史和校园气象科普教育发展历史的分段，立出课题的各个章，根据历史阶段我国校园气象科普教育的内容与特点，分别确定“章”的题目名称。然后根据“章”的历史资料，筛选出各种特色内容构成“节”的框架，以此来组成完整的课题内容。

4.课题研究的步骤与方法

本课题研究的步骤与方法可以用“搜”“读”“析”“集”“撰”“审”6个字来概括研究过程的6大步骤。

(1)“搜”即是搜集资料。资料包括典籍文献、科技杂志、教科书、教学大纲、课程标准、相关文集等。搜集通过如下途径：

① 个人藏书，我个人有2万余册相关图书，其中有数十本可以用来参考，如《中国通史》《中国教育通史》《中国古代教育史》《中国近代教育史》《中国气象史》等；

② “超星数字图书馆”中有数十万册图书，其中可供参考的图书数量也不少，如《中国近代中小学地理教育史》、1950年《气象测报简要》、1930年《小学地理教科书》等；

③ “孔夫子旧书网”，可以购买很多旧版图书，如《红领巾气象站》《我们的气象台》《小气象员》《少年气象活动》《红小兵气象观测手册》《中国少儿科普50年精品文库》《气象知识》1981年后逐年合订本等；

④ “中国知网”，可以查阅20世纪50年代、60年代、70年代、80年代、90年代等的《气象》《气象科技》《少年画报》等；

⑤ 各省图书馆网、省情网，可以阅读各省的《气象志》《教育志》《青年志》等；

⑥ 各省气象局档案室，可以查阅20世纪50年代、60年代、70年代、80年代、90年代有关校园气象科普教育的记载资料；

⑦ 网络书店，可以购买现代出版的相关图书，如《20世纪中国中小学课程标准、教学大纲汇编》《新中国中小学教材建设史·地理卷·语文卷》等；

⑧ 亲自考察部分校园气象站，挖掘一些历史资料，如到西安市神鹿坊小学，见到了1958年编的《气象校本教材》；

⑨ 请相关当事人撰写相关资料，如请新疆维吾尔自治区气象局90岁的高工樊焕宇先生撰写1954年后在新疆建设校园气象站的情况，请湖南省洪江市幸福路小学91岁的曾庆丰老师撰写该校红领巾气象站建站和活动情况等。

(2)“读”，即是研读各种文献，包括史书典籍、文集、大纲、标准、志书等，从中摘取相关校园气象科普教育的片段。如读《青岛市志·气象志》，发现1924年就有7所小学建立校园气象站进行观测活动；读《江苏省志·气象事业志》，发现1925年昆山县立初中建立校园气象站；读《上海青年志》，发现20世纪60年代就建有很多校园气象站并开展气象科技活动等。

(3)“析”，即是对收集到的材料进行理性分析，从中找出规律性的特色，或历史性政治、经济背景。如从各个历史阶段中总结出了我国校园气象科普教育掀起的6次高潮。

(4)“集”，即是对同类资料进行归类存档建成资料库。如对各个历史阶段所建的校园气象站进行归类，对各个时期的校园气象站创始人进行归类存档等。

(5)“撰”，即是撰写课题，把每个“节”作为一篇独立的文章来写，各节串联起来就是“章”，各章串联起来即是“史”。

(6)“审”，即是审查资料的真实性，审查“章”“节”结构的合理性和科学性。如网络资料一定要与正规出版的书籍核实，无法核实的宁愿舍弃；章节结构要使用写作技巧来品评，不符合结构要求的立即修改。

5. 课题撰写的检查

课题在撰写的过程中，相关章、节要发给当事人检查。如“校园气象站的铺路人”一节，已经过世的人暂且不说，还健在的当事人基本上都请他们亲自修改；又如中国气象局举办的多次会议，基本上都请承办人过目；还有写到具体的校园气象站基本上都能够与学校取得联系，审查初稿。这样就避免了很多差错和遗漏。

三、课题研究的自我评价

本课题属于史学范畴的研究，其研究的专题范围极其狭窄，仅为“我国校园气象科普教育”单一门科。在我国近现代史上，从事教育史类研究的人很多，研究的门类很多，面世的著述也很多,如《中国古代教育史》《中国职业教育史》《中国学前教育史》《中国教育思想史》等,唯独没有关于"我国校园气象科普教育史"方面的研究,而且问津的人也寥寥无几。因此,本课题可以说是拓荒式的研究,研究的成果可以说是填补了我国教育史门类中的一项空白。同时,在国际社会中,虽然有很多人在关注校园气象科普教育,也有人在做关于怎样深入开展校园气象科普教育的研究,但于史却没有人涉及,所以说本课题的研究也走在了国际社会的前头。

本课题属拓荒课题,国际与国内尚无类似研究。本课题在研究的过程中做了如下突破和收获。

1.时间跨度长,涉猎范围广泛

本课题研究虽然只有短短10个月的时间,但纵向涉猎的时间非常久远,既上溯到史前的原始时代,又连接到当代的2012年;横向涉猎的范围也极广,全国所有的省(自治区、直辖市),包括台湾、澳门都无一遗漏。

2.确定了我国校园气象站诞生的具体时间

校园气象站是我国近代气象科学一代宗师竺可桢先生引入校园,这是已经确定的历史定论,但具体的时间却一直是概数。通过本课题的研究,已经可以明确确定:小学校园气象站于1924年2月10日,在山东省青岛市浮山所小学等7所小学建成并进行简单观测。中学校园气象站于1925年1月1日,在江苏省昆山县立建成并进行简单观测。

3.确定我国最早开发的气象校本教材面世的时间

2013年5月16日,在陕西省西安市神鹿坊小学发现了新中国成立后最早面世的气象校本教材《气象讲义》(气象学习班学习资料),时间为1959年8月1日。在此之前我们一直认为浙江省湖州市德清县洛舍中心校1992年开发的气象校本教材为全国最早,这个发现将我国气象校本教材开发的历史时间向前推进了33年。

4.总结归纳出了我国校园气象科普教育掀起6次高潮的政治背景

我国校园气象科普教育掀起6次高潮的政治背景是:

(1)新中国成立初期的教育革命和1953年学习苏联教育;

(2)1958年的"全国气象化",即全党全民办气象;

(3)1970年的"农业学大寨"和"建设大寨县";

(4)1978年的"全国科学大会"和"全国气象部门双学会议";

(5)1991年的素质教育和科教兴国策略;

(6)2009年,中国气象局关于推进校园气象科普教育的系列措施。

5.总结了我国校园气象站建设的4大规模类型

根据收集到的全国各地校园气象站建设的模式,归纳出我国校园气象站的4种规模类型。

本课题的主要成果是上述5个方面,其他还涉及了"校园气象科技活动""气象校本教材开发""气象科学探究"等方面。

总之,本课题的研究成果对于我国校园气象科普教育的深入发展都具有启发、指导和借鉴作用,同时还可以为教育部门和气象部门联手推进校园气象科普教育的发展,提供理论依据和实际参考。

四、参考文献及研究资料

具体见参考文献。

五、时间范围

2012 年 9 月 13 日—2013 年 7 月 16 日。

六、结题报告的附件

1.课题研究的相关人员：
课题负责人：任咏夏
报告执笔人：任咏夏
课题组成员：任咏夏、俞善贤、林方曜、康雯瑛、邱良川、程昌春、陈可伟、黎作民、赵鸣强
2.《我国校园气象科普教育发展史》全稿
3.已经发表的论文篇目
(1)赵鸣强等，《竺可桢与我国中小学地理教育及校园气象站创建》，发表于《中国教育技术装备》，2013 年 3 月。
(2)邱良川等，《浅谈我国校园气象科普教育网络的兴起与发展》，发表于《中国教育技术装备》，2013 年 4 月。
(3)俞善贤等，《对社会组织网络的认识与实践》，发表于《学会》，2013 年第 6 期。
(4)任咏夏等，《全国高考“气象知识”考查与近年趋势》，发表于《气象知识》，2013 年第 3 期。

七、鸣谢

在课题的研究过程中，得到了许多单位与个人的大力支持，特在此表示衷心感谢：
(1)中国教育装备行业协会的全体领导；
(2)“中国教育技术装备发展史研究”总课题组；
(3)中国气象学会科普部；
(4)中国气象局气象宣传与科普中心；
(5)中国气象局《气象知识》编辑部；
(6)《中国教育技术装备》杂志社编辑部；
(7)浙江省气象局、省气象学会；
(8)福建省气象局、省气象学会；
(9)湖北省气象局、省气象学会；
(10)甘肃省气象局、省气象学会；
(11)陕西省气象局、省气象学会；
(12)四川省气象局、省气象学会；
(13)江苏省气象局、省气象学会；

(14)山东省气象局、省气象学会；

(15)上海市气象局、市气象学会；

(16)湖南省气象局、省气象学会；

(17)江西省气象局、省气象学会；

(18)重庆市北碚区大磨滩小学红领巾气象站；

(19)浙江省舟山市岱山县秀山小学红领巾气象站；

(20)湖南省洪江市幸福路小学红领巾气象站；

(21)四川省兴文县大坝小学红领巾气象站；

(22)陕西省西安市神鹿坊小学红领巾气象站；

(23)福建省霞浦县第18中学红领巾气象站；

(24)浙江省温州市气象局、气象学会；

(25)浙江省温州市瓯海区丽岙二小天空气象站；

(26)浙江、山东、福建、陕西、山西、江苏、甘肃、上海、四川、江西、湖南、河南、吉林、辽宁等20多省(直辖市)图书馆。

“我国校园气象科普教育发展史”专题研究课题组

执笔人:任咏夏

2013年07月16日

附录三　有关部门领导人为校园气象科普教育题词手迹

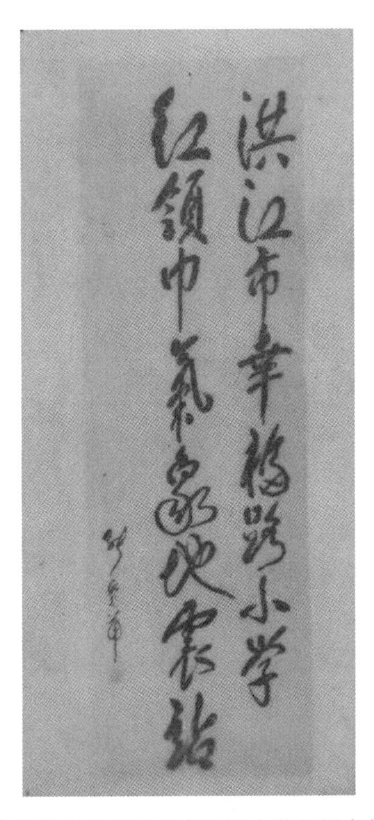

原国防部长张爱萍上将为湖南省洪江市幸福路小学红领巾气象地震站题写的站名

湖南省洪江市幸福路小学红领巾气象地震站

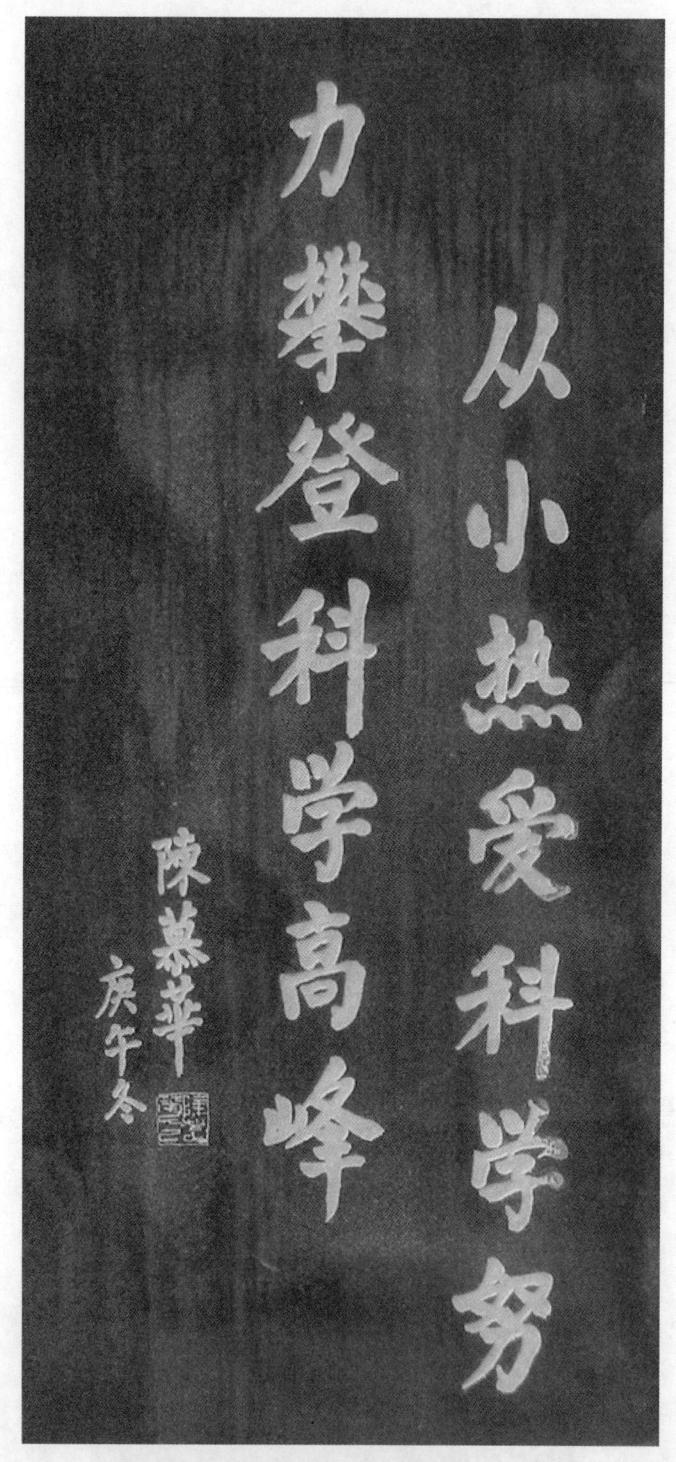

1990年冬，时任全国人大常委会副委员长、全国妇联主席陈慕华同志为湖南省洪江市幸福路小学红领巾气象站题词。

原中国气象局局长邹竞蒙为湖南省
洪江市幸福路小学红领巾气象站题词。

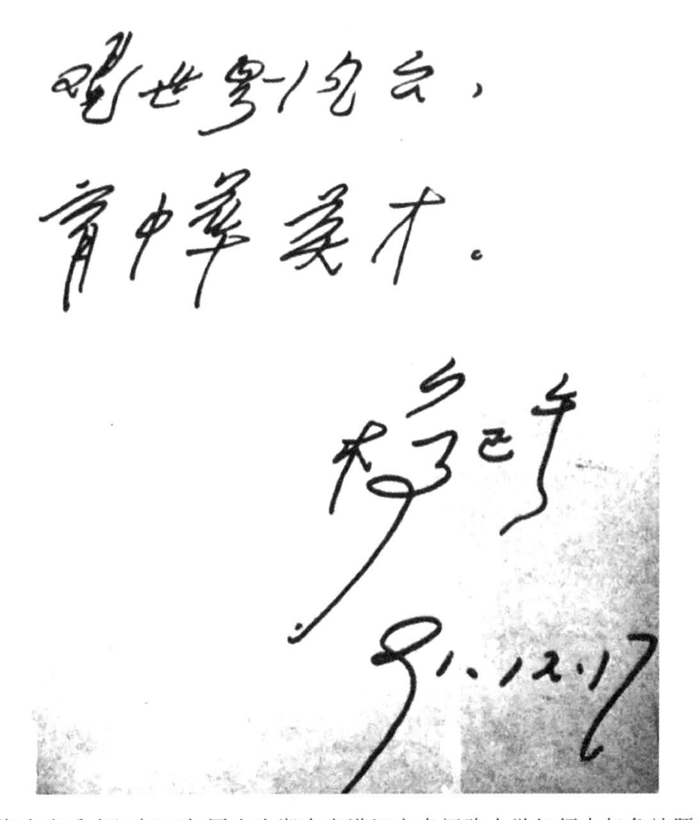

原湖南省委书记杨正午同志为湖南省洪江市幸福路小学红领巾气象站题词

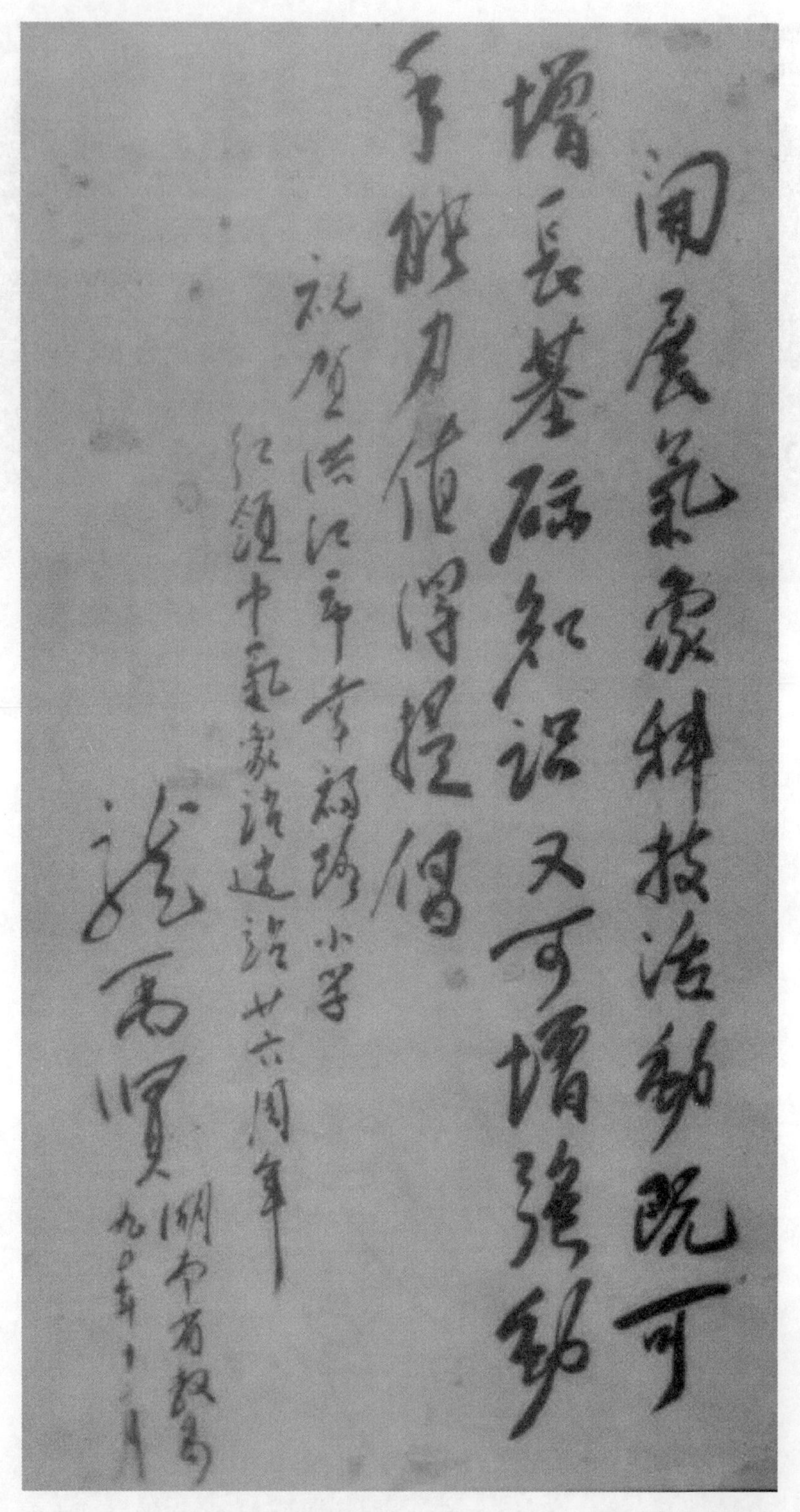

原湖南省教委主任龙禹贤为湖南省洪江市幸福路小学红领巾气象站题词

中国气象局

观云测天，探索大气奥秘；
刻苦学习，培养自身本领。
祝秀山小学红领巾气象站
越办越好！

郑国光
二〇一〇年三月二十三日

（我也曾经是中学气象哨哨长。）

2010年3月23日，时任中国气象局局长郑国光博士为浙江省舟山市岱山县秀山小学红领巾气象站题词

普及气象科学知识

促进人与自然和谐

郑國光

二〇一二年三月

2012年3月，时任中国气象局局长郑国光博士为深圳“两岸四地校园气象科普教育论坛”题词

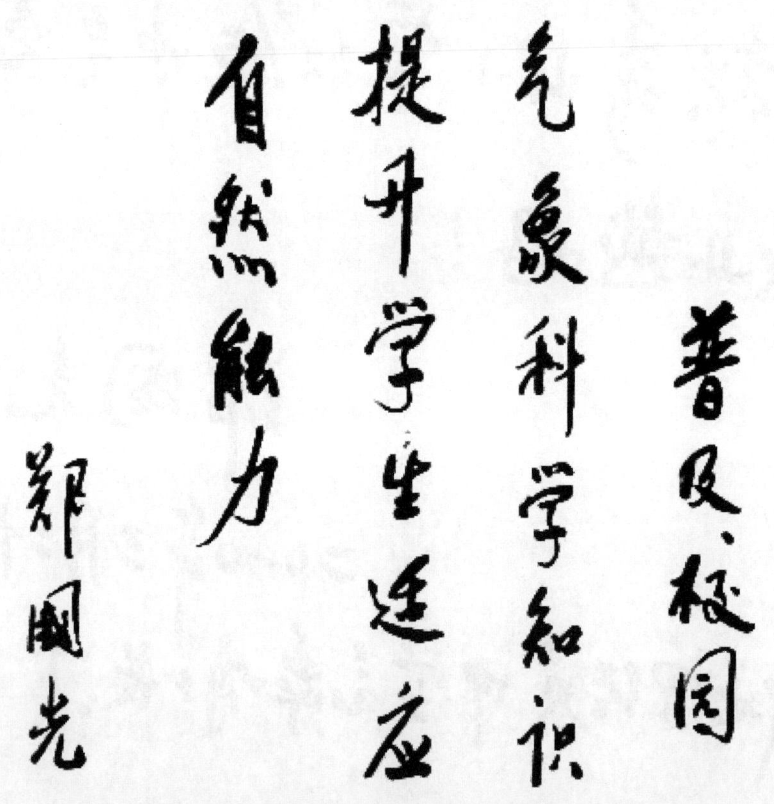

2012年5月，时任中国气象局局长郑国光博士为浙江省温州市瓯海区丽岙二小校本教材《小学气象科学普及教育读本》出版题词

附录四　气象诗歌

小气象员之歌

浙江省舟山市岱山县秀山小学校园气象站

观测场内演绎着风云变幻；
百叶箱里储藏着雨雪雷电，
洁白的风向杆直指天空，
圆滑的风杯不停地旋转；

风和日丽，你们看流云飘逸；
微风细雨，你们画天象万千；
你们用温度表测量着夏热秋凉，
你们用雨量筒计算着水涝干旱。

啊，平凡伟大的气象人，
你们在高山、湖畔、沙丘、高原……
忍受寂寞，承受困苦，
默默地度过365天……

在飞机穿越的乌云之间，
你们测算着云中水汽的变幻；
在人工防雹的火箭旁，
你们的指令使冰雹烟消云散。

在北京奥运会的赛场上，
你们与老天进行着特殊的比赛；
在上海世博会到来之际，
你们又要展现出呼风唤雨的风采。

啊，可钦可敬的气象人，
为了国家的利益与安全；
为了人们的幸福与笑脸，
你们坚守着祖国的监测站！

你们的精神感召着我们，
你们的魅力把我们呼唤。
今天我们胸佩着鲜艳的红领巾，
明天我们就要接好你们的班。

我们的校园虽然很小很小，
我们的理想却是无限无边。
我们的翅膀虽然还很娇嫩，
我们的志向却高过五岳之巅。

春天，我们呼吸着桃花吐出芬芳，
计算着春天脚步的快速与缓慢；
嫩叶、小树、细雨和小鸟，
告诉我们春姑娘已经来到面前。

夏天，我们注视着狂风和巨浪，
看那一块云团是否会生成新的气旋。
烈日骄阳晒黑了我们的皮肤，
而我们的眼睛更亮、意志更坚。

秋天，我们关注着变幻的气压曲线，
描绘着田野里金色的稻田；
北方寒潮悄悄地向南方伸展，
它的行踪已经画在我们的图板。

冬天，我们迎接着纷纷飘下的雪片，
我想把六角的冰晶做成书签。
冻僵的小手紧握着雨量筒，
扯一块寒风擦去脸上的热汗。

语文课中我们描写着风雪雨霜的片段，
数学题中我们计算着雨量的乘除加减；
音乐课里我们唱起了“三月里的小雨”，
科学课中我们做着水凝结成冰的实验。
我们每天的活动游戏，
总会有阴晴风雨相伴。
我们学习的所有功课啊，
每一科都与气象密切相关。

“观云测天，探索大气的奥秘，”
金色的题词更令我们信心倍添。
“刻苦学习，培养自身本领！”

您的嘱咐我们会牢记在心间。

我们的红领巾气象站，
是我们锻炼成长的摇篮。
今天我们是羽毛未丰的雏鹰，
明天我们一定能
——翱翔在广阔的蓝天。

气象哨

李世武

白天，是云是晴？
夜间，有雨有风？
去问咱的气象哨，
气象哨上的小哨兵。

小哨兵，百叶箱里看风云，
千里晴空听雷声；
红日当头预报暴雨要来，
树叶不动却为大风警报。

小哨兵努力学本领，
气象哨越办越成功；
小哨兵积极学理论，
批“四害”勇敢打冲锋。

无数气象哨，
无数亮眼睛，
摸准风雨云雾的脉搏，
警惕随时变幻的敌情。

摘自革命儿歌集《庆胜利》，山东人民出版社，1977年出版。

气象员

郑南

你问我们的气象员，
天气预报准几成？
准着呢——
他说有雨准有雨，

他说没风准没风；
村头上那块气象牌，
每天早晨围着人几层。

你问我们的气象员，
东奔西忙在哪儿办公？
远着呢——
他的百叶箱，
立在最险的高山顶；
他的温度计，
挂在村外的大地洞。
土仪器摆了十几里，
一天来回走几程。
你问我们的气象员，
可有老师教本领？
有着呢——
旧社会得下关节炎的老贫农，
游击战留下弹伤的老民兵；
一回回登门来献宝，
十回自有十回灵。
他遍访了公社的老一辈，
群众的创造他记在心。

你问我们的气象员，
工作助手有几名？
多着呢——
旱天的大蜻蜓，
翅膀告诉他几时雨；
雨天的小青蛙，
蛙鼓告诉他几时晴。
就连叫不上名字的小虫虫，
都成了为他侦察的小哨兵。

你问我们的气象员，
除了管天还在哪儿劳动？
宽着呢——
雨前他在谷场抢搬仓，
霜前他在苗圃搭席棚；
他扛着木夯报洪汛，

他挑着水桶报旱情。
哪里活忙哪里有他，
谁能比他消息更灵通！

你问我们的气象员，
群众对他怎称颂？
好着呢——
三年前的中学生，
锁住了雷公锁住了龙。
都说这农业大丰收，
有我们气象员一份功。
你问我们的气象员，
什么理想在心中？
高着呢——
他说云九重，
他说天九重；
从地面到天空的自由王国，
这还是刚出征。
《实践论》就是登天梯，
咱一级一级猛攀登！

摘自诗歌集《灿烂的星辰》，广东人民出版社，1974年出版。

两个候补气象员

序 诗

梁青生

腊月大雪铺地的银，
清明细雨绣花的针；
捉摸不定夏季的风，
变幻无常秋天的云。

气象员的责任重，
雨雪风云系胸襟；
一天三时勤观测，
万里长空装在心。

今天我唱气象员，
迎着风雨颂新人；
金风送我进山区，

铺开云彩写诗文。

一、两个候补气象员

胶东有座玉屏山，
峰峦高高入云端；
秋来满山枫叶红，
映红山中气象站。
山顶有个观测场，
擎起山区一片天；
风向杆上系风雨，
百叶箱里锁雷电……

上午气象员要进城，
科技会上去发言；
留下副担子千斤重，
叫两个“徒弟”把它担。

这是一对小伙伴，
两个候补气象员；
两个都是气象迷，
两个都愿搞科研。

高个儿，叫山山，
矮个儿，叫田田；
怀抱云踏歌声，
观测气象上山巅。

田田爱画画，
描云绘图案；
坐在观测场门前，
纸上画天蓝又蓝。

画朵白云追乌云，
白猫扑食黑鼠窜；
画缕金光映流霞，
黄狗正把白兔赶。

诗情画意藏云间，
田田心在云中转；
画出彩霞像金囤，
描出云片似银镰。

“别画了，别描了，
咱们一齐来测天；
满坡庄稼正登场，
下雨淋了要减产。”

“中午我才听广播，
天气不会变；
等我画好这幅画，
再去观测也不晚。”

山山合上记录本，
风风火火催田田：
“咱们这里是山区，
风云多变幻。”

田田望天空，
太阳当头悬：
“我敢和你来打赌，
下午是晴天。
天上能下一滴雨，
今晚我就不下山；
头朝地，脚朝天，
‘蝎子爬墙’给你看。”

山山看看风向杆，
急急忙忙喊田田：
“北风转南风，
雨兆在眼前！”

风标指南天，
风杯高速转……
山山急得直跺脚：
“怎么办？怎么办？”

田田扔画笔，
转身要下山：
“快找队长去报告！”
山山把他拦。

“去找白胡子丁爷爷，
丁爷爷看天有经验；

咱们向他来请教，
调查清楚再发言。”

贴地飞起两只燕，
展翅乘风进深山；
不为衔泥筑窝巢，
只因风雨要判断。

二、傍晚有雨情

脚踩白云手攀藤，
爷爷采药深山中；
胸中装着万缕云，
心上系着八面风。

石崖下喝捧山泉水，
一阵山风扑前胸；
手捋银须抬头望，
浓云压山顶。

摸把路旁青石板，
石板上水珠蒙一层；
瞅着树梢辨风向，
南风摇得枝叶动。

手指伸进烟荷包，
捏点烟叶摊手中；
烟叶发潮空气湿，
傍晚有雨情！

忽听有人喊爷爷，
爷爷回头露笑容；
山山、田田眼前站，
脸上汗珠在闪动。

“爷爷爷爷要下雨，
你看天边乌云涌；
刚才我们观测时，
准备下山报雨情。
为把预报报得准，
先请爷爷来判明。”

话音推云又扯风，
爷爷要考小后生：
“不像有雨兆，
头顶天正晴；
为啥能下雨？
说给我听听。”

一句话堵住田田的嘴，
山山急忙说雨踪——
他抬头遥看风搅云，
一天的风云涌进胸：
“刚才北风转南风，
暖风冷风山前逢；
冷暖相遇气温降，
云中水汽凝。
空气中的湿气大，
气流起伏不稳定；
这些现象是预兆，
预兆天气有雨情。”

爷爷听罢伸拇指，
笑夸气象小哨兵：
“观云测雨很准确，
有句民谚可证明——
夏北风，雨太公，
秋南风，雨祖宗。”
乌云随着话音聚，
一层压一层。

“云压云，喷水龙，
一时三刻化山洪。”
爷爷挥手指山头，
云飞云卷云翻腾！

爷爷的话儿没落音，
田田就向山下冲；
树丛里小鸟飞起来，
路旁野兔惊。

山山告别老爷爷，

追赶田田急匆匆；
峰回路转出山口，
蹚过小河进村中。

母鸡张翅闪开路，
花猫弓身窜房顶；
山山奔向大队部，
田田拐进场院中。

三、乌云风，白云雨

场上玉米金铺地，
场上棉花飞银絮；
花生堆在场院东，
大豆晒在场院西。

一粒粮食一滴汗，
脱粒机唱丰收曲；
男女社员晒棉粮，
心中多欢喜。

田田跑进场，
喊声尖又细；
“快快苫，快快盖，
一会儿要下雨！”
“去去去，去去去，
别在这里来淘气！”
阿姨听不进，
叔叔更不理。

空喊无人听，
田田心焦急，
顺手拿起大木锨，
抢着堆玉米。

“哪有雨？哪有雨？
太阳照我也照你；
淘气的田田能测天，
可真出了奇！”

阿姨来逗趣，
田田更焦急；

满腹话儿说不出，
眼睫挂泪滴：

“真有雨，真有雨，
乌云藏在大山里；
我是候补气象员，
预报天气有权力！”

叔叔阿姨问田田，
你一句，我一句：
“为啥一会儿能落雨？
你快讲道理。”

田田擦去泪花花，
望着叔叔和阿姨：
“风推暖云进山区，
山峰高高顶天立。
高山挡住南来的风，
暖云被迫爬山脊，
山顶暖云遇冷云，
云中的水汽化雨滴。”

阿姨眨眨眼，
半信又半疑，
叔叔摇摇头，
问号挂心里。

“快收粮食快打垛，
一会儿下大雨！”
队长伯伯赶过来了，
身后的山山抱蓑衣。

社员齐动手，
抢场干得急；
山山、田田抬草苫，
一身汗水把衣湿。

帆布篷，盖棉花，
大麻袋，装玉米；
花生收到仓库中，
大豆盛进粮囤里。

场上刚刚收拾净，
一阵大风扑面起。
大风卷浓云，
浓云裹暴雨。

云似群马奔，
云压长天低，
大风被山挡，
回头把云驱。

驱散乌云露白云，
不见乌云哪里去。
有人开口不满意：
“白白浪费劳动力。”

山山听罢摇摇头，
话语更有力：
“乌云风，白云雨，
民谚有道理。
积雨云移近本地区，
气流推云翻腾急，
乌云前面散，
转眼就落雨……”
话音化作一串雷，
霎时暴雨浇大地；
集体财产无损失，
山山、田田心欢喜。

社员夸他俩，
赞语是鼓励：
“从小爱科学，
真是有志气！”
田田听了脸羞红，
拉着山山表诚意：
“今天怨我太贪玩，
打赌输给你。”
“一会儿我就爬墙头，
你别说出去……”
偷偷看看周围的人，

田田话音低。

“革命不是赌输赢，
又红又专靠学习。”
山山望着田田的眼——
泪珠映雨滴！

山山、田田肩并肩，
迈步走进风雨里。
一串歌声雨中飞，
山路崎岖留足迹。

尾声

山山、田田上山冈，
观云测雨挺胸膛；
要做一代管天人，
心中理想在歌唱：

“亲爱的祖国伟大的党，
为我插上金翅膀；
快给我风呵快给我雨，
革命风雨里我飞翔！”

摘自少年儿童科学叙事诗《大堤》，山东人民出版社，1980年出版。

附录五　校园气象站之歌

晓秋 词曲

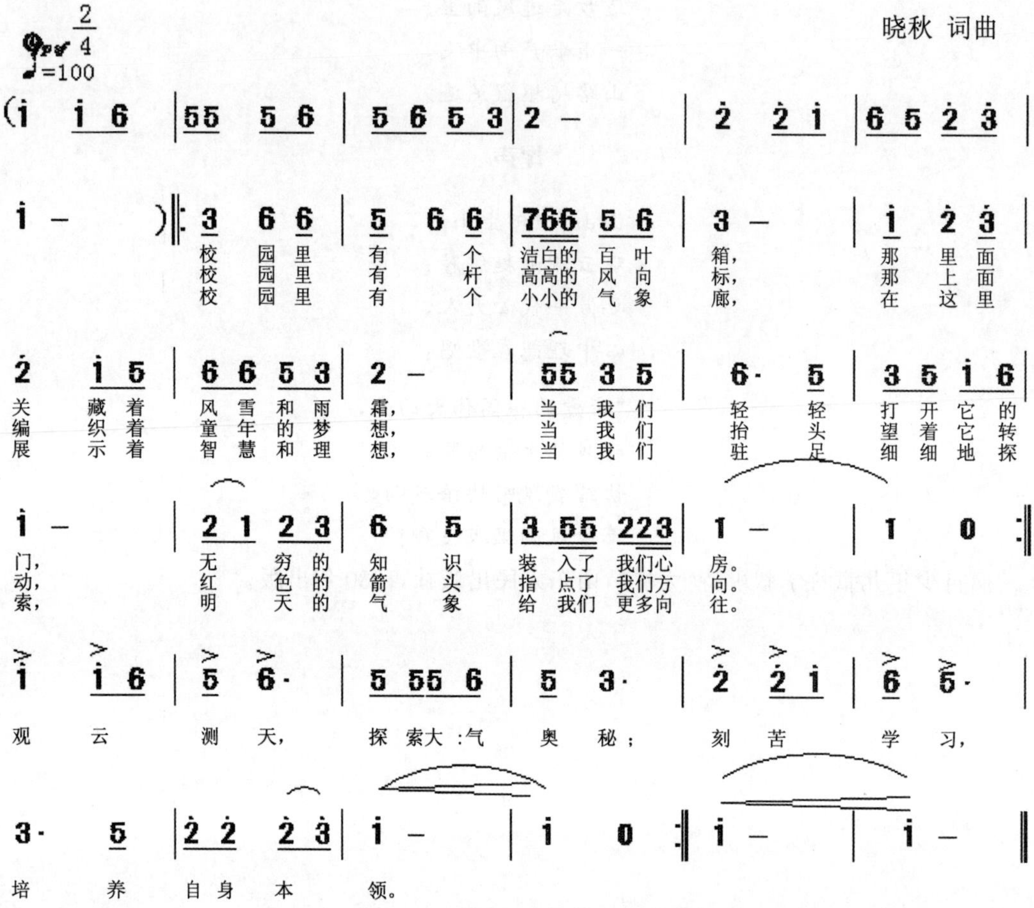

2/4　♩=100

校园里有个洁白的百叶箱，那里面关藏着风雪和雨霜，当我们轻轻打开它的门，无穷的知识装入了我们心房。

校园里有杆高高的风向标，那上面编织着童年的梦想，当我们抬头望着它转动，红色的箭头指点了我们方向。

校园里有个小小的气象廊，在这里展示着智慧和理想，当我们驻足细细地探索，明天的气象给我们更多向往。

观云测天，探索大:气奥秘；刻苦学习，培养自身本领。

附录六　气象夏令营之歌

1=C　2/4
♪ = 100

陈炽昌 词
秦咏诚 曲

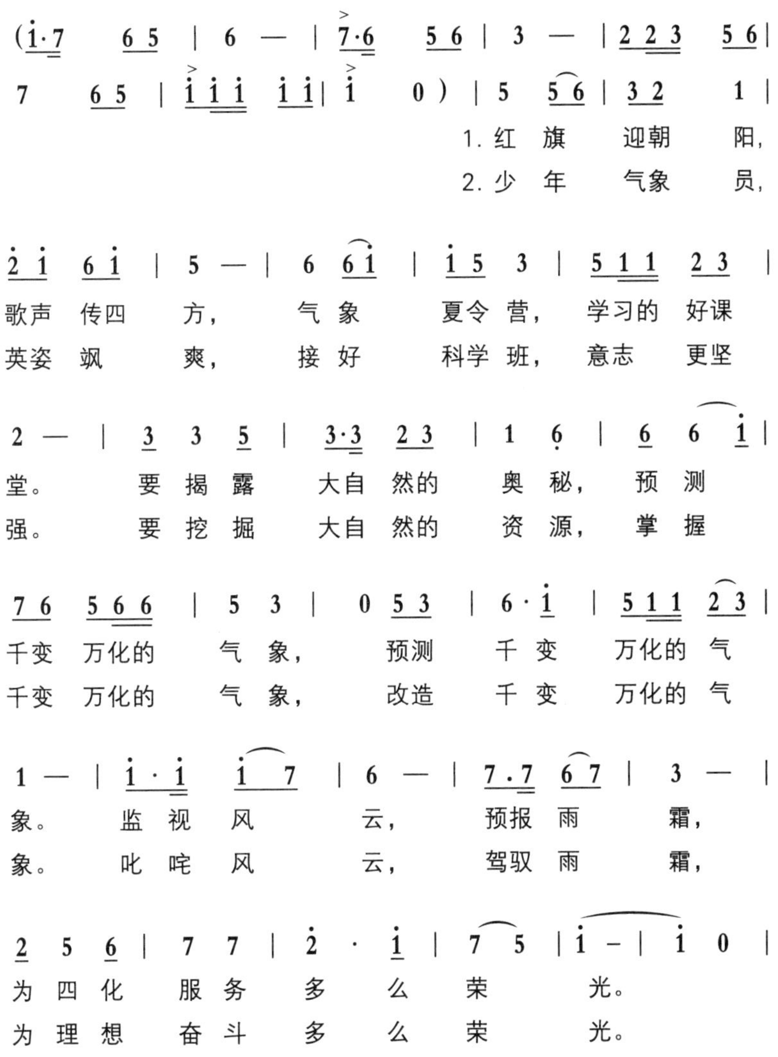

(1·7　65 | 6 — | 7·6　56 | 3 — | 223　56 |

7　65 | 111　11 | 1　0) | 5　56 | 32　1 |

1. 红 旗 迎朝 阳，
2. 少 年 气象 员，

21　61 | 5 — | 6　61 | 15　3 | 511　23 |

歌声 传四 方， 气 象 夏令 营， 学习的 好课
英姿 飒 爽， 接 好 科学 班， 意志 更坚

2 — | 3　3　5 | 3·3　23 | 1　6 | 6　6　1 |

堂。 要 揭 露 大自 然的 奥 秘， 预 测
强。 要 挖 掘 大自 然的 资 源， 掌 握

76　566 | 5　3 | 0 53 | 6·1 | 511　23 |

千变 万化的 气 象， 预测 千 变 万化的 气
千变 万化的 气 象， 改造 千 变 万化的 气

1 — | 1·1　1　7 | 6 — | 7·7　67 | 3 — |

象。 监 视 风 云， 预报 雨 霜，
象。 叱 咤 风 云， 驾驭 雨 霜，

2　5　6 | 7　7 | 2　·　1 | 7　5 | 1 — | 1　0 |

为 四 化 服 务 多 么 荣 光。
为 理 想 奋 斗 多 么 荣 光。

附录七　1977年和1978年部分省级先进红领巾气象哨

(1)甘肃省(刊《干旱气象》1978年07期)

景泰县正路中学气象哨

(2)陕西省(见《陕西气象》1978年第7期)

西安市灞桥区神鹿坊小学红领巾气象站

(3)四川省(见《兴文县文史资料》第18辑)

兴文县大坝中心小学红领巾气象哨

(4)湖南省(见湖南省《怀化市气象志》)

洪江市幸福路小学红领巾气象站

(5)广西壮族自治区(载《广西通志·气象志》)

宜山县怀远中学气象哨

北海市地角中学海洋气象哨

富川县朝东中学气象哨

武鸣县罗波公社罗波小学气象哨

(6)山东省(见《山东气象》1977年第3期)

惠民地区：

邹平县好生中学气象哨

垦利县西宋中学气象哨

惠民县麻店联中气象哨

惠民一中气象哨

沾化县黄升公社潘家中学气象哨

无棣八中气象哨

利津县北宋农中气象哨

德州地区：

陵县五中气象哨

齐河县二中气象哨

宁津县李镇公社联中气象哨

临邑县田口联中气象哨

济阳县孙耿三中气象哨

武城县一中气象哨

庆云县二中气象哨
聊城地区：
东阿一中气象哨
高唐县尹集中学气象哨
菏泽地区：
菏泽县黄集公社中学气象哨
巨野县下官屯中学气象哨
单县才堂公社裴庄小学气象哨
定陶县张湾公社中学气象哨
济宁地区：
嘉祥县七中气象哨
嘉祥县十中气象哨
泰安地区：
肥城县安庄中学气象哨
东平县第七中学气象哨
宁阳县合山公社黄山农中气象哨
新泰县第三中学气象哨
新泰县第八中学气象哨
莱芜县第三中学气象哨
长清县万德公社武庄中学气象哨
肥城县城关公社百尺农中气象哨
肥城县汉阳公社高淤农中气象哨
新汶矿中气象哨
临沂地区：
沂源县悦庄中学气象哨
蒙阴二中气象哨
临沭县大兴公社官庄农中气象哨
昌潍地区：
昌乐县马宋公社五七红校气象哨
临朐县辛寨公社龙泉中学气象哨
潍县治浑街中学气象哨
寿光县官台中学气象哨
五莲县中至中学气象哨
烟台地区：
掖县西由公社红专天学气象哨
文登县宋村中学气象哨
掖县滕家公社红埠联中气象哨

海阳第十一中学气象哨

枣庄市：

台儿庄中学气象哨

说明：湖南省洪江市幸福路小学红领巾气象站于1978年10月被评为“全国气象部门学大寨学大庆”先进单位（见《气象》1978年第12期），全国唯此一家小学气象站获此殊荣。

附录八　历年世界气象日主题

1961 年　气象
1962 年　气象对农业和粮食生产的贡献
1963 年　交通和气象(特别是气象应用于航空)
1964 年　气象——经济发展的因素
1965 年　国际气象合作
1966 年　世界天气监测网
1967 年　天气和水
1968 年　气象与农业
1969 年　气象服务的经济效益
1970 年　气象教育和训练
1971 年　气象与人类环境
1972 年　气象与人类环境
1973 年　国际气象合作 100 年
1974 年　气象与旅游
1975 年　气象与电讯
1976 年　天气与粮食
1977 年　天气与水
1978 年　未来气象与研究
1979 年　气象与能源
1980 年　人与气候变迁
1981 年　世界天气监测网
1982 年　空间气象观测
1983 年　气象观测员
1984 年　气象增加粮食生产
1985 年　气象与公众安全
1986 年　气候变迁,干旱和沙漠化
1987 年　气象——国际合作的典范
1988 年　气象与宣传媒介
1989 年　气象为航空服务
1990 年　气象和水文部门为减少自然灾害服务

1991年　地球大气
1992年　天气和气候为稳定发展服务
1993年　气象与技术转让
1994年　观测天气与气候
1995年　公众与天气服务
1996年　气象与体育服务
1997年　天气与城市水问题
1998年　天气、海洋与人类活动
1999年　天气、气候与健康
2000年　气象服务50年
2001年　天气、气候和水的志愿者
2002年　降低对天气和气候极端事件的脆弱性
2003年　关注我们未来的气候
2004年　信息时代的天气、气候和水
2005年　天气、气候、水和可持续发展
2006年　预防和减轻自然灾害
2007年　极地气象:认识全球影响
2008年　观测我们的星球,共创更美好的未来,
2009年　天气、气候和我们呼吸的空气
2010年　世界气象组织——致力于人类安全和福祉的60年
2011年　人与气候
2012年　天气、气候和水为未来增添动力
2013年　监视天气,保护生命和财产
2014年　天气和气候:青年人的参与
2015年　气候知识服务气候行动
2016年　直面更热、更旱、更涝的未来
2017年　观云识天
2018年　智慧气象
2019年　太阳、地球和天气
2020年　气候与水

附录九　全国气象科普教育基地名单

(一)第一批全国气象科普教育基地名单(47名)

(1)中央气象台
(2)国家卫星气象中心
(3)中国气象局影视信息中心
(4)中国科学院大气物理研究所
(5)北京市气象台
(6)北京气象卫星地面站
(7)天津市滨海新区气象预警中心
(8)山西省观象台
(9)内蒙古自治区气象台
(10)沈阳中心气象台
(11)黑龙江省气象台
(12)上海市气象科普教育基地
(13)南京北极阁江苏省中小学校气象科普基地
(14)苏州市气象台
(15)绍兴市气象台
(16)杭州市气象台
(17)宁波市气象台
(18)安徽省气象台
(19)安徽省黄山气象站
(20)福建省气象台
(21)厦门市气象科普教育基地
(22)江西省气象科普教育基地
(23)山东省气象中心
(24)山东省泰山气象站
(25)青岛市气象台
(26)开封市气象台
(27)武汉中心气象台
(28)湖南省气象台
(29)广东气象科普教育基地(汕头)

(30)广州气象卫星地面站
(31)广西壮族自治区气象台
(32)广西百色地区气象台
(33)四川省气象台
(34)南充市气象科普教育基地
(35)重庆市气象科普教育基地
(36)贵州省气象台
(37)黔东南州气象台
(38)云南省气象台
(39)昆明市太华山气象站
(40)西藏自治区气象台
(41)陕西省气象科普教育基地
(42)延安市气象台
(43)兰州中心气象台
(44)青海省气象台
(45)宁夏回族自治区气象台
(46)吴忠市气象台
(47)乌鲁木齐气象卫星地面站

(二)第二批全国气象科普教育基地名单(32个)

(1)河北省气象台
(2)山西省临汾市气象局
(3)内蒙古自治区鄂尔多斯气象科普馆
(4)辽宁省沈阳市气象局
(5)吉林省气象科普馆
(6)上海市浦东气象科普馆
(7)江苏省盐城市气象台
(8)江苏省连云港市花果山气象科普馆
(9)浙江省德清县气象科普馆
(10)合肥市气象科技园
(11)福建省龙岩市气象台
(12)福建省漳平市气象局
(13)江西省庐山气象局
(14)山东聊城气象科普教育基地
(15)湖北省襄樊市气象台
(16)广东省中山市气象科普馆
(17)广东省阳江市气象局
(18)四川省凉山彝族自治区气象局

(19)成都信息工程学院大气探测重点实验室
(20)贵阳市气象科技馆
(21)云南省大理州气象局
(22)西藏自治区拉萨市气象局
(23)西藏自治区山南地区气象科普教育基地
(24)甘肃省兰州市皋兰山气象科技园
(25)兰州大学半干旱气候与环境观测站
(26)青海省西宁市气象站
(27)新疆维吾尔自治区乌鲁木齐市气象局
(28)大连市气象台
(29)大连市沙河口区中小学生科技中心
(30)宁波市气象科普中心
(31)深圳市气象台
(32)解放军理工大学气象学院气象科普教育实习基地

(三)第三批“全国气象科普教育基地”名单

1.全国气象科普教育基地(35个)
(1)北京市观象台
(2)北京市上甸子区域大气本底观测站
(3)河北省滦平县气象局
(4)河北省廊坊市气象局
(5)河北省邯郸市气象观测站
(6)山西省长治气象科技馆
(7)山西省文水县气象局
(8)辽宁省大洼县气象局
(9)黑龙江省哈尔滨市气象局
(10)黑龙江省大兴安岭地区气象局
(11)上海市宝山区气象局
(12)上海市嘉定区气象局
(13)浙江省绍兴县气象局
(14)江苏省昆山市气象局
(15)江苏省南京市江宁区气象局
(16)江苏省南通市气象局
(17)江苏省高淳县气象局
(18)江苏省句容市气象局
(19)安徽省淮北市气象局
(20)安徽省涡阳县气象科普馆
(21)福建省柘荣县气象局

(22)江西省抚州市气象局

(23)江西省景德镇市气象局

(24)山东省德州市气象局

(25)河南省漯河市气象科普馆

(26)广东省广州市花都区气象天文科普馆

(27)广东省清远市气象局

(28)广西壮族自治区北海市气象局

(29)广西壮族自治区河池市气象局

(30)广西壮族自治区梧州市气象局

(31)四川省成都市温江区气象局

(32)云南省昆明国家基准气候站

(33)甘肃省嘉峪关市气象局雷达站

(34)中国气象局兰州干旱气象研究所定西干旱气象与生态环境实验基地

(35)甘肃省天水市气象局

2.全国气象科普教育基地——示范校园气象站(26个)

(1)河北省邯郸市复兴区赵王城学校

(2)河北省邯郸市邯山区实验小学

(3)河北省滦平县金沟屯镇中心校

(4)河北省故城县郑口第二小学校园气象站

(5)山西省太原市实验小学

(6)辽宁省鞍山市铁东区青少年活动中心

(7)吉林省榆树市刘家镇第一中学校

(8)上海市普陀区恒德小学

(9)上海市宝山区高境镇第四中学

(10)上海市嘉定区南苑小学

(11)浙江省湖州市德清县洛舍中心学校

(12)浙江省岱山县秀山小学

(13)浙江省温州市丽岙第二小学

(14)浙江省上虞市竺可桢中学

(15)浙江省嘉兴市实验小学

(16)浙江省杭州市留下小学

(17)浙江省湖州市爱山小学教育集团

(18)安徽省铜陵市东风小学

(19)安徽省马鞍山市东苑小学

(20)安徽省马鞍山市钟村小学

(21)福建省霞浦县第十八中学

(22)江西省吉安县凤凰中心小学

(23)湖南省浏阳市青少年素质教育培训中心
(24)重庆市北培区大磨滩小学
(25)云南省红河州蒙自市第二小学
(26)宁波市鄞州区高桥镇中心小学

后　记

“我国中小学校园气象科普教育发展史”研究是“中国教育技术装备发展史研究”主课题下的分专题，是我国教育技术装备发展过程中的专项研究。在中国教育设备行业协会领导、“中国教育技术装备发展史研究”课题组领导、专家的悉心关怀和具体指导下，经过课题组全体成员的艰辛努力，历时10个月完成。整个研究进程可分为4个阶段。

第一阶段——构思部署。这个阶段的工作包括：研究思路与方法的确定、历史阶段划分、课题组成员责任分工等。关于研究思路与方法，“中国教育技术装备发展史研究”主课题研究中期汇报会上，中行协与主课题组领导的指导性发言，各分课题负责人的研究汇报给了我们极大的启发。在历史阶段划分时，中国气象学会、中国气象局气象宣传与科普中心的相关领导与专家给予我们极大的帮助。在课题组成员责任分工时，浙江省气象学会提供相关平台，浙江省气象学会校园气象协会领导亲自主持，各成员专家、老师积极响应承担，顺利地落实了具体的研究任务。

第二阶段——书面资料采集。《中国教育史》《中国气象史》和各省《教育志》《气象志》的采集比较简单，采用购买和借阅的方法予以解决。历史阶段佐证书面资料的采集比较困难，尤其是新中国成立前各时期的中小学课本、课程标准等。但我们还是从各种汇编、史书上得到解决。如教学大纲和课程标准，可以从人民教育出版社出版的《20世纪中国中小学课程标准·教学大纲汇编》一书上全文阅读；关于中小学课本，也可以从人民教育出版社出版的《新中国中小学教材建设史研究丛书》读到相关的章节。另外，《中小学地理教育史》一书也可以采集到大量的相关资料。

第三阶段——实地走访采集。我们走访了近20个省（自治区、直辖市）的气象局，翻阅了新中国成立以来相关历史阶段的档案资料；走访了20多个1980年以前创建的校园气象站，挖掘出了沉睡了数十年的历史资料。在走访的过程中，我们事先排好日程时间，由浙江省气象学会出具书面介绍信，由中国气象学会按我们的走访日程分别电话通知各省（自治区、直辖市）气象学会，因此，我们每到一地都能够得到当地气象学会领导的热情接待和帮助，顺利地查阅档案资料，如愿地访问相关中小学。对于帮助过我们的单位已经在《结题报告》中列出致谢。

第四阶段——课题撰写。根据开题时的具体分工，各编委先完成各自负责部分文字的编撰，在规定时间内交予课题组，最后由浙江省气象学会校园气象协会秘书长、本课题组组长任咏夏老师负责统稿主编完成。

本课题组的成员有气象专家、科普作家、校园气象站资深辅导员等，有比较深厚的研究实力。

编委林方曜老师系编审，在中国气象学会科普部工作20多年，曾带领过20多届全国青少年气象夏令营，为中国气象学会编撰过多部著作。林方曜老师曾在课题研究的进展过程中纠正许多偏差，提出许多建设性建议，为课题研究成果的准确做出了努力。

编委康雯瑛老师系高级工程师，在中国气象局气象宣传与科普中心从事气象科普工作多年，曾主持过“全国部分省、市推进校园气象站经验交流会”“两岸四地校园气象科普教育论坛”和多届“国家气象体验之旅”。康雯瑛老师在课题研究的进展过程中提供许多便利，提出许多新思路，在课题的顺利进展中发挥了重要作用。

编委邱良川老师担任校园气象站辅导员30多年，曾多次参加全国和省级有关校园气象建设的交流活动；多篇论文分别在国家及省级杂志上发表并获奖。2011年荣获岱山县政府颁发的气象先进工作者称号；2013年被岱山县委、县政府评为“最美岱山人”。邱良川老师曾协同走访多处校园气象站，实地搜集例证，为丰富完善课题成果添砖增瓦。

编委陈可伟老师系浙江省民间文艺家协会会员，宁波市民间文艺家协会理事，曾专注于教育科学研究、民间文艺创作、小学气象科普教育、非物质文化遗产教学传承等工作。著有教育专著5部、校本教材4部，为课题研究的深入发展做出过努力与贡献。

编委程昌春老师自2011年起，担任红领巾气象站辅导员，积极指导学生开展丰富多彩的气象科技活动，多篇气象科技小论文在省、市、县级获奖；多幅以“校园气象活动”为主题的剪纸作品与童诗在《气象知识》刊登，也为课题研究的深入发展做出过较大努力与贡献。

编委黎作民老师系浙江省湖州市优秀科技辅导员、区教坛新秀，曾在《科学课》《中国教育技术装备》《气象知识》等杂志发表论文数篇，并多次在全国、省、市、区获奖；指导学生科技论文获省、市、区奖项60余人次，也为课题研究的深入发展做出过较大努力与贡献。

副主编俞善贤老师系浙江省气象学会秘书长，教授级高级工程师，第九届浙江省科协委员、常委，浙江省跨世纪学术和技术带头人（“151”人才工程）第二层次人才。曾主持国家和省部级科研项目20多项目；获省部级科技进步奖二、三等奖5项，先后在核心期刊上发表论文30余篇。曾担任浙江省“科学＋”报告团成员，多次参与气象科普讲座和气象科普著作、气象培训教材的编写，曾参与《十万个为什么》（第六版《灾难与防护》卷）中“气象灾难与防护”章节的编写。俞善贤老师是课题研究的重要领导成员，在课题的研究过程中，为课题研究搭桥铺路，搭建许多不可多得的研究平台，并提供经济和物质资助，而且为课题研究进展提出许多指导性思路与方法，为课题研究的顺利进展和取得优厚成果起到了重要的推动作用，立下了汗马功劳。

由于课题组成员对我国中小学校园气象科普教育情有独钟，加上多年研究积累了比较丰富的经验，同时对校园气象科普教育发展史的研究都有着浓厚的兴趣。因此在本课题研究的过程中都能快速地进入角色，并能够做出一定的成绩与奉献。

本课题的主要负责人和主要撰稿人任咏夏老师是一位我国中小学校园气象科普教育的草根研究学者、科普作家，从事校园气象科普教育的研究已经有十数年的历史了，多年来在各种杂志上发表相关论文数十篇，出版个人专著多部；还参与《十万个为什么》（第六版）第18分册《灾难与防护》卷中“气象灾难与防护”章节的编写。自2009年起连续参加了第十六届、第十七届、第十八届、第十九届全国科普理论研讨会交流；还受邀参加中国气象学会举办的第三届、第四届气象科普论坛，2012 年 5 月，浙江省成立了“浙江省气象学会校园气象协会”，被选为秘书长。他对我国校园气象科普教育的发展过程了解得比较深入和全面，并且有一定的写作功底；熬过了数十个不眠的长夜，付出了惊人的心血与艰辛，终于完成了 30 多万字的完整课题成果的撰写，为课题研究的顺利完成起到了决定性作用。

在课题顺利结题并付梓出版之际，中国气象学会和浙江省气象学会的领导对课题组全体成员予以嘉许，课题组对每一位成员做出的努力与贡献表示衷心感谢！

由于本课题系专项历史发展研究，涉及的时间跨度比较长久，所搜集的资料涉及范围相当广泛。因此，为使所使用的资料翔实可考，对资料进行了多次筛选分类整理，对资料的出处进行了反复核查落实，对资料中的数据进行了多次认真校对，整个过程花费了较长时间，遂时隔多年方正式出版。通过整理、核查和校对，极大程度地提高了课题研究成果的可参考性，显著地提高了本书的社会使用价值。

本课题以编撰者的亲身经历为实际案例，描绘出一幅我国校园气象科普教育发展的蓝图，反映出我国教育事业的发展、教育技术装备的发展。特别反映出校园气象科普教育在中小学中补充、延伸学生的课本知识，拓宽科学视野，传播科学精神、增强科学意识、培养科学技术技能、掌握和熟练防灾减灾本领，达到全面素质提高和人才培养等方面的重要作用，以引起各相关部门对校园气象科普的进一步高度重视。

本课题属拓荒课题，国际与国内尚无类似研究，课题的成果可为教育部门和气象部门联手推进校园气象科普教育的发展提供理论依据，也可为全国各地中小学开展校园气象科普教育提供实际参考。

编著者

2020 年 2 月 1 日